工业和信息化**精品系列**教材

信息技术基础
项目化教程
Windows 10+WPS Office 2019

邹志龙 林雯 胡佑锋◎主编
李金凤 蔡进 何峡峰 邵菊 谭忠 高洋 黄德忠◎副主编

人民邮电出版社
北 京

图书在版编目（CIP）数据

信息技术基础项目化教程：Windows 10+WPS Office 2019 / 邹志龙，林雯，胡佑锋主编. -- 北京 : 人民邮电出版社，2024. --（工业和信息化精品系列教材）.

ISBN 978-7-115-65383-3

Ⅰ. TP316.7；TP317.1

中国国家版本馆 CIP 数据核字第 20240W7S34 号

内 容 提 要

本书以教育部颁布的《高等职业教育专科信息技术课程标准（2021 年版）》为指导，同时兼顾最新的全国计算机等级考试一级 WPS Office 考试大纲和 WPS 办公应用职业技能等级证书考核大纲的 WPS 办公应用（中级）考核内容，围绕培养学生信息意识、计算思维、数字化创新与发展、信息社会责任 4 个方面的核心素养组织教材内容，体现当前高等职业院校信息技术课程的新特色。

本书共 6 个模块，分别为信息技术与计算机基础、使用与配置 Windows 10、WPS 文字操作与应用、WPS 表格操作与应用、WPS 演示操作与应用、应用互联网与认识新一代信息技术。

本书既可以作为高职高专院校信息技术基础课程的教材，也可作为信息技术领域的专业人员和广大信息技术爱好者的自学用书。

◆ 主　　编　邹志龙　林　雯　胡佑锋

　　副主编　李金凤　蔡　进　何峡峰　邵　菊　谭　忠
　　　　　　高　洋　黄德忠

　　责任编辑　刘　佳

　　责任印制　王　郁　焦志炜

◆ 人民邮电出版社出版发行　　北京市丰台区成寿寺路 11 号
　　邮编　100164　电子邮件　315@ptpress.com.cn
　　网址　https://www.ptpress.com.cn
　　北京天宇星印刷厂印刷

◆ 开本：787×1092　1/16
　　印张：12　　　　　　　　　　2024 年 10 月第 1 版
　　字数：353 千字　　　　　　　2025 年 9 月北京第 4 次印刷

定价：49.80 元

读者服务热线：(010)81055256　印装质量热线：(010)81055316
反盗版热线：(010)81055315

　　本书全面贯彻党的二十大精神，以社会主义核心价值观为引领，传承中华优秀传统文化，坚定文化自信，为建设社会主义文化强国添砖加瓦。

　　为进一步明确信息技术基础课程的教学目标，使学生系统掌握计算机基础知识，熟练完成文档编辑排版、数据处理和演示文稿制作等计算机基本操作，运用所学知识解决实际问题，增强信息意识、提升计算思维水平、加强数字化创新与发展能力，树立正确的信息社会价值观和责任感，本书在教学内容选取、教学方法运用、教学环节设计、训练任务设置、教学资源配置等方面有所创新，具体特点如下。

　　（1）采用先进的教学模式组织教学

　　本书采用"任务驱动，理论实训一体"的教学模式，共设置 12 个项目，这些项目都是来自企、事业单位的真实案例，具有较强的代表性。

　　（2）满足两种需求

　　信息技术基础课程要求教师在教学过程中进行完整的知识梳理和系统的方法指导，进一步加强规范化、职业化的操作训练，以满足学生的考证需求和未来的就业需求。基于这些需求，本书对任务驱动的教学模式进行了进一步的优化，把利用计算机技术解决学习、工作中的常见问题作为重点，强调"做中学、做中会"，以强化学生的实践能力。

　　（3）覆盖两类考试范围

　　全国计算机等级考试：一级 WPS Office。

　　WPS 办公应用职业技能等级证书考核：WPS 办公应用（中级）。

　　（4）实现 3 个目标

　　实现使学生熟练掌握计算机基础知识和计算机基本操作技能的目标。

　　实现使学生按要求快速完成规定操作任务的目标。

　　实现使学生遇到疑难问题时能够想办法自行解决的目标。

　　（5）凸显 4 个亮点

　　本书注重方法和手段的创新，力求凸显"基本知识系统化、方法指导条理化、技能训练任务化、理论教学与实训指导一体化"的亮点，适用于任务驱动、案例教学、多媒体教学、网络教学等多种教学方法。本书适应教学组织的多样性需求，可以满足先讲解知识后上机操作、理论实训一体、"课程教学+综合实训"等多种教学组织需求，保证课程教学在不同课时、不同教学条件下都能顺利进行。本书还提供多样化的教学资源，为授课老师提供课程标准、电子教案、训练素材和习题答案，以便进行教学。

　　本书由邹志龙、林雯、胡佑锋任主编，李金凤、蔡进、何峡峰、邵菊、谭忠、高洋、黄德忠任副主编，陈妤、马也、危丽琴参与了本书的编写。

　　由于编者水平有限，书中难免存在疏漏和不足之处，敬请各位专家和读者批评指正。

目 录

模块1
信息技术与计算机基础

项目一 认识和选购计算机

项目介绍

小李是远安县驻村工作队队员，其工作内容主要是推进乡村电商发展。小李决定从普及计算机基础知识入手，帮助当地村民购置计算机，教会村民使用和维护计算机，提升村民的信息素养。

- **知识目标**

（1）认识信息素养。

（2）学习计算机基础知识。

- **技能目标**

（1）了解计算机的软硬件构成。

（2）理解计算机的主要性能指标。

（3）能够合理配置计算机。

- **素养目标**

（1）树立正确的信息社会价值观和培养社会责任感。

（2）树立科技强国理念。

选购计算机

要选购合适的计算机，必须先了解计算机的基础知识，认识计算机的软硬件构成，清楚计算机的主要性能指标。小李整理了相关资料并向当地村民普及，任务完成后，村民即可根据需要购置计算机，如图 1-1 所示。

一、相关知识

（一）认识信息素养

信息素养（Information Literacy）是全球信息化时代人们需要具备的一种基本素养。

1. 信息素养的定义

信息素养是一种基本能力，涉及信息的意识、信息的能力和信息的应用，是一种对信息社会的适应能力。

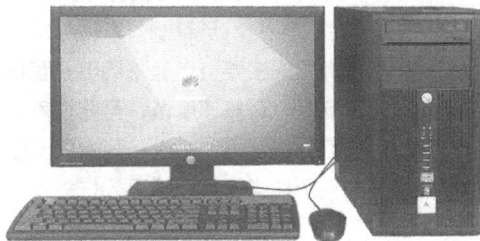

图1-1 计算机

信息素养也是一种综合能力，涉及人文、技术、经济、法律等多方面的知识，是一种特殊的、涵盖面很广的能力。信息技术是信息素养的工具，强调对技术的理解、认识和对技能的使用。一个有信息素养的人，能够判断什么时候需要信息，并且懂得如何获取信息，以及如何评价和有效利用信息。

2．信息素养的内容

信息素养内容丰富，不仅包括利用信息工具和信息资源的能力，还包括选择、获取、识别信息，加工、处理、传递信息，以及创造信息的能力。

信息素养包括信息和信息技术的基本知识和基本技能，运用信息技术进行学习、合作、交流和解决问题的能力，以及信息的意识和信息社会伦理道德。

信息素养包含 4 个要素：信息意识、信息知识、信息能力、信息道德。这 4 个要素共同构成一个不可分割的统一整体，其中信息意识是先导，信息知识是基础，信息能力是核心，信息道德是保证。

3．信息素养的特点

信息素养具有以下特点。

（1）信息素养具有知识性。知识是信息素养的重要内容。信息素养的知识性体现在两个方面：把无序的信息整理转化成能够理解的有序知识，把知识智能化并作用于人类社会。知识对信息素养的影响，取决于知识的广度、深度和人对知识的运用能力。知识的广度能够提高我们对信息的敏感程度，有利于我们从纷繁杂乱的信息中建立有机的联系；深厚的知识功底能够提高我们对信息的筛选能力，有利于我们从浩瀚的信息中采集到真正有用的信息；强大的知识运用能力能够提高我们对信息的改造能力，信息只有成为知识，它的传播才会更加高效。

（2）信息素养具有普及性。在信息社会，每个人都需要具备信息素养。生活在现代社会，人们的日常生活和工作学习都离不开信息技术，人们要经常接触各种各样的信息系统，例如在线课程系统、银行存款系统等，人们遇到问题时也经常想到利用信息技术去寻求答案和帮助。

（3）信息素养具有操作性。操作性是人们在处理和运用信息时，在技术、方法和能力等方面表现出来的素养。信息素养的所有内容最终必然表现在利用信息技术、操作信息系统上。在评判一个人的信息素养时，实际操作能力的权重要比其他方面更高。也就是说，评判人的信息素养不是看他如何说，而要看他怎样做。那些只能够空泛地谈论信息技术，以及简单地使用信息系统的人，不能被认为具有较高的信息素养。

（二）了解计算机的发展历程

计算机是一种能够按照事先存储的程序，自动、高速地进行大量数值运算和数据处理的智能电子装置。

1946 年 2 月 14 日，世界上第一台通用电子数字计算机——埃尼阿克（Electronic Numerical Integrator And Computer，ENIAC）在美国的宾夕法尼亚大学研制成功。ENIAC 的诞生是计算机发展史上的一座里程碑，是人类在发展计算技术的历程中的新起点。ENIAC 是一个庞然大物，每小时耗电量约为 150 千瓦·时，运算速度为每秒 5000 次加法运算或者 400 次乘法运算，比当时的机械式继电器计算机快 1000 倍。

根据计算机采用的主要电子元器件的不同，一般把计算机的发展历程分成 4 个阶段，习惯上称为"四代"。

1．第一代：电子管计算机时代（从 1946 年到 20 世纪 50 年代后期）

这一代计算机的主要特点是采用电子管作为基础器件，内存储器为磁鼓，外存储器采用纸带、卡片和磁带等，体积庞大、运算速度慢、可靠性差、功耗大、维护困难，代表机型有 IBM 公司的 IBM650。

在软件方面，这一代计算机一开始只能使用机器语言，20 世纪 50 年代中期出现了汇编语言。这一代计算机主要应用于科学计算和军事领域。

2．第二代：晶体管计算机时代（从 20 世纪 50 年代后期到 20 世纪 60 年代中期）

这一代计算机采用的基础器件由电子管逐步改为晶体管，缩小了体积，减小了功耗，减轻了质量，降低了价格，提高了运算速度，增强了可靠性，代表机型有 CDC 公司的大型计算机系统 CDC6600。

在软件方面，这一代计算机已开始使用操作系统，各种计算机高级语言（如 ALGOL、Fortran、COBOL 等）出现，输入和输出方式有了很大改进。这一代计算机的应用领域由科学计算扩展到数据处理及事务处理。

3. 第三代：集成电路计算机时代（从 20 世纪 60 年代中期到 20 世纪 70 年代初期）

这一代计算机采用集成电路作为基础器件，功耗、价格进一步下降，体积进一步缩小，运算速度和可靠性相应提高，代表机型有 IBM 公司的 IBM360。

在软件方面，操作系统得到发展与完善，诞生了多种高级语言。这一代计算机主要应用于科学计算、数据处理和过程控制等方面。

4. 第四代：大规模和超大规模集成电路计算机时代（从 20 世纪 70 年代初期至今）

20 世纪 70 年代初期，半导体存储器一问世，就迅速取代了磁芯存储器，并不断向大容量、高速度发展。1971 年，内含 2300 个晶体管的 Intel 4004 芯片问世，开启了现代计算机的时代，微型计算机得到迅速发展，并走进社会各个领域和平常家庭。

在软件方面，操作系统不断发展和完善，各种高级语言和数据库管理系统进一步发展。这一代计算机已广泛应用于科学计算、数据处理、过程控制、计算机辅助设计、计算机辅助教学，以及人工智能等方面。

（三）认识计算机的应用领域

1. 科学计算

科学计算又称数值计算，主要解决科学研究和工程制造中的数学问题，如工程设计、天气预报、地震预测、火箭发射等。用计算机进行数值计算速度快、精度高，可以大大缩短计算周期，节省人力和物力。

2. 数据处理

数据处理是目前计算机应用最广泛的领域之一。数据处理的特点是数据量大但计算并不复杂，其任务是对大量的数据进行分析和处理，例如人口统计、工资管理、成本核算、档案管理、图书检索、库存管理等。

3. 过程控制

过程控制也称实时控制，是指用计算机实时采集监测数据，并按最佳方法迅速地对控制对象进行自动控制和调节。计算机广泛应用于石油化工、电力、冶金、机械加工、通信等领域的生产过程控制，例如数控机床、高炉炼钢、生产线自动控制等。

4. 计算机辅助设计

计算机辅助设计（Computer-Aided Design，CAD）是工程设计人员借助计算机进行设计的一项专门技术，它不仅可以缩短设计周期，还可以提高设计质量和设计过程的自动化程度。目前，CAD 已被广泛应用于机械设计、电路设计、建筑设计、服装设计等各个方面。

5. 计算机辅助教学

计算机辅助教学（Computer-Aided Instruction，CAI）是利用计算机进行辅助教学的一项专门技术，它利用图、文、声、像等多媒体方式使教学过程形象化，使教学内容图文并茂，从而大大提升教学效果。CAI 利用计算机给学生提供多样化的教学方法和丰富的学习资料，通过人机交互的方式帮助学生自学、自测，使教学更加灵活和方便，从而有效激发学生的学习兴趣，实现因材施教。

6. 人工智能

人工智能（Artificial Intelligence，AI）主要研究如何利用计算机"模仿"人的智能，也就是如何使计算机具有"推理"的功能，例如使计算机模拟医生看病。

7. 网络通信

利用计算机网络可以使不同地区的计算机实现资源共享，还可以收发电子邮件、搜索资料等。

（四）了解计算机的主要特点

1. 运算速度快

运算速度是指计算机每秒执行的指令条数，常用单位是 MIPS（Million Instructions Per Second，百万条指令每秒）。当今计算机的运算速度已达到每秒万亿次，微型计算机的运算速度也可达每秒亿次，使大量复杂的科学计算问题得以解决，例如卫星轨道的计算、大型水坝的计算、24小时天气预报的计算等。

2. 计算精度高

科学技术的发展，特别是尖端科学技术的发展，需要高精度的计算。例如，计算机控制的导弹能准确地击中预定的目标，与计算机的精确计算是分不开的。

3. 存储容量大

计算机中的存储器能够存储大量数据，计算机进行数据处理和计算后，存储器可把结果保存起来，当需要时再将对应数据取出来。

4. 具有记忆和逻辑判断能力

随着计算机存储容量的不断增大，计算机可存储、记忆的信息越来越多。计算机能够进行各种基本的逻辑判断，并且能根据判断的结果自动决定下一步该做什么。

5. 有自动控制能力

计算机内部的操作是根据用户事先编写好的程序自动进行的。用户根据实际需要，事先设计好运行程序，计算机十分严格地按程序规定的步骤操作，整个过程不需要人工干预。

二、任务实现

为了帮助村民了解计算机的软硬件构成，小李利用办公室的台式机，讲解计算机的软硬件构成。

（一）了解计算机的工作原理

现代微型计算机系统结构有了很大的变化，但其工作原理基本沿用了冯·诺依曼的思想，因此计算机也称冯·诺依曼机。

冯·诺依曼机的基本特点如下。

（1）计算机由运算器、控制器、存储器、输入设备和输出设备5部分组成。

（2）采用存储程序的方式，将程序和数据放在存储器中，指令和数据一样可以送到运算器中进行运算，由指令组成的程序是可以修改的。

（3）数据以二进制码表示。

（4）指令由操作码和地址码组成。

（5）指令在存储器中按执行顺序存放，由指令计数器指明要执行的指令所在的单元地址，单元地址一般按顺序递增，但可根据运算结果或外界条件改变。

计算机的工作原理如图1-2所示，其核心是存储程序和程序控制。计算机通过输入设备输入原始数据和程序，并将其存储在存储器中，通过输出设备输出计算结果；控制器对输入、输出、存储和运算等操作进行统一指挥与协调；运算器在控制器的控制下进行算术运算和逻辑运算，并将运算结果送到内存储器中；存储器用于保存数据、指令和运算结果等信息，可分为内存储器和外存储器。

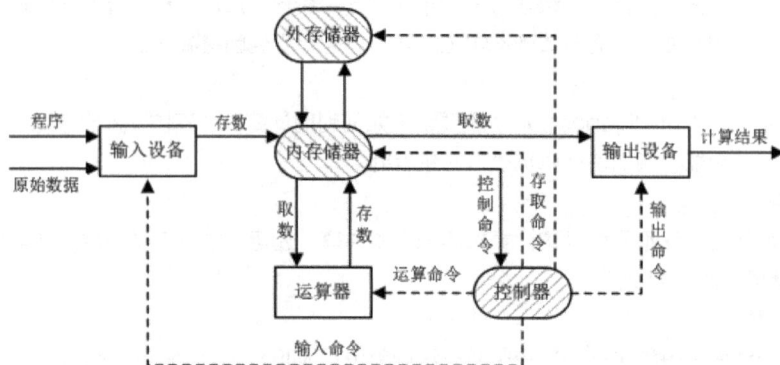

图1-2　计算机的工作原理

（二）认识计算机的硬件系统

计算机由运算器、控制器、存储器（包括内存储器和外存储器）、输入设备和输出设备 5 个基本部分组成，这 5 个基本部分也称计算机的五大部件。人们通常将运算器、控制器集成在一个大规模集成电路块上，称为中央处理器（Central Processing Unit，CPU）。微型计算机的中央处理器习惯上称为微处理器（Microprocessor），是微型计算机的核心。计算机硬件系统的基本组成如图 1-3 所示。

1. 中央处理器

中央处理器是计算机的核心，由运算器和控制器两部分组成。运算器又称为算术逻辑部件（Arithmetic and Logic Unit，ALU），是计算机的运算部件，它的主要功能是对二进制数进行加、减、乘、除等算术运算和与、或、非等基本逻辑运算，实现逻辑判断。控制器是计算机的指挥控制中心，由指令寄存器、译码器、指令计数器和操作控制器等组成，控制器用来协调计算机各部件的工作，使整个处理过程有条不紊地进行。运算器在控制器的控制下实现自身功能，运算结果由控制器指挥送到内存储器中。

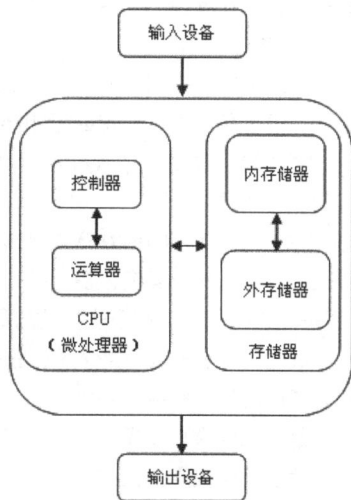

图 1-3 计算机硬件系统的基本组成

2. 内存储器

内存储器简称内存或主存。内存按功能可分为两种：只读存储器（Read-Only Memory，ROM）和随机（存取）存储器（Random Access Memory，RAM）。

ROM 的特点是存储的信息只能读出（取出），不能改写（存入），断电后信息不会丢失。ROM 一般用来存放专用的或固定的程序和数据。

RAM 的特点是存储的信息可以读出，也可以改写，因此又称为读写存储器。读出信息时不损坏原有的存储内容，只有改写信息时才修改原来所存储的内容。断电后，存储的内容立即消失。

3. 外存储器

外存储器简称外存或辅存。外存可分为硬盘存储器、U 盘、光盘存储器等多种类型。硬盘存储器又称为硬盘（Hard Disk）。硬盘是将一组高密度的磁性材料盘片与磁头、传动机构等部分进行密封组合的大容量存储器。硬盘通常内置于主机箱内，用户也可以加装硬盘盒，将其作为移动硬盘使用，移动硬盘携带方便，通常使用 USB 接口和计算机相连。由于硬盘是内置在硬盘驱动器里的，因此很多人会把硬盘和硬盘驱动器混为一谈。平常所说的 C 盘、D 盘与真正的硬盘不完全是一回事。硬盘的专业术语为"物理硬盘"，用户可以将物理硬盘分为 C 盘、D 盘、E 盘等若干个"逻辑硬盘"。硬盘一般由多个盘片组成，盘片的每一面都有一个读写磁头。硬盘在使用时，要将盘片格式化成若干个磁道（称为柱面），再将每个磁道划分为若干个扇区。

U 盘具有存储容量大、携带方便、存储速度快、不需要驱动器等特点，能通过 USB 接口和计算机相连，即插即用、支持热插拔。

光盘（Optical Disk）存储器是一种利用激光技术将信息写入和读出的高密度存储媒体。能在光盘上进行信息读出或写入的装置称为光盘驱动器。

4. 输入设备

输入设备主要包括键盘、鼠标、扫描仪、摄像头等，用户通过输入设备可将程序和数据输入计算机。

（1）键盘（Keyboard）是用户与计算机进行交流的主要工具，是计算机最重要的输入设备之一，也是微型计算机必不可少的外部设备。以目前常用的 104 键键盘为例，键盘通常由主键盘、小键盘、功能键 3 部分组成。主键盘包括字母键、数字键、符号键和控制键等，是进行数据输入的主要区域。小键盘中的 11 个键印有上档符（数字 0、1、2、3、4、5、6、7、8、9 及小数点），10 个键印有相应的下档符（Ins、End、↓、PageDown、←、→、Home、↑、PageUp、Del）。功能键一般设置成常用命令的字符序列，即按某个键就是执行某条命令或实现某个功能，在不同的应用软件中，相同的功能键可以具有不同的功能。

（2）鼠标（Mouse）又称鼠标器，也是微型计算机上的一种常用输入设备，用来控制显示屏上鼠标指针的位置。在软件的支持下，通过鼠标上的按键可以向计算机发出命令，或完成某种特殊的操作。

5. 输出设备

输出设备包括显示器、打印机、绘图仪、音箱等，用户通过输出设备将计算机处理的结果（如数字、字母、符号和图形）显示或打印出来。

（1）显示器（Display Device）是计算机不可缺少的输出设备。用户可以通过显示器方便地观察输入和输出的信息。

（2）打印机（Printer）是计算机产生硬复制输出的一种设备，用于将计算机处理的结果打印在相关介质上。打印机的种类有很多，按工作原理可分为击打式打印机和非击打式打印机。目前常用的针式打印机（又称点阵打印机）属于击打式打印机，喷墨打印机和激光打印机属于非击打式打印机。

针式打印机打印的字符和图形是以点阵的形式构成的。它的打印头由若干根打印针和驱动电磁铁组成，通过相应的针头接触色带击打纸面来完成打印。目前使用较多的是 24 针打印机。针式打印机的主要特点是价格便宜、使用方便，但打印速度较慢、噪声大。

喷墨打印机通过直接将墨水喷到纸上来完成打印。喷墨打印机具有价格低廉、打印效果较好等优势，较受用户欢迎，但喷墨打印机对纸张的要求较高，墨盒消耗速度较快。

激光打印机是激光技术和电子照相技术的复合产物。激光打印机使用的技术源于复印机，但复印机的光源是灯光，而激光打印机用的是激光。由于激光光束能聚焦成很小的光点，因此激光打印机能输出分辨率很高且色彩很细腻的图形。激光打印机具有打印速度快、分辨率高、无噪声等优势，但价格稍高。

6. 主板

主板是计算机稳定运行的基础，它就像人体的神经中枢，连接起计算机中的各种部件并使它们得以进行数据交换。CPU、内存、显卡、电源等都必须连接到主板上才能使用。

主板又称主机板（Mainboard）、系统板（Systemboard）或母板（Motherboard），它安装在机箱内，是计算机最基本也是最重要的部件之一。

> 知识扩展
>
> 主机是计算机的主体部分，主机箱中有主板、CPU、内存、硬盘、显卡、声卡、网卡、电源、散热器等硬件设备。机箱将各个设备封装起来，同时对主机内部的重要设备起到保护作用。

常见的计算机硬件系统的外观与组成如图 1-4 所示。

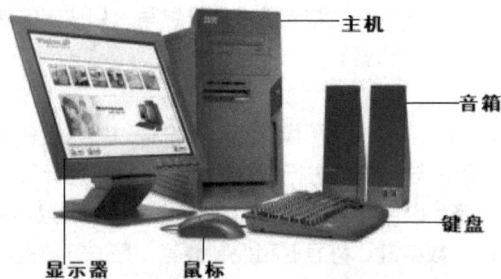

图 1-4　常见的计算机硬件系统的外观与组成

知识扩展

多媒体技术是指利用计算机对文字、数据、图形、图像、动画、声音等多种媒体信息进行综合处理和管理，使用户可以通过多种感官与计算机进行实时信息交互的技术，又称计算机多媒体技术。多媒体技术除信息载体的多样化以外，还具有集成性、交互性、智能性、易扩展性等特点。

（三）了解计算机的软件系统

软件系统是计算机必不可少的组成部分，分为系统软件和应用软件两部分。系统软件一般包括操作系统、语言编译程序、数据库管理系统。应用软件是指计算机用户为某一特定应用而开发的软件，例如文字处理软件、表格处理软件、绘图软件、财务软件、实时控制软件等。

1. 操作系统

操作系统（Operating System，OS）是最基本、最重要的系统软件，负责管理计算机的全部软件资源和硬件资源，协调计算机各部分的工作，为用户提供操作界面。

2. 语言编译程序

人和计算机交流信息使用的语言称为计算机语言或程序设计语言，计算机语言通常分为机器语言、汇编语言和高级语言 3 类。

（1）机器语言（Machine Language）是一种用二进制码"0"和"1"表示的，能被计算机直接识别和执行的语言。用机器语言编写的程序称为计算机机器语言程序。机器语言是一种低级语言，用机器语言编写的程序不便于记忆、阅读和书写，因此通常不用机器语言直接编写程序。

（2）汇编语言（Assembly Language）是一种用助记符表示的面向计算机的程序设计语言。汇编语言的每条指令都对应一条机器语言代码，不同类型的计算机一般有不同的汇编语言。用汇编语言编写的程序称为汇编语言程序，计算机不能直接识别和执行，必须由"汇编程序"（或汇编系统）翻译成机器语言程序才能运行。这种"汇编程序"就是汇编语言的翻译程序。汇编语言适用于编写直接控制计算机操作的底层程序，它与计算机密切相关，不容易使用。

（3）高级语言（High Level Language）是一种接近自然语言和数学表达式的计算机程序设计语言。用高级语言编写的程序称为"源程序"，计算机一般不能直接识别和执行。要把用高级语言编写的源程序翻译成机器指令，通常有编译和解释两种方式。编译是将整个源程序编译成目标程序，然后通过链接程序将目标程序链接成可执行程序。解释是将源程序逐句翻译，翻译一句执行一句，边翻译边执行，不产生目标程序，由计算机执行解释程序，即可自动完成解释过程。常用的高级语言有 Visual Basic、Fortran、C/C++、C#、Java 等。

3. 数据库管理系统

数据库管理系统（Database Management System，DBMS）的作用是管理数据库。数据库管理系统是高效地进行数据存储、共享和处理的工具。目前，常用的数据库管理系统有 SQL Server、Oracle、Sybase、DB2 等。如今，数据库管理系统主要用于档案管理、财务管理、图书资料管理、仓库管理、人事管理等数据处理领域。

4. 应用软件

应用软件是专业人员为各种应用目的而开发的程序，主要有文字处理软件、表格处理软件、图形处理软件、财务软件、辅助设计软件、辅助教学软件、实时控制软件等。

文字处理软件主要用于对输入计算机的文字进行编辑，它能将输入的文字以多种字形、字体及格式打印出来。目前常用的文字处理软件有 Microsoft Word、WPS 文字等。

表格处理软件可以根据用户的要求处理各式各样的表格，并可将结果存盘或打印出来。目前常用的表格处理软件有 Microsoft Excel、WPS 表格等。

用于自动控制生产过程的计算机一般通过实时控制软件实现实时控制，这对计算机的运算速度要求不高，但对可靠性要求很高。该计算机的输入信息往往是电压、温度、压力、流量等模拟量，将模拟量转换成数字量后计算机才能通过软件进行处理或计算。

（四）了解计算机的性能指标

选购计算机时，要根据用途确定性能配置，主要需要了解以下性能指标。

1. 主频

计算机中 CPU 执行指令的过程是通过若干步操作来完成的，这些操作按时钟周期节拍进行。时钟周期的长短反映了计算机的运算速度。时钟周期的倒数即时钟频率，时钟周期越短，时钟频率越高，计算机的运算速度越快。主频指计算机的时钟频率，通常以 MHz、GHz 为单位。时钟频率越高（时钟周期越短），CPU 运算速度越快。

2. 字和字长

计算机处理数据时，一次可以存取、传输、处理的数据长度称为"字"（Word），每个字包含的二进制位数通常称为字长。字可以是一个字节，也可以是多个字节，它是计算机进行数据处理和运算的单位，是计算机的重要性能指标。常用的字长有 8 位、16 位、32 位、64 位等。如某一类计算机的字由 8 个字节组成，则字的长度为 64 位，相应的计算机称为 64 位机。在计算机中，一般使用若干二进制位表示一个数据或一条指令。CPU 能够直接处理的二进制数据位数称为字长，字长体现了一条指令所能处理数据的能力，是 CPU 性能高低的重要衡量指标。一般字长越长，CPU 可以同时处理的数据位数越多，计算精度越高，数据处理能力越强。

3. 运算速度

计算机的运算速度是衡量计算机性能的主要指标，它取决于指令执行时间。运算速度指计算机每秒所能执行的指令条数，一般以 MIPS 为单位。

4. 存储容量

存储容量指存储器能够存储的数据的总字节数，以字节为基本单位，常用单位有 MB、GB、TB 等。每个字节都有自己的编号，称为"地址"。如要访问存储器中的某个数据，就必须知道它的地址，然后按地址存入或取出数据。

为了衡量数据存储容量，将相邻的 8 位二进制码（8bit）称为 1 个字节（byte），字节是计算机中进行数据处理和衡量存储容量的基本单位，比字节更大的存储单位有 KB（千字节）、MB（兆字节）、GB（吉字节）、TB（太字节）等。

存储容量基本单位之间的换算关系如下。

$$1B=8bit（1 个英文字符占用 1B，1 个汉字占用 2B）$$
$$1KB=1024B=2^{10}B$$
$$1MB=1024KB=2^{20}B$$
$$1GB=1024MB=2^{30}B$$
$$1TB=1024GB=2^{40}B$$

知识扩展

硬盘的存储容量＝磁头数×柱面数×扇区数×每扇区字节数（512B）。硬盘的一个重要性能指标是存取速度。影响存取速度的因素有平均寻道时间、数据传输率、盘片的旋转速度和缓冲存储器的容量等。一般来说，转速越高的硬盘平均寻道时间越短，数据传输率也越高。

5. 显示器分辨率和尺寸

显示器单位面积的像素越多，分辨率越高，显示的字符或图形也就越清晰、越细腻。一般显示器的分辨率在 800 像素×600 像素以上，如 1024 像素×768 像素、1280 像素×1024 像素等。显示器按输出色彩可分为单色显示器和彩色显示器两大类，按显示器件可分为阴极射线管（Cathode Ray Tube, CRT）显示器和液晶显示器（Liquid Crystal Display, LCD），按屏幕的对角线尺寸可分为 15 英寸（1 英寸=2.54 厘米）、17 英寸、19 英寸、21 英寸、27 英寸、29 英寸等几种。分辨率、色彩数量及屏幕尺寸是显示器的主要性能指标。显示器必须配置正确的适配器（显卡），才能构成完整的显示系统。

课后阅读

我国计算机发展起步于 20 世纪 50 年代中期，与国外相比起步晚了约 10 年，通过科研人员艰苦卓绝的奋斗，我国计算机的研制水平与国外差距不断缩小并逐渐达到国际前沿水平。我国自主研发的计算机为国防和科研事业作出了重要贡献，并且推动了计算机产业的发展。截至目前，我国既研制出了世界上计算速度最快的高性能计算机，也成为国际上最大的微机生产基地和主要市场。

（1）电子管计算机的研制。

1957 年，我国开始研制通用数字计算机，1958 年，103 机研制成功，它是我国第一台电子管计算机。

（2）晶体管计算机的研制。

1965 年，我国成功研制出 109 乙机，它是我国独立设计并研制的第一台大型晶体管计算机。

（3）中小规模集成电路计算机的研制。

1973 年，北京大学与北京有线电厂等单位合作，成功研制出运算速度为每秒 100 万次的大型通用集成电路计算机 150（通用浮点 48 二进制位），使我国拥有了第一台自行设计的百万次集成电路计算机，这也是我国第一台配有多道程序和自行设计的操作系统的计算机。

1974 年，清华大学等单位成功研制出 DJS-130 小型机，之后又推出了 DJS-140 小型机，形成了 100 系列产品。与此同时，以华北计算所为主要基地，全国 57 个单位联合进行了 DJS-200 系列计算机的设计，同时也设计开发了 DJS-180 系列超级小型机。

（4）大规模集成电路计算机的研制。

1977 年，我国成功研制出 DJS-050 微型计算机，这也是我国生产的第一台 8 位微型计算机。

1983 年，"银河-I"巨型计算机研制成功，运算速度达每秒 1 亿次，这是我国高速计算机研制历程中的一个重要里程碑。1985 年，电子工业部计算机管理局成功研制出与 IBM PC 兼容的长城 0520CH 微机。1987 年，第一台国产的 286 微机——长城 286 微机正式推出。1988 年，第一台国产 386 微机——长城 386 微机推出。1990 年，我国首台高智能计算机——EST/IS4260 智能工作站诞生，长城 486 微机问世。

1992 年，国防科技大学研制出"银河-II"通用并行巨型机，峰值运算速度达每秒 4 亿次浮点运算，为共享内存的四处理机向量机，其向量中央处理机采用中小规模集成电路，总体上达到 20 世纪 80 年代中后期的国际先进水平，主要用于中期天气预报。1993 年，我国第一台 10 亿次巨型银河计算机通过鉴定。

1995 年，国家智能机中心推出了国内第一台具有大规模并行处理结构的并行机——曙光 1000 大型机，其含 36 个处理机，峰值运算速度可达每秒 25 亿次浮点运算，实际运算速度为每秒 10 亿次浮点运算。曙光 1000 大型机与美国英特尔（Intel）公司 1990 年推出的大规模并行机的体系构造与实现技术相近。

1997 年，国防科技大学成功研制出"银河-Ⅲ"百亿次并行巨型计算机，该计算机采用可扩展分布共享存储并行处理体系，由 130 多个处理节点组成，峰值运算速度为每秒 130 亿次浮点运算，系统综合技术达到 20 世纪 90 年代中期的国际先进水平。

1999 年，"银河-Ⅳ"巨型机研制成功。

2000 年，我国成功自行研制出高性能计算机"神威 I"，其峰值运算速度达每秒 3840 亿次，性能达到国际先进水平。我国成为继美国、日本之后世界上第三个具备研制高性能计算机能力的国家。

2004 年，由中科院计算技术研究所、曙光公司、上海超级计算中心共同研发制造的曙光 4000A 实现了每秒 10 万亿次的运算速度，这是我国第一台进入世界前十名的高性能计算机。

2009 年 10 月 29 日，我国首台千万亿次超级计算机"天河一号"诞生。这台超级计算机的峰值运算速度可达每秒 1206 万亿次，使我国成为继美国之后世界上第二个能够研制千万亿次超级计算机的国家。

2010 年 11 月，国防科技大学研制的"天河一号"以每秒 4700 万亿次的峰值运算速度、每秒 2566 万亿次的实际运算速度，在第 36 届全球超级计算机 500 强排行榜上位居世界第一，我国超级计算机首次站上了世界超级计算机之巅。

2011 年 10 月 27 日，"神威蓝光"在国家超级计算济南中心安装完成，这是我国首台全部采用国产处理器和系统软件构建的运算速度达千万亿次计算机，标志着我国成为继美国、日本之后第三个能够采用自主处理器构建运算速度达千万亿次计算机的国家。

2013 年 6 月 17 日，在最新公布的全球超级计算机 500 强榜单中，国防科技大学研制的"天河二号"以每秒 5.49 亿次的浮点运算速度，成为全球最快的超级计算机。

2013 年 11 月 18 日，国防科技大学研制的"天河二号"再次成为全球超级计算机 500 强排行榜榜首，在速度上比排名第二的来自美国的"泰坦"快近一倍。

2014 年 6 月 23 日，我国的"天河二号"连续三次成为全球超级计算机 500 强排行榜榜首。

2015 年，我国的"天河二号"蝉联全球超级计算机 500 强冠军，每秒可执行 33.86 千万亿次浮点运算。"天河二号"由 170 个机柜组成，其中包括 125 个计算机柜、8 个服务机柜、13 个通信机柜以及 24 个存储机柜，总内存为 1400 万亿字节，总存储量为 12400 万亿字节，处理器由 32000 个 Xeon E5 主处理器和 48000 个 Xeon Phi 协处理器构成，共有 312 万个计算核心。

在 2016 年 6 月 20 日公布的全球超级计算机 500 强名单中，我国的"神威·太湖之光"凭借每秒 93 千万亿次浮点运算的运算速度成功夺得冠军，这也使我国超级计算机上榜总数首次超过美国，名列第一。"神威·太湖之光"的运算速度比上次榜单冠军（来自我国的"天河二号"）快近两倍，其效率也提高了三倍。更重要的是，"神威·太湖之光"采用了 40960 个拥有我国自主知识产权的神威 26010 芯片。

2017 年 11 月，在国际 TOP 500 组织公布的全球超级计算机榜单中，我国"神威·太湖之光"和"天河二号"携手夺得前两名。

"深腾 7000"是我国第一个实际性能突破每秒百万亿次的异构机群系统，Linpack 性能突破每秒 106.5 万亿次。

2008 年 9 月 16 日，"曙光 5000A"在曙光天津产业基地下线，峰值运算速度达每秒 230 万亿次，Linpack 值达每秒 180 万亿次。

我国计算机的发展历程充分说明了关键核心技术是要不来、买不来、讨不来的，彰显了我国社会主义制度集中力量办大事的优越性。

项目二　使用计算机

项目介绍

在帮助村民认识、选购计算机后，小李从使用计算机的角度，进一步讲解计算机的工作原理，指导村民如何正确使用计算机，防治计算机病毒。

- **知识目标**
（1）掌握计算机中信息的表示方法。
（2）掌握计算机的正确使用方法。
（3）掌握计算机病毒的相关知识和防治措施。
- **技能目标**
（1）能完成不同记数制数据之间的转换。
（2）能正确开、关和重启计算机。
（3）能防治计算机病毒。
- **素养目标**
（1）提升信息素养。
（2）提升使用计算机解决实际问题的能力。
（3）提升信息安全意识。

任务一　正确使用计算机

小李现场指导村民如何正确使用计算机，并帮助村民了解计算机中信息的表示方法，以及正确开、关和重启计算机的方法。

一、相关知识

（一）认识常用的记数制

常用的记数制有十进制、二进制、八进制和十六进制，一般在数字的后面用特定字母表示对应数值的记数制，例如 D 表示十进制（D 可省略）、B 表示二进制、O 表示八进制、H 表示十六进制。

记数制也称数制，是指用一组固定的符号和统一的规则来表示数值的方法。人们在日常生活、工作中常用多种记数制来描述事物。例如，10 角为 1 元，即"逢 10 进 1"；7 天为 1 周，即"逢 7 进 1"；12 个月为 1 年，即"逢 12 进 1"；24 小时为 1 天，即"逢 24 进 1"；60 分钟为 1 小时，即"逢 60 进 1"；两个为 1 双或 1 对，即"逢 2 进 1"等。

记数制包括数位、基数和位权 3 个要素。数位是指数码在数值中的位置。基数是指在某种记数制中，每个数位上所能使用的数码个数。例如在二进制数中，每个数位上可以使用的数码有 0 和 1 两个，即其基数为 2；在十进制数中，每个数位上可以使用的数码有 0～9 这 10 个，即其基数为 10。在记数制中有一个规则：如果是 N 进制数，那么必须是逢 N 进 1。

对于多位数，每个数位上的数码所代表的数值大小都等于该数位上的数码乘一个固定数值，这个固定数值称为该位的位权。例如，在二进制中，整数部分从右往左第 1 位的位权为 2^0，第 2 位的位权为 2^1，第 3 位的位权为 2^2；在十进制中，小数点左边第 1 位的位权为 10^0，第 2 位的位权为 10^1，第 3 位的位权为 10^2，小数点右边第 1 位的位权为 10^{-1}，第 2 位的位权为 10^{-2}。一般情况下，对于 N 进制数，整数部分从右往左第 i 位的位权为 N^{i-1}，小数部分从左往右第 j 位的位权为 N^{-j}。

1. 十进制（十进位记数制）

我们习惯使用的十进制数由 0、1、2、3、4、5、6、7、8、9 共 10 个不同的数码组成，当数码处在十进制数中不同的位置时，它代表的实际数值是不一样的。例如 1011 可表示成 $1×1000+0×100+1×10+1×1 = 1×10^3+0×10^2+1×10^1+1×10^0$，式中每个数码的位置不同，代表的数值也不同，这就是常说的个位、十位、百位、千位。十进制的基数为 10，逢 10 进 1。

2．二进制（二进位记数制）

二进制和十进制一样，也是一种记数制，但它的基数是 2。数中 0 和 1 的位置不同，代表的数值也不同。例如，二进制数 1101 表示十进制数 13，如下所示。

$$(1101)_2 = 1×2^3 + 1×2^2 + 0×2^1 + 1×2^0 = 8 + 4 + 0 + 1 = (13)_{10}$$

二进制数具有两个基本特点：有两个不同的数码，即 0 和 1；逢 2 进 1。

3．八进制（八进位记数制）

八进制有 8 个不同的数码，即 0、1、2、3、4、5、6、7，其基数为 8，逢 8 进 1，例如，八进制数 1011 表示十进制数 521，如下所示。

$$(1011)_8 = 1×8^3 + 0×8^2 + 1×8^1 + 1×8^0 = (521)_{10}$$

4．十六进制（十六进位记数制）

十六进制有 16 个不同的数码，即 0、1、2、3、4、5、6、7、8、9、A、B、C、D、E、F，其基数为 16，逢 16 进 1。例如，十六进制 1011 表示十进制数 4113，如下所示。

$$(1011)_{16} = 1×16^3 + 0×16^2 + 1×16^1 + 1×16^0 = (4113)_{10}$$

用计算机处理十进制数时，必须先把它转换成二进制数。同理，应将二进制的计算结果转换成人们习惯的十进制数。4 位二进制数与其他进制数的对应关系如图 1-5 所示。

二进制数	十进制数	八进制数	十六进制数
0000	0	0	0
0001	1	1	1
0010	2	2	2
0011	3	3	3
0100	4	4	4
0101	5	5	5
0110	6	6	6
0111	7	7	7
1000	8	10	8
1001	9	11	9
1010	10	12	A
1011	11	13	B
1100	12	14	C
1101	13	15	D
1110	14	16	E
1111	15	17	F

图 1-5　4 位二进制数与其他进制数的对应关系

（二）认识常见的信息编码

信息编码是采用少量的基本符号，并选用一定的组合原则来表示大量复杂多样数据的技术。计算机是处理数据的工具，任何信息必须转换成二进制数后才能由计算机进行处理、存储和传输。

1．BCD（二进制编码的十进制）

BCD（Binary Coded Decimal）码是用若干个二进制数表示 1 个十进制数的编码。BCD 码有多种编码方法，常用的是 8421 码。8421 码将十进制数码 0～9 中的每个数码分别用 4 位二进制数表示，从左至右每一位对应阶码尾数数符，阶符的数是 8、4、2、1，这种编码方法比较直观、简便。例如，将十进制数 1209.56 转换成 8421 码，如下所示。

$$(1209.56)_{10} = (0001\ 0010\ 0000\ 1001.0101\ 0110)_{BCD}$$

8421 码与二进制数之间的转换不是直接的，要先将用 8421 码表示的数转换成十进制数，再将该十进制数转换成二进制数，如下所示。

$$(1001\ 0010\ 0011.0101)_{BCD}=(923.5)_{10}=(1110011011.1)_2$$

2．ASCII

在计算机中，对非数值的文字和其他符号进行处理时，要对文字和符号进行数字化处理，即用二进制编码来表示文字和符号。

目前计算机中普遍采用的是美国信息交换标准码（American Standard Code for Information Interchange，ASCII）。ASCII 有 7 位版本和 8 位版本两种，国际上通用的是 7 位版本，7 位版本的 ASCII 有 128 个元素，只需用 7 个二进制位（$2^7=128$）表示。其中控制字符 34 个，阿拉伯数字 10 个，大、小写英文字母 52 个，各种标点符号和运算符号 32 个。在计算机中实际用 8 位表示一个字符，最高位为"0"。例如，数字 0 的 ASCII 值为 48，大写英文字母 A 的 ASCII 值为 65，小写英文字母 a 的 ASCII 值为 97，空格的 ASCII 值为 32。ASCII 对照表如图 1-6 所示。如果用十六进制数表示 ASCII 值，则数字 0 的 ASCII 值为 30H，字母 A 的 ASCII 值为 41H。

ASCII 值	控制字符	ASCII 值	控制字符	ASCII 值	控制字符	ASCII 值	控制字符
0	NUL	32	(space)	64	@	96	`
1	SOH	33	!	65	A	97	a
2	STX	34	"	66	B	98	b
3	ETX	35	#	67	C	99	c
4	EOT	36	$	68	D	100	d
5	ENQ	37	%	69	E	101	e
6	ACK	38	&	70	F	102	f
7	BEL	39	'	71	G	103	g
8	BS	40	(	72	H	104	h
9	HT	41	)	73	I	105	i
10	LF	42	*	74	J	106	j
11	VT	43	+	75	K	107	k
12	FF	44	,	76	L	108	l
13	CR	45	-	77	M	109	m
14	SO	46	.	78	N	110	n
15	SI	47	/	79	O	111	o
16	DLE	48	0	80	P	112	p
17	DC1	49	1	81	Q	113	q
18	DC2	50	2	82	R	114	r
19	DC3	51	3	83	S	115	s
20	DC4	52	4	84	T	116	t
21	NAK	53	5	85	U	117	u
22	SYN	54	6	86	V	118	v
23	ETB	55	7	87	W	119	w
24	CAN	56	8	88	X	120	x
25	EM	57	9	89	Y	121	y
26	SUB	58	:	90	Z	122	z
27	ESC	59	;	91	[	123	{
28	FS	60	<	92	\	124		
29	GS	61	=	93	]	125	}
30	RS	62	>	94	^	126	~
31	US	63	?	95	_	127	DEL

图 1-6　ASCII 对照表

（三）汉字编码

汉字也是字符，与西文字符相比，汉字数量多、字形复杂、同音字多，这就给汉字在计算机内部的存储、传输、交换、输入、输出等带来了一系列的问题。为了能直接使用西文标准键盘输入汉字，必须为汉字设计相应的编码，以满足计算机处理汉字的需要。

1．国标汉字字符集

为了规范汉字信息的表示形式，方便汉字信息的交流，1980 年原国家标准总局颁布了《信息交换用汉字编码字符集　基本集》，其编号为 GB 2312—80，简称国标汉字字符集，是国家规定的用于汉字信息处理的编码依据（该标准自 2017 年 3 月 23 日起转为推荐性标准，编号改为 GB/T 2312—1980）。国标汉字字符集共收录了 6763 个常用汉字和 682 个非汉字字符（图形、符号），其中一级汉字 3755 个，以汉语拼音的顺序排列；二级汉字 3008 个，以偏旁部首的顺序排列。

2．区位码

国标汉字字符集规定，所有的国标汉字与符号组成一个 94×94 的方阵。在此方阵中，每一行称为"区"（区号为 01～94），每一列称为"位"（位号为 01～94）。该方阵组成了一个有 94 个区，每个区有 94 个位的汉字字符编码表（也称汉字字符区位码表，简称区位码表），区位码表的总容纳量为 94×94=8836 个编码单位。每一个汉字或符号在编码表中都有由区号和位号组成的唯一的 4 位位置编码，称为该汉字或符号的区位码。使用区位码输入汉字或符号时，必须先在表中找出汉字或符号对应的编码。区位码的优点是无重码，而且与内部编码的转换方便。

汉字的区位码由汉字在区位码表中的区号和位号共两个字节组成，即汉字的区位码由以下两个字节组成。

区位码高字节 = 区号

区位码低字节 = 位号

区号和位号的有效范围为十进制的 1 至 94，十六进制的 1 至 5E，二进制的 00000001 至 01011110。

3．国标码

汉字的国标码与区位码之间有着密切的联系，汉字的国标码也是由两个字节组成的，分别称为国标码低字节和国标码高字节。在 ASCII 中有 94 个可打印字符（21H～7EH），为了与 ASCII 对应，给区位码的区号和位号都分别加上十进制的 32（即十六进制的 20H），从而得到国标码。国标码与区位码之间的关系如下。

国标码高字节 = 区位码高字节+20H

国标码低字节 = 区位码低字节+20H

4．机内码

汉字的机内码是计算机系统内部对汉字进行存储、处理、传输时统一使用的编码，又称为汉字内码。由于汉字数量多，一般用两个字节来存放汉字的机内码。在计算机内，汉字必须与英文字符区别开，以免造成混乱。英文字符的机内码用一个字节来存放 ASCII，一个 ASCII 占一个字节的低 7 位，最高位为"0"。为了达到与英文字符兼容的目的，汉字的机内码不得与 ASCII 冲突。因此，在汉字真正被存储到计算机的存储器里时，使用的汉字机内码为变形的国标码，即将国标码的两个字节的最高位均置为"1"，相当于给国标码的高字节和低字节均加上十进制的 128（十六进制的 80H 或二进制的 10000000）。

国标码与机内码之间的关系如下。

机内码高字节 = 国标码高字节+80H

机内码低字节 = 国标码低字节+80H

汉字的区位码、国标码、机内码之间的对应关系如下。

国标码 = 区位码+2020H

机内码 = 国标码+8080H

机内码 = 区位码+A0A0H

例如，汉字"啊"的区位码以十进制表示为 1601，以十六进制表示为 1001H，则国标码为 3021H，机内码为 B0A1H。

5．汉字的字形码

每一个汉字的字形都必须预先存放在计算机内，例如国标汉字字符集中所有字符的形状描述信息集合在一起，称为字形信息库，简称字库。字库通常分为点阵字库和矢量字库。目前组成汉字字形大多用点阵方式，即用点阵表示汉字字形码。根据汉字输出精度的要求，有不同密度的点阵。汉字字形点阵有 16×16 点阵、24×24 点阵、32×32 点阵、64×64 点阵等。汉字字形点阵中每个点的信息用一位二进制码来表示，"1"表示对应位置是黑点，"0"表示对应位置是空白。汉字字形点阵的信息量很大，所占存储空间也很大，例如 16×16 点阵的字形码要占 32 个字节（16×16÷8=32）；24×24 点阵的字形码要占 72 个字节（24×24÷8=72），因此汉字字形点阵只能用来构成字库，而不能用来替代机内码用于机内存储。字库存储了每个汉字的字形点阵编码，不同的字体（如宋体、仿宋、楷体、黑体等）对应不同的字库。在输出汉字时，计算机要先在字库中找到对应汉字的字形描述信息，再输出字形。

二、任务实现

（一）打开计算机电源，练习计算机的使用

（1）正确开机：开机是指给计算机接通电源，计算机的开机方法和其他常用家用电器的开机方法区别不大。启动计算机必须按照正确的顺序，即先打开显示器及其他外设电源，然后按下主机的电源按钮，打开主机电源，等待计算机进行自检，自检完成后登录操作系统。

（2）重启计算机：在安装某些软件或硬件后，可能需要重启计算机。一般情况下，可以按照以下步骤重启计算机：在桌面上单击任务栏中的"开始"按钮，在弹出的"开始"菜单中单击"电源"按钮⏻，选择"重启"命令即可。

（3）正确关机：使用计算机结束后，要及时关闭计算机，单击"开始"按钮，在弹出的"开始"菜单中单击"电源"按钮⏻，选择"关机"命令，计算机会自动关机并切断电源。最后关闭显示器及其他外设的电源即可。

（二）练习不同记数制之间的转换

（1）十进制整数转换为二进制整数。

十进制整数转换为二进制整数的方法如下。

将需要转换的十进制整数反复地除以 2，直到商为 0，所得的余数（从末位读起）就是这个十进制整数的二进制表示。简单地说，就是"除以 2 取余法"。

掌握了将十进制整数转换成二进制整数的方法后，将十进制整数转换成八进制整数或十六进制整数就很容易了。十进制整数转换成八进制整数的方法是"除以 8 取余法"，十进制整数转换成十六进制整数的方法是"除以 16 取余法"。

（2）十进制小数转换为二进制小数。

将十进制小数转换为二进制小数的方法是将十进制小数连续乘 2，选取进位整数，直到满足精度要求为止。简单地说，就是"乘 2 取整法"。

十进制小数转换为八进制小数的方法是"乘 8 取整法"，十进制小数转换成十六进制小数的方法是"乘 16 取整法"。

（3）二进制数转换为十进制数。

把二进制数转换为十进制数的方法是将二进制数按位权展开求和。

同理，把非十进制数转换为十进制数的方法是把非十进制数按位权展开求和。如把二进制数（或八进制数、十六进制数）写成 2（或 8、16）的各次幂之和的形式，然后计算其结果。

（4）二进制数转换为八进制数。

二进制数与八进制数之间的转换十分简捷、方便，由于二进制数和八进制数之间存在特殊关系，即 $8^1 = 2^3$，八进制数的每一位对应二进制数的 3 位。具体转换方法是，从小数点开始，将二进制数的整数部分从右向左分为 3 位一组，小数部分从左向右分为 3 位一组，不足 3 位的用 0 补足（整数部分左侧补 0，小数部分右侧补 0）。

（5）八进制数转换为二进制数。

把八进制数转换为二进制数的方法是，以小数点为界，向左或向右每一位八进制数用相应的 3 位二进制数替代，然后将其连在一起。

（6）二进制数转换为十六进制数。

二进制数的每 4 位刚好对应十六进制数的 1 位（$16^1 = 2^4$）。二进制数转换为十六进制数的方法是，从小数点开始，将二进制数的整数部分从右向左分为 4 位一组，小数部分从左向右分为 4 位一组，不足 4 位的用 0 补足（整数部分左侧补 0，小数部分右侧补 0），每组对应转换为 1 位十六进制数。

（7）十六进制数转换为二进制数。

把十六进制数转换为二进制数的方法是，以小数点为界，向左或向右将每 1 位十六进制数转换为对应的 4 位二进制数，然后将其连在一起。

任务二　认识计算机病毒及其防治措施

使用计算机必须保证信息的安全，因此小李帮助村民了解计算机病毒的危害，掌握计算机病毒的防治措施。

一、相关知识

（一）计算机病毒的概念

根据《中华人民共和国计算机信息系统安全保护条例》，计算机病毒是指"编制或者在计算机程序中插入的破坏计算机功能或者毁坏数据，影响计算机使用，并能自我复制的一组计算机指令或者程序代码"。计算机病毒旨在干扰计算机操作，记录、毁坏或删除数据，或者自行传播到其他计算机和整个互联网（Internet）。随着计算机及网络的发展，计算机病毒传播造成的恶劣后果越来越受到人们的关注。互联网上出现的很多新病毒与以往的计算机病毒相比，其破坏性、传播性更强，给用户和整个网络造成了极大的损失。计算机病毒的特征有传染性、潜伏性、破坏性、可触发性和衍生性等。对计算机病毒的防治，应采取以"防"为主，以"治"为辅的方法，阻止病毒的侵入比病毒侵入后再查杀重要得多。

（二）计算机病毒的特征

计算机病毒一般具有以下特征。

1. 传染性

传染性是计算机病毒最基本的特征，是判断一段程序代码是否为计算机病毒的依据。计算机病毒可以通过各种渠道从已经被传染的计算机扩散到未被传染的计算机，使被传染的计算机工作失常甚至瘫痪，病毒程序一旦侵入计算机系统就开始寻找可以传染的程序或者磁介质，然后通过自我复制迅速传播。由于目前计算机网络日益发达，计算机病毒的传播更为迅速，破坏性更强。

2. 潜伏性

编制精巧的计算机病毒程序进入系统之后不会立即激活，它可以长时间隐藏在合法文件中，对其他文件进行传染而不被人发现，只有条件满足时才被激活，开始进行破坏性活动。潜伏性越好，病毒隐藏在系统中的时间越长，传染范围越大，危害也越大。

3. 破坏性

计算机病毒不仅会占用系统资源，还可以删除或者修改文件或数据，例如加密磁盘中的一些数据、格式化磁盘，从而降低计算机的运行效率或者中断系统运行，甚至使整个计算机网络瘫痪，造成灾难性后果。计算机病毒的破坏性直接体现了计算机病毒设计者的真正意图。

4. 可触发性

计算机病毒因某个事件或者数值的出现，开始实施传染或进行攻击的特性称为可触发性。计算机病毒的触发机制用来控制传染和破坏动作的频率。计算机病毒具有预定的触发条件，这些条件可能是时间、日期、文件类型或者某些特定数据等。计算机病毒运行时，触发机制会检查触发条件是否满足，如果满足，则启动传染或破坏动作；如果不满足，则继续潜伏。

5. 衍生性

计算机病毒的传染性和破坏性体现了设计者的目的和意图，衍生性则体现了攻击的多样性。如果原始病毒被恶作剧者或者恶意攻击者模仿，从而衍生出不同于原版本的计算机病毒（又称变种病毒），这种衍生出的变种病毒造成的后果可能要比原版病毒严重很多。

除以上特征外，计算机病毒还有一些其他的特征，例如攻击的主动性、执行的非授权性、欺骗性、持久性、检测的不可预见性、对不同操作系统的针对性等。计算机病毒的这些特征，使计算机病毒难以被发现和清除，危害持久。

（三）计算机病毒的分类

根据计算机病毒的不同特征，可将计算机病毒进行分类，其分类方法有多种。

1. 根据计算机病毒的破坏能力分类

（1）无害型病毒：这类计算机病毒除传染时会减少磁盘的可用空间外，对系统没有其他影响。

（2）无危险型病毒：这类计算机病毒只会减少内存、显示图像、发出声音等。

（3）危险型病毒：这类计算机病毒在操作系统中会造成严重的后果。

（4）非常危险型病毒：这类计算机病毒可以删除程序、破坏数据、删除系统内存区和操作系统中的一些重要信息。

2. 根据计算机病毒特有的算法分类

（1）伴随型病毒：这一类计算机病毒是根据算法产生的.exe 文件的伴随体，具有同样的名字和不同的扩展名（.com），例如，xcopy.exe 的伴随体是 xcopy.com。伴随型病毒把自身写入.com 文件，并不改变.exe 文件，当加载文件时，伴随体优先被执行，再由伴随体加载执行原来的.exe 文件。

（2）蠕虫型病毒：这一类计算机病毒主要通过计算机网络进行传播，不改变文件和资料信息，一般除内存外不占用其他的资源。

（3）变形病毒：这一类计算机病毒又被称为"幽灵病毒"。这一类计算机病毒使用复杂的算法，使自己每传播一次都具有不同的内容和长度。它们一般由一段混有无关指令的解码算法和被改变过的计算机病毒体组成。

3. 根据计算机病毒的传染方式分类

（1）文件型病毒：文件型病毒是指能够感染文件，并能通过被感染的文件进行传染扩散的计算机病毒。这种计算机病毒主要感染的文件为可执行文件（扩展名为.exe、.com 等）和文本文件（扩展名为.doc、.xls 等）。前者通过运行带计算机病毒的可执行文件实施传染，后者则通过 Word 或 Excel 等软件在调用文档中的宏病毒指令时实施感染和破坏。有些文件被感染后，执行速度会减慢，甚至完全无法执行；有些文件被感染后，一旦执行就会被删除。感染了文件型病毒的文件被执行后，该计算机病毒通常会趁机对其他文件进行感染。

（2）系统引导型病毒：这类计算机病毒隐藏在硬盘或软盘的引导区，当计算机从感染了系统引导型病毒的硬盘或者软盘启动，或者当计算机从受感染的磁盘中读取数据时，系统引导型病毒就会被激活。一旦加载系统，启动时该计算机病毒就会将自己加载到内存中，然后开始感染其他被执行的文件。早期出现的"大麻病毒""小球病毒"就属于此类。

（3）混合型病毒：混合型病毒综合了系统引导型病毒和文件型病毒的特性，它的危害比系统引导型病毒和文件型病毒更严重。这种计算机病毒不仅会感染系统引导区，还会感染文件，从而增强计算机病毒的传染性，提高计算机病毒的存活率。不管以哪种方式传染，混合型病毒都会在开机或执行程序时感染其他的磁盘或文件，所以这种计算机病毒也是最难查杀的病毒之一。

（4）宏病毒：宏病毒是一种寄存于文档或模板的宏中的计算机病毒，主要利用 Word 提供的宏功能来将计算机病毒带进有宏的.doc 文档中。一旦打开这样的文档，宏病毒就会被激活，转移到计算机内存中，并驻留在 Normal 模板上。从此以后，所有自动保存的文档都会感染上这种宏病毒。如果网上其他用户打开感染了计算机病毒的文档，宏病毒就会传播到其他计算机上。宏病毒的传播速度很快，对系统和文件都可以造成破坏。

（四）计算机病毒的危害

计算机病毒的危害可以分为对网络系统的危害和对微型计算机系统的危害两方面。

1. 计算机病毒对网络系统的危害

计算机病毒对网络系统的危害如下。

计算机病毒程序通过自我复制传染正在运行其他程序的系统，并与正常运行的程序争夺系统的资源，使系统瘫痪；计算机病毒程序可在激活后毁坏系统存储器中的大量数据，使用户丢失数据，蒙受巨大损失；计算机病毒程序不仅可以侵害使用的计算机系统，而且可以通过网络侵害与之联网的其他计算机系统；计算机病毒程序可导致计算机控制的空中交通指挥系统失灵，使卫星、导弹失控，使银行金融系统瘫痪，使自动生产线控制紊乱。

2．计算机病毒对微型计算机系统的危害

计算机病毒对微型计算机系统的危害如下。

计算机病毒可破坏磁盘的文件分配表或目录区，使用户磁盘上的信息丢失；删除软、硬盘上的可执行文件或覆盖文件；将非法数据写入 DOS 内存参数区，导致系统崩溃；修改或破坏文件和数据；影响内存常驻程序的正常运行；在磁盘上标记虚假的坏簇，从而破坏有关程序或数据；更改或重新写入磁盘的卷标号；对可执行文件进行反复传染复制，造成磁盘存储空间减少，并影响系统运行效率；对整个磁盘进行特定的格式化，破坏全盘的数据；使系统空挂，造成显示器、键盘被封锁。

二、任务实现

（一）防止计算机病毒入侵和传播的主要措施

防止计算机病毒入侵和传播的主要措施如下。

（1）谨慎使用公共和共享的软件，因为这种软件的使用者多而杂，它们携带计算机病毒的可能性较大。应尽量不使用外来移动存储设备，特别是在公用计算机上使用过的 U 盘。如果不得不使用外来移动存储设备，应先查杀计算机病毒，确认无计算机病毒后再使用。

（2）对所有的系统文件进行写保护，提高计算机病毒防范意识，应使用正版软件，不使用盗版软件和来历不明的软件。

（3）密切关注媒体发布的计算机病毒信息，及时打好补丁，修复杀毒软件、操作系统和应用软件中的漏洞。

（4）除非是原始盘，否则绝不用来历不明的启动盘去引导硬盘。

（二）指导查杀计算机病毒、备份数据

（1）在计算机中安装正版杀毒软件，定期对引导系统进行查毒、杀毒，及时升级杀毒软件。使用防火墙实时监控病毒能抵抗大部分计算机病毒的入侵。

（2）重要的数据、资料、分区表要进行备份，创建一个无计算机病毒的启动盘用于重新启动或安装系统。不要把用户数据或程序写到系统盘中。

（3）如果无法防止计算机病毒入侵，至少应尽早发现计算机病毒的入侵。如果能够在计算机病毒产生危害之前发现和清除它，则可以使系统免受危害；如果能够在计算机病毒广泛传播之前发现它，则可以使修复系统的任务变得较轻松、容易。总之，计算机病毒在系统中存在的时间越长，产生的危害就越大。

（4）计算机染上计算机病毒后，应尽快将其清除，清除计算机病毒比较快捷和简便的方法是使用优秀的杀毒软件进行查杀。几乎所有的杀毒软件都能事先备份正常的硬盘引导区，当硬盘被计算机病毒感染时，应先清除计算机病毒再将引导区重新复制回硬盘，以保证硬盘能正确引导系统。

课后自主练习

选择题

（1）下列关于存储器的叙述中，正确的是（　　　）。

    A．CPU 能直接访问存储在内存中的数据，也能直接访问存储在外存中的数据

    B．CPU 不能直接访问存储在内存中的数据，能直接访问存储在外存中的数据

    C．CPU 只能直接访问存储在内存中的数据，不能直接访问存储在外存中的数据

D．CPU 既不能直接访问存储在内存中的数据，也不能直接访问存储在外存中的数据

（2）以下属于计算机病毒特征的是（　　　）。

A．传染性　　　　　B．模糊性　　　　　C．高速性　　　　　D．安全性

（3）计算机之所以能按人们的意志自动进行工作，最直接的原因是采用了（　　　）。

A．二进制记数制　　B．高速电子元件　　C．存储程序和程序控制　　D．程序设计语言

（4）字符"A"的 ASCII 值是（　　　）。

A．90　　　　　　B．98　　　　　　　C．65　　　　　　　D．97

（5）一个完整的计算机系统应该包括（　　　）。

A．主机、键盘和显示器　　　　　　　　B．硬件系统和软件系统

C．主机和它的外部设备　　　　　　　　D．系统软件和应用软件

（6）计算机软件系统包括（　　　）。

A．系统软件和应用软件　　　　　　　　B．编译系统和应用系统

C．数据库管理系统和数据库　　　　　　D．程序、相应的数据和文档

（7）在微型计算机中，控制器的基本功能是（　　　）。

A．进行算术运算和逻辑运算　　　　　　B．存储各种控制信息

C．保持各种控制状态　　　　　　　　　D．协调计算机各部件的工作

（8）打印机是一种（　　　）。

A．输出设备　　　　B．输入设备　　　　C．存储器　　　　　D．运算器

（9）十进制数 215 用二进制数表示是（　　　）。

A．1100001　　　B．11011101　　　C．0011001　　　　D．11010111

（10）某汉字的区位码是 5448，它的机内码是（　　　）。

A．D6DOH　　　　B．E5EOH　　　　　C．E5DOH　　　　　D．D5EOH

模块2
使用与配置Windows 10

项目一　Windows 10 的基本操作和设置

项目介绍

　　驻村工作队队员小李为了提高村民的计算机操作能力，决定开展有关Windows 10操作的培训，培训内容主要包括Windows 10的基本操作和设置。

- **知识目标**
  （1）学习操作系统的基本知识。
  （2）学习对计算机进行个性化设置的方法。
- **技能目标**
  （1）能够熟练地操作计算机。
  （2）能够对计算机进行个性化设置。
- **素养目标**
  （1）提升操作计算机的能力。
  （2）增强科技强国的使命感。

任务一　Windows 10 的基本操作

　　Windows 10 的基本操作主要包括 Windows 10 的启动与退出、鼠标基本操作、键盘基本操作、桌面基本操作、任务栏基本操作、"开始"菜单基本操作、窗口基本操作、"文件资源管理器"窗口功能区及菜单基本操作、对话框基本操作等。

一、相关知识

（一）操作系统的概念和功能

　　操作系统是重要的系统软件，用于管理和控制计算机软件和硬件资源，是连接用户和计算机的纽带，为软件提供运行环境。

　　操作系统兼具对计算机的硬件和软件资源进行管理与控制，以及为用户提供良好的使用环境两大功能。同时，为了给用户营造良好的使用环境，计算机操作系统中通常设有进程管理、文件管理、设备管理、作业管理和存储管理等功能模块。

　　1. 进程管理

　　进程是程序的一次执行过程，是操作系统进行处理器调度和资源分配的基本单位。用户运行一个程序时，就启动了一个进程。进程是动态的，而程序是指令的集合，是静态的。进程管理主要包括进程组织、进程控制、进程调度和进程通信等。

2．文件管理

文件管理又称信息管理，指利用操作系统的文件管理子系统为用户提供方便、快捷、安全的文件使用环境，包括文件存储空间管理、文件操作、目录管理、读写管理和存取控制等。

3．设备管理

设备管理是指操作系统负责管理各类外部设备。当用户使用外部设备时，必须提出要求，待操作系统进行统一分配后方可使用。

4．作业管理

用户请求计算机系统完成的独立操作称为作业。作业管理就是对作业的执行情况进行系统管理，包括作业输入与输出、作业调度与控制等。

5．存储管理

存储管理是操作系统功能的集合，以内存和外存的高效利用为目标，包括内存和外存的分别管理及统一管理等相关操作。在针对内存进行管理时，它的主要任务是分配内存空间，保证各作业占用的存储空间不冲突，并使各作业在自己所属存储区中互不干扰。操作系统对外存的管理主要包括磁盘调度管理、磁盘分区管理等。

（二）操作系统的分类

计算机技术的迅速发展和计算机在不同领域的广泛应用，使用户对操作系统的功能、使用环境和使用方式不断提出更新、更高的要求，因此逐渐形成了不同类型的计算机操作系统。

根据不同的标准，操作系统可划分为以下几种类型。

（1）根据功能的不同，操作系统可以划分为批处理操作系统、分时操作系统、实时操作系统、网络操作系统、分布式操作系统等。

（2）根据应用领域的不同，操作系统可以划分为桌面操作系统、服务器操作系统、主机操作系统、嵌入式操作系统等。

（3）根据工作方式的不同，操作系统可以划分为单用户单任务操作系统（如 MS-DOS 等）、单用户多任务操作系统（如 Windows 98 等）、多用户多任务分时操作系统（如 Linux、UNIX、Windows 7 及以上版本等）。

（4）根据源代码开放程度的不同，操作系统可以划分为开源操作系统（如 Linux、Android、Chrome OS）和闭源操作系统（Windows 系列）等。

（三）常用操作系统

1．Windows

Windows 是微软公司在 20 世纪 90 年代开发的图形化界面操作系统，俗称"视窗操作系统"。该操作系统支持多线程、多任务、多处理，它的即插即用特性使安装各种即插即用设备变得极其便捷，Windows 也是目前最流行的操作系统之一。

2．UNIX

UNIX 是最早出现的操作系统之一，发展到现在已趋于成熟，但需要大量专业知识才能熟练操作。此外，UNIX 具有强大的可移植性，适用于多种硬件平台。

UNIX 在安全性和稳定性方面优于 Linux，但是需要专业的硬件平台支持，门槛较高。

3．Linux

Linux 是开源的类 UNIX，是基于 POSIX 和 UNIX 的多用户、多任务、支持多线程和多 CPU 的操作系统。它支持 32 位和 64 位硬件，Android 就是基于 Linux 开发的。由于其是开源的，因此系统的漏洞更容易被发现，也更容易被修补。

4．iOS

iOS 是苹果公司开发的移动设备操作系统，它与苹果计算机的 macOS 一样，都是基于 UNIX 开发的。

iOS 主要针对苹果公司的产品，不支持其他公司的移动终端或计算机。

5. Android

Android 是基于 Linux 的开源操作系统，主要应用于移动设备，如智能手机和平板计算机。目前，Android 是智能手机主要使用的操作系统之一。

6. 华为鸿蒙系统

2019 年 8 月，华为在开发者大会上正式发布华为鸿蒙系统。华为鸿蒙系统是一款面向未来、面向全场景（移动办公、运动健康、社交通信、媒体娱乐等）的分布式操作系统。在传统的单设备系统能力的基础上，华为鸿蒙系统提出了基于同一套系统能力、适配多种终端形态的分布式理念，能够支持手机、平板计算机、智能穿戴设备、智慧屏、车机等多种终端设备。

二、任务实现

（一）掌握 Windows 10 的常用窗口主要组成部分和启动、退出 Windows 10

（1）打开"此电脑"窗口，查看硬盘分区和盘符、文件夹和文件、路径，单击不同按钮以关闭、最小化、最大化窗口。

窗口是 Windows 10 中的基本操作对象，主要组成部分包括标题栏、选项卡标签、地址栏、搜索框、功能区、导航窗格、工作区等，如图 2-1 所示，部分介绍如下。

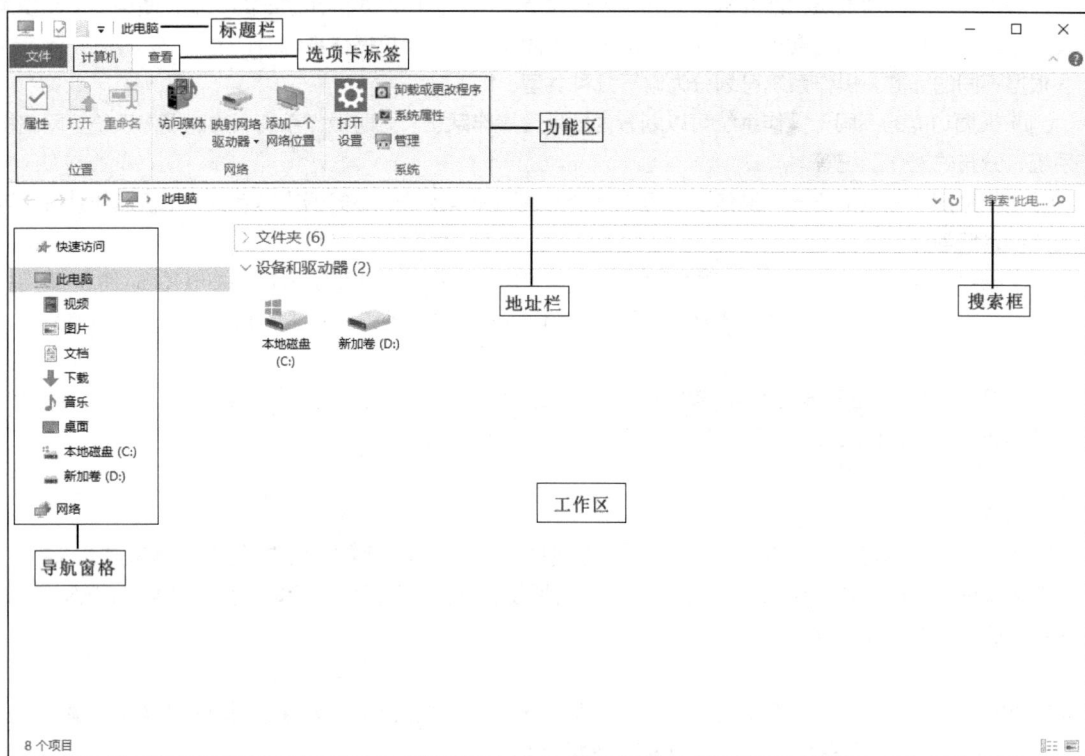

图 2-1　窗口的主要组成部分

标题栏最右侧的 3 个按钮用于改变窗口的尺寸。单击按钮 — 可将窗口最小化，单击按钮 □ 可使窗口最大化，单击按钮 ✕ 可关闭窗口。

地址栏用于显示当前窗口的地址或输入其他地址（在地址栏中输入网址，可在联网的情况下直接打开对应网站）。单击右侧的下拉按钮 ∨，可在弹出的下拉列表中选择路径，方便用户快速浏览文件。

搜索框用于在计算机中搜索各种文件。

功能区用于提供常用的基本工具。

导航窗格以树形结构显示文件夹列表，方便用户迅速定位目标。

（2）查看不同硬盘分区里存储的文件

驱动器是读出与写入数据的硬件设备，常用的驱动器有硬盘驱动器和光盘驱动器。将硬盘划分为多个相对独立的硬盘分区。盘符是指每个磁盘分区的名称，用一个字母和冒号标识，硬盘的盘符一般为"C:""D:""E:"等。双击图标即可查看对应分区中存储的文件。

（3）查看文件夹和文件，并观察地址栏中的路径

文件夹是 Windows 中用于存放文件或其他子文件夹的容器，在文件夹包含的子文件夹中还可以存放多个子文件夹或文件。

文件是计算机数据的集合，通常使用不同的图标来表示不同类型的文件，用户可以通过图标或者文件的扩展名来识别文件的类型。扩展名.exe 表示可执行文件，.txt 表示文本文件，.bmp 表示图像文件，.swf 表示 Flash 动画文件，.zip 表示 ZIP 格式的压缩文件。

文件夹和文件都必须有确定的名称，操作系统通过名称对文件夹和文件进行有效管理，用户通过名称识别、记忆和搜索文件夹和文件，文件和文件夹的名称应该明确并且容易记忆。

Windows 10 中文件夹和文件的命名规则如下：如果使用英文字符，长度不能超过 255，不区分英文大小写；如果使用汉字，不能超过 127 个汉字；允许使用字母、数字、空格、加号、逗号、分号、括号、等号等；不允许使用"?""*""""""<"">""|""/""\"":"等字符；在同一文件夹中的文件或子文件夹不能重名。

在对文件进行操作时，除要指明文件名外，还需要明确文件所在的硬盘分区和文件夹，即在文件夹树中的位置，也称为文件的路径。路径有绝对路径和相对路径之分。绝对路径表示文件在系统中存储的绝对位置，由从磁盘根文件夹开始到该文件所在文件夹路径上的所有文件夹名组成，并使用"\"分隔。例如，"C:\Program Files\Microsoft Office\Office16"就是绝对路径。相对路径表示文件在文件夹树中相对于当前文件或文件夹的位置，以"."".."或者文件夹名称开头。其中，"."表示当前文件夹，".."表示上级文件夹，文件夹名称表示当前文件夹中的子文件夹名。例如，"Windows\System32"就是相对路径。

在 Windows 10 中单击地址栏的空白处，即可获得当前文件夹的路径。

（4）启动与退出 Windows 10

打开显示器的电源开关，再打开主机的电源开关，已经安装好 Windows 10 的计算机开机后会自动启动 Windows 10。Windows 10 启动成功后将出现登录界面，选择一个登录用户，如果该登录用户设置了密码，则需要输入正确的密码才能登录。登录成功后，屏幕上将出现 Windows 10 的桌面。

在"开始"菜单中单击"电源"按钮⏻，选择"关机"命令，会自动关闭当前正在运行的程序，然后关闭计算机系统。

（二）常用快捷操作及菜单操作

（1）复制屏幕内容。如果要将屏幕上显示的内容保存，可以先按 Print Screen 键将整个屏幕画面复制到剪贴板中或者按 Alt+Print Screen 快捷键将屏幕当前窗口画面复制到剪贴板中，再将其从剪贴板粘贴到目标文件中。

剪贴板是 Windows 中的内存缓冲区，可以用于进行各种应用程序、文档之间的数据传送，还可以用于进行文件或数据的复制和移动、保存屏幕信息等操作。

（2）按键盘上的▨键，打开"开始"菜单；再按 Esc 键，关闭菜单。

（3）按 Ctrl+Alt+Delete 快捷键切换到功能菜单桌面。

（4）在"开始"菜单中打开"文件资源管理器"窗口，在桌面打开"回收站"窗口，然后按 Alt+Tab 快捷键在两个窗口之间进行切换。

（5）打开下拉列表。在窗口功能区单击某个下拉按钮即可打开相应的下拉列表，图 2-2 所示为"查看"选项卡下"当前视图"组的"排序方式"下拉列表。

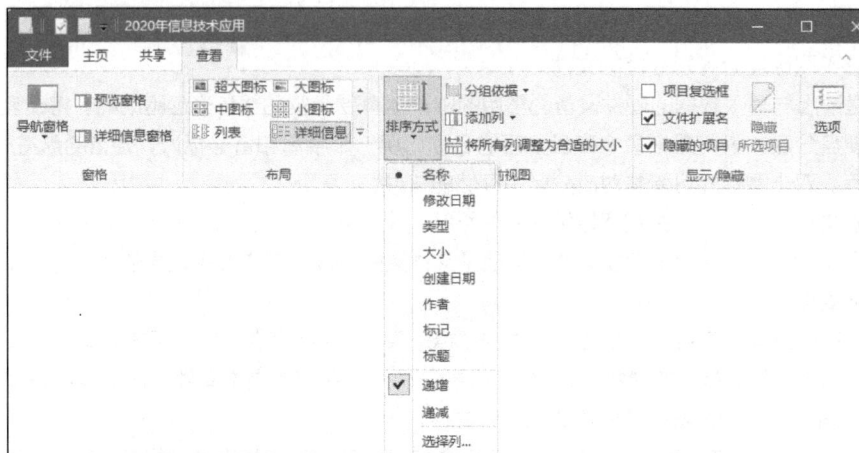

图 2-2 "查看"选项卡下"当前视图"组的"排序方式"下拉列表

（三）练习鼠标基本操作

（1）移动鼠标指针

移动鼠标指针是指不按鼠标的按键移动鼠标，使鼠标指针指向所选择的对象。例如，移动鼠标指针，然后指向桌面的"回收站"图标。

（2）单击鼠标左键

单击鼠标左键简称"单击"，是指将鼠标指针指向某个对象，然后单击鼠标左键。单击多用于对图标、菜单命令和按钮的操作。例如，在桌面的"回收站"图标上单击。

（3）单击鼠标右键

单击鼠标右键也称右键单击，是指将鼠标指针指向某个对象，然后单击鼠标右键。单击鼠标右键通常用于弹出相关的快捷菜单。熟练使用该操作可以大大提高操作效率。例如，在桌面的"回收站"图标上单击鼠标右键。

（4）双击鼠标左键

双击鼠标左键简称"双击"，是指将鼠标指针指向某个对象，然后连续单击鼠标左键两次。双击多用于打开某个文件或者执行某个应用程序。

双击某个图标，将启动该图标所代表的应用程序。例如，在桌面的"回收站"图标上双击，可以打开"回收站"窗口。

（5）拖曳

拖曳是指将鼠标指针指向某个对象，然后按住鼠标左键移动鼠标到指定位置，再释放鼠标左键。拖曳通常用于移动或复制对象。例如，将桌面的"回收站"图标拖曳到桌面其他位置。

（四）练习键盘基本操作

（1）练习基准键位

F 键和 J 键上各有一个凸起的小横条，便于手指迅速找到这两个键。通常将键盘中的 A、S、D、F、J、K、L 和；8 个键作为基准键位，左右手除两个拇指外的其他 8 个手指分别对应其中的一个键位。基准键位手指分工如图 2-3 所示。

在没有进行输入操作时，应将左右手食指分别放在 F 键和 J 键上，其余手指依次放在相应的基准键位上，左右手的两个大拇指则应轻放在空格键上。手指完成其他键的击打动作后应迅速回到相应的基准键位。

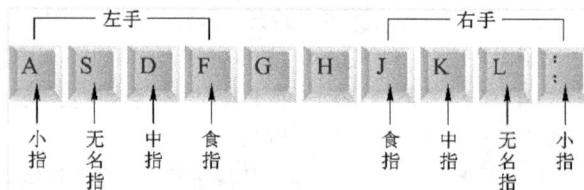

图 2-3 基准键位手指分工

（2）根据手指键位分工进行输入练习

将手指分别放置在基准键位上后，只能输入基准键位上的字母和符号，要怎样才能输入其他的字母和符号呢？有必要为手指进行明确的键位分工，将字母键及一些符号键划分为 8 个区域，分别分配给除大拇指之外的其他 8 个手指，而左右手的大拇指则只负责按空格键。各手指的键位分配如图 2-4 所示。只有两只手的各个手指分工明确、各负其责，操作键盘时才不会出现输入混乱的情况。

图 2-4　各手指的键位分配

任务二　Windows 10 的基本设置

一、相关知识

在 Windows 10 中，用户可以根据实际需要配置系统环境，例如设置与优化 Windows 主题、设置个性化任务栏、设置个性化"开始"菜单、设置显示器、设置网络连接属性等。可以通过"设置"窗口对系统环境进行必要的配置。在"开始"菜单中单击"设置"按钮⚙，打开"设置"窗口，如图 2-5 所示，在其中可对计算机的软硬件进行设置。

图 2-5　"设置"窗口

信
息
技
术
基
础
项
目
化
教
程

26

二、任务实现

（一）设置与优化 Windows 主题

Windows 主题是桌面背景、颜色、声音和鼠标指针的组合，Windows 10 提供了多个主题，也提供了强大的自定义个性化主题的功能，用户可以根据自己的喜好和需求对系统的显示属性进行个性化的设置。

（1）在"设置"窗口中单击"个性化"图标 ，进入"个性化"设置界面，选择"主题"选项，如图 2-6 所示。

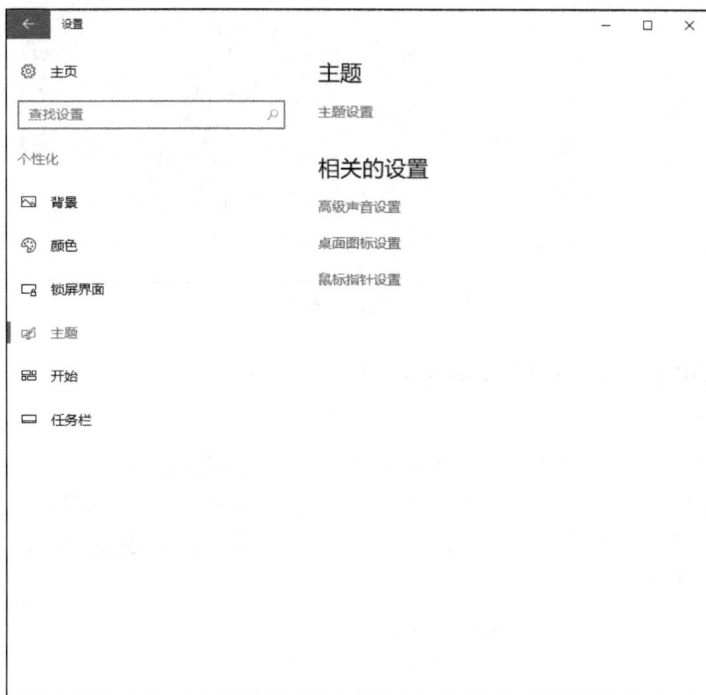

图 2-6　选择"主题"选项

（2）选择"主题设置"，完成选择 Windows 自定义桌面背景、自定义颜色、声音设置、屏幕保护程序设置等操作，如图 2-7 所示。

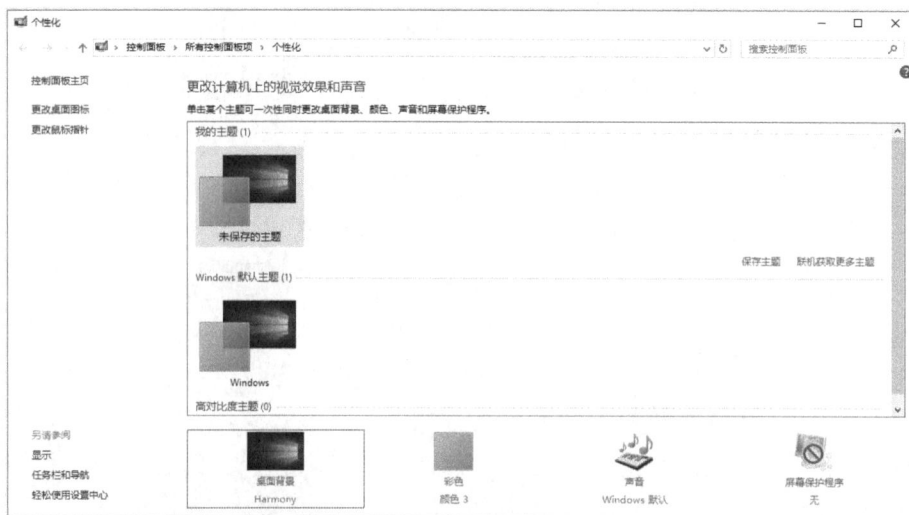

图 2-7　设置主题

27

（二）设置个性化"开始"菜单

（1）在"设置"窗口中单击"个性化"图标 ，进入个性化设置界面，选择"开始"选项，进入图 2-8 所示的界面。

图 2-8 "开始"菜单设置界面

（2）在"开始"菜单设置界面中设置是否在"开始"菜单中显示最常用的应用、最近添加的应用等。

（三）设置显示器

（1）在"设置"窗口中单击"系统"图标 ，进入"自定义显示器"界面，如图 2-9 所示。

图 2-9 "自定义显示器"界面

（2）通过合适的选项及"高级显示设置"完成调整屏幕分辨率、设置屏幕刷新频率等操作。

（四）设置网络连接属性

（1）在"设置"窗口中单击"网络和 Internet"图标⊕，进入"网络状态"界面，如图 2-10 所示。

图 2-10 "网络状态"界面

（2）通过合适的选项和"更改网络设置"等，查看并设置网络连接属性。

（五）设置日期和时间

（1）在"设置"窗口中单击"时间和语言"图标，进入图 2-11 所示的"日期和时间"界面。

图 2-11 "日期和时间"界面

（2）关闭"自动设置时间"，单击"更改日期和时间"下的"更改"按钮，打开图 2-12 所示的"更改日期和时间"对话框，即可对日期和时间进行设置。

图 2-12　"更改日期和时间"对话框

课后阅读

　　一直以来，在操作系统市场领域国产力量相对薄弱，Windows、macOS 处于绝对主导地位。随着国产操作系统技术的提升和生态建设的推进，国产操作系统所在的 Linux 市场占有率不断提升。

　　行业数据显示，2021 年我国 Linux 出货量首次超过 5%，预计到 2025 年，我国 Linux 出货量将超过 20%，我国市场整体占有率将超过 10%。届时我国将成为最大的 Linux 市场，具备发展独立生态的基础、引领 Linux 发展的能力。目前以下国产操作系统具有一定的代表性。

　　（1）中科方德桌面操作系统

　　方德桌面操作系统由中科方德软件有限公司（简称中科方德）开发，适配海光、兆芯、飞腾、龙芯、申威、鲲鹏等国产 CPU，支持 X86、ARM、MIPS 等主流架构，支持台式机、笔记本计算机、一体机及嵌入式设备等形态整机、主流硬件平台和常见外部设备。方德桌面操作系统还预装软件中心，已上架近 2000 款优质的国产软件及开源软件。

　　2022 年 6 月 17 日，国产操作系统厂商中科方德更新操作系统产品线，发布方德桌面操作系统 5.0 与方德鸳鸯火锅平台 8.0 系列产品。该系列产品支持国产 X86 硬件平台，定位于支持桌面设备领域 Linux、Windows、Android 三大应用生态，打造国产 X86 平台融合生态图谱。

　　（2）安超 OS 国产通用型云操作系统

　　安超 OS 2020 是一套基于服务器架构的通用型云操作系统，具有软硬件解耦、应用优化、支持混合业务负载等特点。安超 OS 为企业提供高性能、高可用、高效率且易于安装维护的 IT 基础设施平台，加快政府和企业上云进程，为推动企业数字化转型提供完整的一站式企业上云的云操作系统平台和生态解决方案。

　　（3）技德系统：X 系列

　　该系统采用银河麒麟操作系统的内核以及技德应用兼容技术，极大地扩充了操作系统应用生态，可同时适用于台式机和移动终端。该系统不仅弥补了国产操作系统中应用软件少的短板，也解决了同一操作系统支持终端多样化的问题。

　　（4）红旗 Linux

　　红旗 Linux 是我国较大、较成熟的 Linux 发行版之一，也是较出名的国产操作系统。中科红旗与日本、韩国的 Linux 厂商共同推出了 Asianux Server，它拥有完善的教育系统和认证系统。

（5）中兴新支点操作系统

中兴新支点操作系统基于 Linux 稳定内核，分为嵌入式操作系统、服务器操作系统、桌面操作系统。

（6）深度操作系统（deepin）

deepin 是致力于为全球用户提供美观、易用、安全、免费的使用环境的 Linux 发行版。它不仅仅是对全球优秀开源产品进行的集成和配置，还开发了基于 Qt5 技术的深度桌面环境、基于 Qt5 技术的自主 UI 库 DTK、系统设置中心，以及音乐播放器、视频播放器、软件中心等一系列面向普通用户的应用程序。

（7）普华 Linux（i-soft）

普华 Linux 是由普华基础软件股份有限公司开发的一系列 Linux 发行版，包括桌面版、服务器版、国产 CPU 系列版、BM Power 服务器版、HA 和虚拟化系列版等产品。

（8）威科乐恩 Linux

威科乐恩 Linux 是由威科乐恩（北京）科技有限公司开发的服务器操作系统，旨在帮助企业无缝地过渡到包含虚拟化和云计算的新兴数据中心模式。

（9）银河麒麟

银河麒麟是由国防科技大学、中软公司、联想公司、浪潮集团和民族恒星公司合作开发的闭源服务器操作系统。银河麒麟完全版包括实时版、安全版、服务器版 3 个版本，简化版是基于服务器版简化而成的。

（10）中标麒麟 Linux（原中标普华 Linux）

中标麒麟 Linux 桌面软件是上海中标软件有限公司发布的面向桌面应用的操作系统产品。

（11）起点操作系统 StartOS（原雨林木风操作系统 YLMF OS）

StartOS 是由东莞瓦力网络科技有限公司发行的开源操作系统，其前身是由广东雨林木风计算机科技有限公司 YLMF OS 开发组研发的 YLMF OS，符合国人的使用习惯，预装常用的精品软件。该操作系统具有运行速度快、安全稳定、界面美观、操作简洁等特点。

（12）凝思磐石安全操作系统

凝思磐石安全操作系统是由北京凝思科技有限公司开发的，凝思磐石安全操作系统遵循国内外安全操作系统的 GB 17859、GB/T 18336、GJB4936、GJB4937、GB/T 20272 标准以及 POSIX、凝思磐石安全操作系统的 TCSEC、ISO15408 等标准进行设计。

（13）一铭操作系统

一铭操作系统（YMOS）是一铭软件股份有限公司在龙鑫操作系统的基础上推出的系统软件。该操作系统基于国家 Linux 标准开发，符合国人的使用习惯，在系统安装、用户界面、中文支持和安全防御等方面进行了优化和升级。一铭操作系统集成了常用的办公软件、应用软件和配置管理工具，支持直接使用部分 Windows 平台应用软件。

（14）凤凰系统

凤凰系统（PhoenixOS）和其他大部分系统不一样，它是基于 Android 的大屏幕系统，而且加入了类似 Windows 的桌面、多窗口、键盘鼠标操作等特性。该系统通过底层适配和强大的游戏助手让 Android 游戏可以在其上运行，支持键盘、鼠标、手柄 3 种常用外部设备，应用可以窗口化运行，也可以最小化到任务栏，窗口的尺寸也可以改变。该系统会对当下热门的游戏预设键位，并且随着游戏版本变化及时在线更新。

（15）HopeEdge 操作系统

HopeEdge 操作系统（HopeEdge OS）是江苏润和软件股份有限公司（简称润和软件）推出的一款面向物联网领域的轻量安全、自主可控的国产边缘计算操作系统。HopeEdge OS

旨在构建润和软件自己的 IoT（Internet of Things，物联网）平台技术底座，为相关 IoT 方案提供软硬件一体化的智能操作系统，结合国家信创战略、润和软件一体两翼的战略规划以及技术团队对 IoT 的理解，HopeEdge OS 具有轻量安全、自主可控、高效互联、快速部署四大关键特性。

（16）openEuler

openEuler 是华为推出的一个开源免费的 Linux 发行版，通过开放的社区与全球的开发者共同构建一个开放、多元和架构包容的软件生态体系。openEuler 同时是一个创新的系统，倡导用户在系统上提出创新想法、开拓新思路、实践新方案。

（17）华为鸿蒙系统

华为鸿蒙系统（HUAWEI HarmonyOS）是华为公司在 2019 年 8 月 9 日于东莞举行的华为开发者大会上正式发布的操作系统。

华为鸿蒙系统是一款全新的面向全场景的分布式操作系统，创造一个超级虚拟终端互连的世界，将人、设备、场景有机地联系在一起，使消费者在全场景生活中接触的多种智能终端实现极速发现、极速连接、硬件互助、资源共享，用合适的设备提供场景体验。

经过多年的研发，国产操作系统在性能上有了较大提升。随着生态建设的完善、更多应用软件开发商的加入，国产操作系统将会被越来越多的用户看到，从而形成良性循环。国产操作系统市场增速显著，未来可期！

项目二　Windows 10 的用户管理和文件管理

项目介绍

　　驻村工作队队员小李在对村民进行了Windows 10的基本操作和设置的培训后，开始为村民讲解Windows 10的用户管理和文件管理。

- **知识目标**
（1）学习计算机账户的相关知识。
（2）学习计算机文件管理的相关知识。

- **技能目标**
（1）能熟练创建各类账户。
（2）能熟练对文件和文件夹进行管理。
（3）能熟练设置文件夹的共享属性。

- **素养目标**
（1）提升信息安全意识。
（2）提升计算机操作能力。

任务一　创建与管理账户

对于多人使用的计算机，有必要为每个用户创建独立的账户，每个用户使用自己的账户登录操作系统，这样可以限制非法用户从本地或网络登录操作系统，从而有效保证操作系统的安全。

一、相关知识

账户是 Windows 10 中用户的身份标识，它决定了用户在 Windows 10 中的操作权限。合理地管理账户，不但有利于为多个用户分配适当的权限和设置相应的工作环境，也有利于提高系统的安全性能。安装 Windows 10 时，系统会要求用户创建一个能够设置计算机以及安装应用程序的管

31

理员账户。

在 Windows 10 中，用户账户分为管理员账户、标准账户和来宾账户（Guest 账户）3 种类型，操作系统为每种类型的账户提供不同的权限。

1. 管理员账户

管理员账户具有计算机的完全访问权限，可以对计算机进行任何需要的更改，管理员所进行的操作可能会影响到使用计算机的其他用户。一台计算机至少需要一个管理员账户。

2. 标准账户

标准账户的用户可以使用大多数软件以及更改不影响其他用户使用或计算机安全的系统设置，如果标准账户的用户要安装、更新或卸载应用程序，则系统会弹出"用户账户控制"对话框，用户输入密码后才能继续执行相应的操作。

3. 来宾账户

来宾账户又称 Guest 账户，供临时使用计算机的用户使用。使用 Guest 账户登录操作系统时，不能更改账户密码、计算机设置以及安装软件或硬件。默认情况下，Windows 10 的 Guest 账户没有启用，如果要使用 Guest 账户，首先需要将其启用。

二、任务实现

（一）创建管理员账户

（1）更改当前登录账户"ADMIN"显示在欢迎屏幕的图片。

在"开始"按钮 ▦ 上单击鼠标右键，在弹出的快捷菜单中选择"设置"命令，打开"设置"窗口。在该窗口中单击"账户"图标 ⌂，进入"账户信息"界面，该界面中显示当前的本地管理员账户"ADMIN"，如图 2-13 所示。

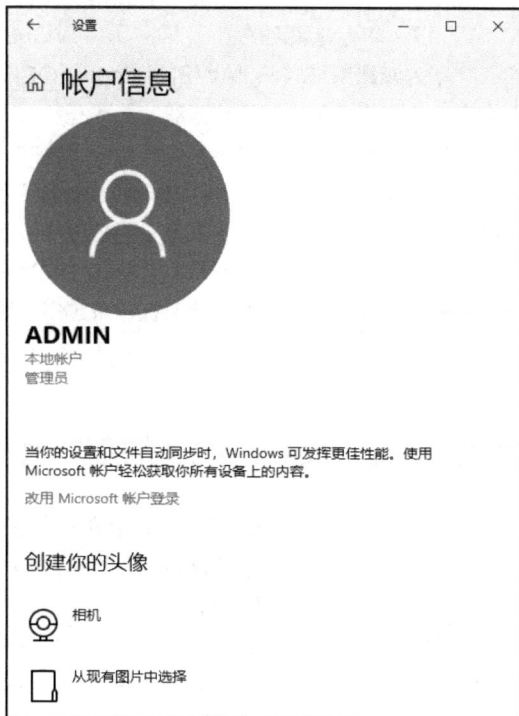

图 2-13 "账户信息"界面

> 单击Windows 10桌面左下角的"开始"按钮 ▦，弹出"开始"菜单，在"开始"菜单中单击"账户"按钮 ▣，在弹出的子菜单中选择"更改账户设置"命令，也能打开图2-13所示的"账户信息"界面。

知识扩展

（2）在"创建你的头像"区域中单击"从现有图片中选择"按钮 ▢，弹出"打开"对话框，如图 2-14 所示。在该对话框中选择一张用作账户头像的图片，然后单击"选择图片"按钮，返回"账户信息"界面。设置的头像会作为"开始"菜单的登录账户图标，这一头像也会显示在欢迎屏幕上。

（3）在"账户信息"界面左侧选择"家庭和其他用户"选项，进入"家庭和其他用户"界面，如图 2-15 所示。

（4）在"家庭和其他用户"界面的"其他用户"区域中单击"将其他人添加到这台电脑"按钮 ＋，弹出"Microsoft 账户"对话框。在该对话框中输入账户名称"better"，两次输入密码"abc_123"，分别选择"安全问题 1""安全问题 2""安全问题 3"，并在对应的文本框中输入相应的答案，如图 2-16 所示。

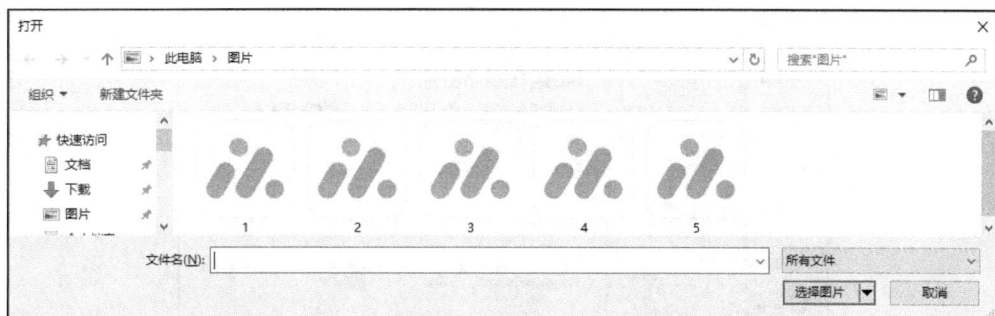

图 2-14　"打开"对话框

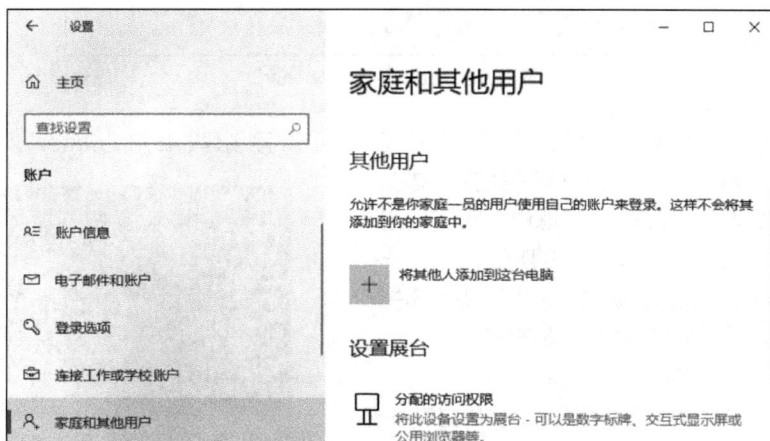

图 2-15　"家庭和其他用户"界面

图 2-16　在"Microsoft 账户"对话框中输入账户信息

（5）单击"下一步"按钮，完成标准账户的创建，"其他用户"区域中会显示新创建的账户"better"，如图 2-17 所示。

图 2-17 新创建的账户"better"

（6）在"家庭和其他用户"界面的"其他用户"区域中选中刚创建的账户"better"，显示"更改账户类型"和"删除"按钮。单击"更改账户类型"按钮，打开"更改账户类型"对话框，在"账户类型"下拉列表中选择"管理员"选项，如图 2-18 所示。

（7）单击"确定"按钮，返回"家庭和其他用户"界面，账户"better"的类型变为"管理员"。

（二）使用"计算机管理"窗口创建账户

Windows 10 提供计算机管理工具，使用它可以更方便地创建、管理和配置用户账户。

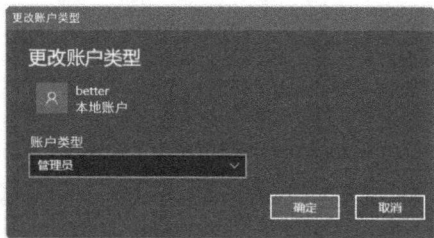

图 2-18 在"账户类型"下拉列表中选择"管理员"选项

（1）查看计算机本地用户

在 Windows 10 桌面的"此电脑"图标 上单击鼠标右键，在弹出的快捷菜单中选择"管理"命令，打开"计算机管理"窗口。也可以在"开始"按钮 上单击鼠标右键，在弹出的快捷菜单中选择"计算机管理"命令，打开"计算机管理"窗口。

在"计算机管理"窗口中依次展开节点"系统工具"→"本地用户和组"，选择"用户"节点。中间窗格中列出了所有的用户账户，包括系统自动创建的"Administrator""DefaultAccount""Guest""WDAGUtilityAccount"账户，安装 Windows 10 时用户自己创建的账户"admin"，以及前面所创建的账户"better"，如图 2-19 所示。

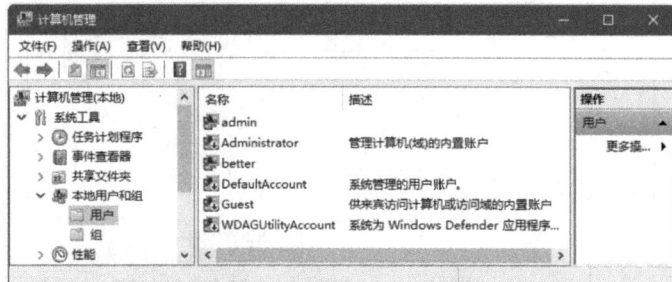

图 2-19 "计算机管理"窗口中的用户账户列表

（2）创建新账户"happy"

在"计算机管理"窗口的"用户"节点上单击鼠标右键，在弹出的快捷菜单中选择"新用户"命令，打开"新用户"对话框。在该对话框的"用户名"文本框中输入"happy",在"全名"文本框中也输入"happy",在"描述"文本框中输入"普通用户",在"密码"和"确认密码"文本框中输入密码"123456",复选框保持不变,如图 2-20 所示。单击"创建"按钮即可创建新的标准账户,且为该账户设置密码。

图 2-20 "新用户"对话框

(3)关闭对话框

单击"关闭"按钮,关闭"新用户"对话框。

任务二 管理文件夹和文件

一、相关知识

操作系统的重要作用之一就是管理计算机系统中的各种资源。Windows 10 提供了多种管理资源的工具,利用这些工具可以很好地管理计算机的各种软硬件资源。

在 Windows 10 中,系统资源主要包括文件夹、文件以及其他系统资源,文件夹和文件都存储在计算机的磁盘中。

文件夹是系统组织和管理文件的一种形式,是为方便查找、维护和存储文件而设置的,可以用于分类存放文件。在文件夹中可以存放各种类型的文件和子文件夹。

文件是存储在磁盘上的数据的集合,它可以是用户创建的文档、图片、图像、视频、音频、动画等,也可以是可执行的应用程序。

二、任务实现

(一)新建文件夹和文件

(1)新建文件夹

打开"此电脑"窗口,打开需要新建文件夹的 D 盘,单击"主页"选项卡中"新建"组的"新建文件夹"按钮 ;或者单击"新建"组的"新建项目"按钮 ,在弹出的下拉列表中选择"文件夹"选项,如图 2-21 所示。

系统会创建一个默认名称为"新建文件夹"的文件夹,输入文件夹的名称"教学素材",然后按 Enter 键或者在窗口的空白处单击,完成文件夹的创建。

打开"教学素材"文件夹,在窗口的空白处单击鼠标右键,在弹出的快捷菜单中选择"新建"命令,在其子菜单中选择"文件夹"命令,如图 2-22 所示。系统会创建一个文件夹,输入名称"文档",然后按 Enter 键即可。

以类似的方法在"教学素材"文件夹中创建另外 3 个子文件夹:"图片""视频""音频"。

(2)新建文件

使用"此电脑"窗口中"主页"选项卡的按钮和快捷菜单命令都可以新建各种类型的文件,包括 BMP

图片文件、Microsoft Word 文档、PPTX 演示文稿、文本文档、XLSX 工作表等。这里介绍使用快捷菜单命令新建文件的方法。

图 2-21 "新建项目"下拉列表

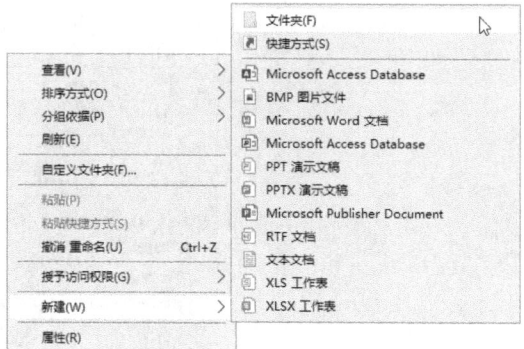

图 2-22 "新建"子菜单

在导航窗格中选择"文档"文件夹，在右侧工作区的空白处单击鼠标右键，在弹出的快捷菜单中选择"新建"命令，在其子菜单中选择"文本文档"命令。系统会创建一个文本文档，输入新文本文档的名称"网址"，然后按 Enter 键或者在窗口的空白处单击，完成文本文档的创建。

（二）重命名文件夹和文件

（1）在窗口中待重命名的"音频"文件夹上单击鼠标右键，在弹出的快捷菜单中选择"重命名"命令，如图 2-23 所示，然后输入新的名称"音乐"，按 Enter 键即可。

（2）使用鼠标重命名文件夹和文件。在窗口中单击待重命名的文件夹或文件，然后再次单击选中的文件夹或文件，名称处会显示文本框和光标，在文本框中输入新的名称，按 Enter 键即可。

（三）复制文件夹和文件

（1）使用快捷菜单命令复制

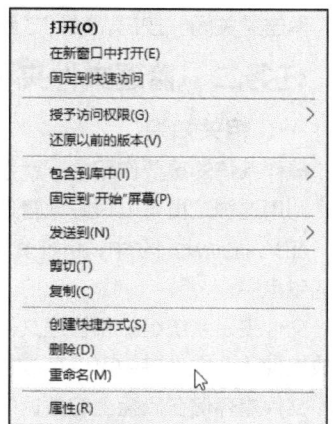

图 2-23 在快捷菜单中选择"重命名"命令

选中"备用素材"文件夹中的"九寨沟.jpg"图片文件，单击鼠标右键，在弹出的快捷菜单中选择"复制"命令；然后在目标文件夹"图片"的空白处单击鼠标右键，在弹出的快捷菜单中选择"粘贴"命令，即可将选中的文件复制到新位置。

（2）使用快捷键进行复制

选中待复制的文件夹或文件，按 Ctrl+C 快捷键复制，然后在目标磁盘或文件夹中按 Ctrl+V 快捷键粘贴。

（3）使用 Ctrl 键+鼠标左键拖曳

要在同一个驱动器中复制文件或文件夹，选中待复制的文件夹或文件，按住 Ctrl 键，同时按住鼠标左键并拖曳鼠标，将文件夹或文件拖曳到目标位置后释放鼠标左键和 Ctrl 键即可。

（四）移动文件夹或文件

移动文件夹或文件是指将选中的文件夹或文件从一个位置移动到另一个位置。移动操作完成后，文件夹或文件在原先的位置消失，出现在新的位置。

（1）使用快捷菜单中的"剪切"和"粘贴"命令移动

在窗口中选中"备用素材"文件夹中的"奋进.mp3"音乐文件，单击鼠标右键，在弹出的快捷菜单中选择"剪切"命令；然后在目标文件夹"音乐"的空白处单击鼠标右键，在弹出的快捷菜单中选择"粘贴"命令，即可将选中的文件夹或文件移动到新位置。

（2）使用快捷键进行移动

选中待移动的文件夹或文件，按 Ctrl+X 快捷键剪切，然后在目标磁盘或文件夹中按 Ctrl+V 快捷键粘贴。

（3）按住鼠标左键拖曳

要在同一个驱动器中移动文件或文件夹，选中待移动的文件夹或文件，按住鼠标左键并拖曳鼠标，将文件夹或文件拖动到目标位置后释放鼠标左键即可。

（五）删除文件夹和文件与使用回收站

删除文件夹和文件是指将不需要的文件夹和文件从磁盘中删除，分为一般删除和永久删除两种。一般删除的文件夹和文件并没有从磁盘中真正删除，它们存放在磁盘的特定区域，即回收站中，在需要的时候可以恢复；而永久删除文件夹或文件是将其从磁盘中真正地删除，不能予以还原。

（1）一般删除

在窗口中选中"图片"文件夹中待删除的"九寨沟.jpg"文件，然后在"主页"选项卡的"组织"组中直接单击"删除"按钮；或者单击"删除"按钮 ✕ 下方的下拉按钮 ▾，在弹出的下拉列表中选择"回收"选项；还可以在选择目标文件后单击鼠标右键，在弹出的快捷菜单中选择"删除"命令。

（2）永久删除

选中待删除的"欢快.mp3"文件，按住 Shift 键的同时在快捷菜单中选择"删除"命令、按 Delete 键或者直接单击"主页"选项卡"组织"组中的"删除"按钮 ✕，都会弹出确认是否永久删除文件的"删除文件"对话框。在该对话框中单击"是"按钮，该文件将被永久删除，而不会保存在回收站中。

选中待删除的"欢快.mp3"文件后，在"主页"选项卡的"组织"组中单击"删除"按钮 ✕ 下方的下拉按钮 ▾，在弹出的下拉列表中选择"永久删除"选项，也可以永久删除该文件。

（3）使用回收站

回收站是保存被删除文件夹和文件的中转站。从硬盘中删除的文件夹、文件、快捷方式等项目可以放入回收站中，这些项目仍然占用硬盘空间并可以被恢复到原来的位置。回收站中的项目在被用户永久删除之前可以保留，但当回收站空间不足时，Windows 将自动清除回收站中的项目以存放最近删除的项目。

> **知识扩展**
>
> 从U盘、移动硬盘中删除的项目，从网络中删除的项目，按住Shift键删除的项目以及超过回收站存储容量的项目，被删除后不会存放在回收站中，也不能被还原。

回收站中的项目可以还原。在桌面上双击"回收站"图标 🗑，打开图 2-24 所示的"回收站"窗口，若需还原回收站中的某个项目，可以在该项目上单击鼠标右键，在弹出的快捷菜单中选择"还原"命令。若需还原回收站中的多个项目，可以在按住 Ctrl 键的同时单击要还原的每个项目，然后在"管理-回收站工具"选项卡的"还原"组中单击"还原选定的项目"按钮 🗂。若需还原回收站中的所有项目，可以在"管理-回收站工具"选项卡的"还原"组中单击"还原所有项目"按钮 🗂。

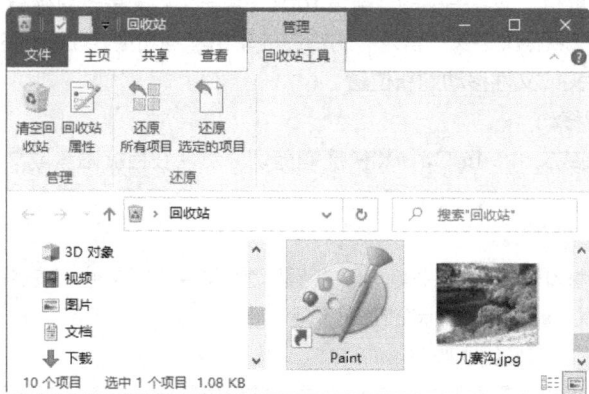

图 2-24 "回收站"窗口

也可以删除回收站中的项目，删除回收站中的项目就意味着将项目从计算机中永久地删除，项目不能再被还原。若需删除回收站中的某个项目，可以在该项目上单击鼠标右键，在弹出的快捷菜单选择"删除"命令，或者在"主页"选项卡的"组织"组中单击"删除"按钮✕。若需删除回收站中的多个项目，可以在按住 Ctrl 键的同时单击要删除的每个项目，然后单击鼠标右键，在弹出的快捷菜单中选择"删除"命令，或单击"主页"选项卡的"组织"组中的"删除"按钮✕。若需删除回收站中的所有项目，可以在"管理-回收站工具"选项卡的"管理"组中单击"清空回收站"按钮🗑，也可以在桌面上的"回收站"图标🗑上单击鼠标右键，在弹出的快捷菜单中选择"清空回收站"命令。

（六）搜索文件和文件夹

Windows 10 提供了多种搜索文件和文件夹的方法，在不同的情况下可以选用不同的方法。

（1）使用"搜索"文本框搜索相关内容。在 Windows 10 的"开始"按钮🔳上单击鼠标右键，在弹出的快捷菜单中选择"搜索"命令，打开"搜索"界面。在该界面的"搜索"文本框中输入关键字"语言设置"，与所输入关键字匹配的项将立即出现在该文本框的上方，选择匹配的搜索结果打开即可。

（2）在窗口中指定的文件夹下搜索文件夹和文件。打开"此电脑"窗口，并定位到指定的磁盘或文件夹，这里选择"备用素材"文件夹。在搜索框中输入要查找的文件的名称或关键字，这里输入"*.jpg"，然后单击"搜索"按钮➡，搜索结果如图 2-25 所示。

图 2-25 搜索结果

切换到"搜索工具-搜索"选项卡，可以修改日期、类型、大小和其他属性，还可以设置高级选项，也可以保存搜索。

如果在指定的文件夹中没有找到要查找的文件夹或文件，Windows 10 会提示"没有与搜索条件匹配的项"。

> **知识扩展**
>
> 当需要对某一类文件进行搜索时，可以使用通配符来表示文件名中不同的字符。Windows 10中使用"?"和"*"两种通配符，"?"表示任意一个字符，"*"表示任意多个字符。例如，"*.jpg"表示所有扩展名为".jpg"的图片文件，"x?y.*"表示文件名由3个字符组成（其中第1个字符为x，第3个字符为y，第2个字符为任意一个字符），扩展名任意（可以是".jpg"".ocx"".bmp"".txt"等）的文件。

（七）查看与设置文件和文件夹属性

文件夹和文件的属性分为只读、隐藏和存档 3 种类型。具备只读属性的文件夹和文件不允许更改和删除，只能浏览。具备隐藏属性的文件夹和文件默认被隐藏，从而对重要的系统文件进行有效保护。文件夹和文件一般都具备存档属性，可以浏览、更改和删除。

（1）选中要设置属性的文件夹，这里选中"图片"文件夹。

（2）单击鼠标右键，在弹出的快捷菜单中选择"属性"命令，打开"图片 属性"对话框，如图 2-26 所示。

（3）设置文件夹的常规属性。对话框的"常规"选项卡中包括类型、位置、大小、占用空间、包含的文件和文件夹数量、创建时间和属性等内容，还包含"高级"按钮。该选项卡的"属性"区域包括"只读"和"隐藏"复选框。这里取消选中"只读"复选框。单击"高级"按钮，在打开的"高级属性"对话框中可以设置"存档和索引属性"和"压缩或加密属性"，如图 2-27 所示。高级属性设置完成后单击"确定"按钮，返回"图片 属性"对话框。

图 2-26 "图片 属性"对话框

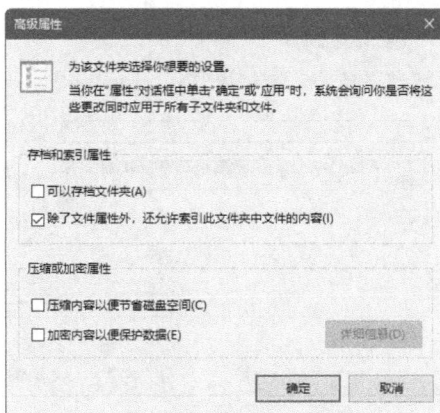

图 2-27 "高级属性"对话框

（4）自定义文件夹的属性。切换到"自定义"选项卡，在该选项卡中可以对文件夹模板、文件夹图片和文件夹图标进行设置，如图 2-28 所示。

在"自定义"选项卡中单击"更改图标"按钮，弹出"为文件夹 图片 更改图标"对话框。在该对话框中选择一个图标，然后单击"确定"按钮即可更改文件夹的图标。在"自定义"选项卡中单击"还原默认图标"按钮，可以将文件夹图标还原为系统的默认图标。

（5）确认属性更改。在"图片 属性"对话框中单击"确定"按钮或者"应用"按钮，使属性更改生效。如果单击"取消"按钮，则只是关闭该对话框，属性更改并没有生效。

（八）文件夹的共享属性设置

用户可以通过网络远程访问计算机上共享文件夹中的资源，Windows 10 允许用户共享文件夹，用户可以通过一系列交互式对话框来设置文件夹共享。

（1）设置文件夹共享。设置文件夹共享的操作步骤如下。

在需要设置共享的"教学素材"文件夹上单击鼠标右键，在弹出的快捷菜单中选择"属性"命令，打开"教学素材 属性"对话框，切换到"共享"选项卡。在该选项卡的"网络文件和文件夹共享"区域中单击"共享"按钮，打开"文件共享"对话框。单击用户列表选择框的下拉按钮，在下拉列表中选择要与其共享的用户，这里选择"Everyone"，如图 2-29所示。

图 2-28 "自定义"选项卡

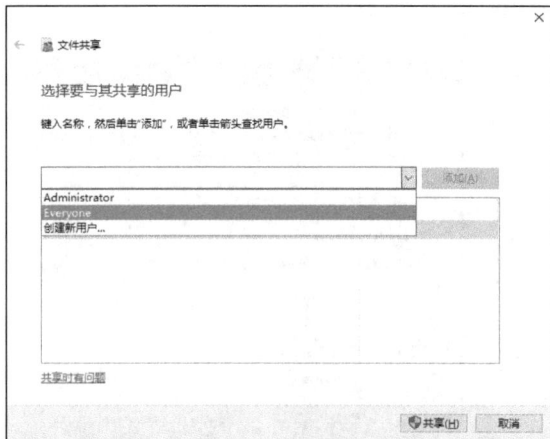

单击"添加"按钮添加共享的用户，然后在"权限级别"列单击"读取"按钮，在弹出的下拉列表中选择"读取/写入"权限。

在"文件共享"对话框中单击"共享"按钮，完成文件夹的共享设置，然后单击"完成"按钮返回。

（2）设置共享文件夹的权限。在"教学素材 属性"对话框中单击"高级共享"按钮，打开"高级共享"对话框，在该对话框中选中"共享此文件夹"复选框，然后单击"权限"按钮，打开"教学素材 的权限"对话框，在该对话框中进行必要的权限设置，如图 2-30 所示。依次单击"确定"按钮使设置生效并关闭对话框，最后关闭"教学素材 属性"对话框即可。

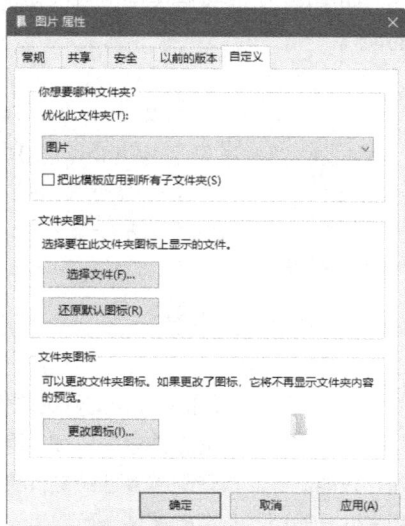

图 2-29 选择用户

图 2-30 设置共享权限

（3）删除默认共享文件夹。为了便于系统管理员执行日常管理任务，Windows 10 在系统安装时自动共享了用于管理的文件夹，可将这些默认的共享文件夹删除，操作步骤如下。

在 Windows 10 桌面的"此电脑"图标上单击鼠标右键，在弹出的快捷菜单中选择"管理"命令，打开"计算机管理"窗口。也可以在"开始"按钮 ▦ 上单击鼠标右键，在弹出的快捷菜单中选择"计算机管理"命令，打开"计算机管理"窗口。

在"计算机管理"窗口的左侧窗格中展开"共享文件夹"节点，选择"共享"节点，中间窗格中即可显示所有的共享文件夹。

在默认共享文件夹上单击鼠标右键，在弹出的快捷菜单中选择"停止共享"命令，如图 2-31 所示，即可删除默认的共享文件夹。

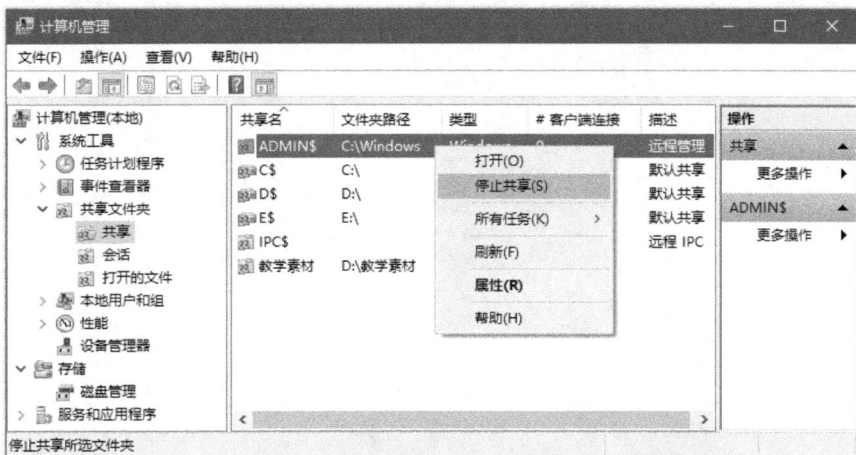

图 2-31　在快捷菜单中选择"停止共享"命令

课后自主练习

1. 全国计算机等级考试模拟训练试题

打开考生文件夹，按要求完成下列操作。

（1）将试题文件夹下"TURO"文件夹中的"POWER.doc"文件删除。

（2）在试题文件夹下"KIU"文件夹中新建一个名为"MING"的文件夹。

（3）将试题文件夹下"INDE"文件夹中的"GONG.txt"文件设置为只读和隐藏。

（4）将试题文件夹下"SOUP\HYR"文件夹中的"ASER.for"文件复制到试题文件夹下的"PEAG"文件夹中。

（5）在试题文件夹中搜索"READ.exe"文件，为其创建一个名为"READ"的快捷方式，并将该快捷方式放在试题文件夹下。

2. 参考操作步骤

（1）删除文件。打开试题文件夹下的"TURO"文件夹，选中"POWER.doc"文件，按 Delete 键，在弹出的对话框中单击"是"按钮，将文件删除，放到回收站中。

（2）新建文件夹。打开试题文件夹下的"KIU"文件夹，在空白处单击鼠标右键，在弹出的快捷菜单中选择"新建"→"文件夹"命令。此时文件夹的名称呈蓝色可编辑状态，输入名称"MING"，按 Enter 键完成操作。

（3）更改文件属性。打开试题文件夹下的"INDE"文件夹，选中"GONG.txt"文件，单击鼠标右键，在弹出的快捷菜单中选择"属性"命令，打开"GONG 属性"对话框；在"GONG 属性"对话框中选中"隐藏"和"只读"复选框，单击"确定"按钮。

（4）复制与重命名文件。打开试题文件夹下的"SOUP\HYR"文件夹，选中"ASER.for"文件，单击鼠标右键，在弹出的快捷菜单中选择"复制"命令，或按 Ctrl+C 快捷键；打开试题文件夹下的"PEAG"文件，在空白处单击鼠标右键，在弹出的快捷菜单中选择"粘贴"命令，或按 Ctrl+V 快捷键完成操作。

（5）搜索文件并创建快捷方式。打开试题文件夹，在窗口右上角的搜索框内输入"READ.exe"，查看查找结果。选中"READ.exe"文件，单击鼠标右键，在弹出的快捷菜单中选择"创建快捷方式"命令，即可在该文件夹中创建一个快捷方式文件。移动这个文件到试题文件夹下，并按 F2 键将其重命名为"READ"。

模块3
WPS文字操作与应用

项目一　制作日常办公类 WPS 文档

项目介绍

小张为宜昌市某社区工作人员，经常需要制作各种通知、制度、方案等办公文档，小张一般使用WPS Office完成相关工作。

- **知识目标**

（1）学习WPS文档的新建和保存方法。

（2）学习WPS中文字的输入及编辑方法。

（3）学习WPS文档的页面设置方法。

- **技能目标**

（1）能够新建文档，并将文档保存为需要的格式。

（2）能够在文档中输入需要的文本、符号、日期和时间等内容。

（3）能够根据需要对文档的文字格式、段落格式、项目符号、编号等进行设置。

（4）能够根据需要完成页面基本设置。

（5）能够根据需要采用不同的模式查看或阅读文档。

- **素养目标**

（1）激发学习WPS Office的兴趣。

（2）遵守制作文档的格式规范。

（3）养成良好的文档制作习惯。

任务一　制作"培训通知"文档

社区拟组织一次消防安全培训活动，社区工作人员小张要制作一份关于这次培训的通知文档，通知社区居民参加活动。"培训通知"文档的参考效果如图 3-1 所示。

一、相关知识

WPS Office 是一款专门用于制作各类办公文档的软件。新建 WPS 文档，可以进入 WPS 文字的操作界面，在其中进行文字的输入与编辑操作。

在桌面上双击 WPS Office 的快捷图标，打开 WPS Office 首页，执行新建 WPS 文档操作，进入 WPS 文字的操作界面，如图 3-2 所示。WPS 文字的操作界面主要由标题栏、"文件"按钮、快速访问工具栏、选项卡标签、功能区、文档编辑区、状态栏和任务窗格等部分组成，各组成部分的作用如下。

关于消防安全培训的通知

尊敬的各位居民朋友：

为普及消防安全知识，提高消防安全意识，全面做好消防安全工作，防止各类火灾事故的发生，社区拟组织一次消防安全培训活动。现就培训活动的有关情况通知如下：

一、培训时间

2024 年 4 月 20 日　　上午 10：00-12：00

二、培训地点

社区二楼会议室

三、培训老师

宜昌市西陵区消防救援大队张警官

四、培训内容

内容一：消防理论知识

内容二：火灾防范、防火安全意识等

内容三：高楼逃生知识及注意事项

五、培训对象

1．社区各小区物业公司负责人

2．社区居民

特此通知

◆　主题词：消防安全　　培训

◆　抄送：社区各小区物业公司

××社区

2024-4-19

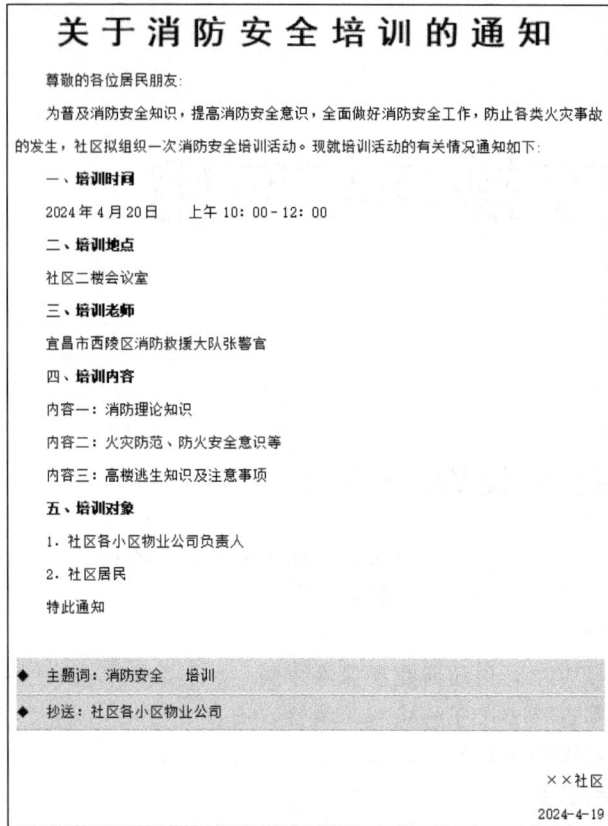

图 3-1　"培训通知"文档

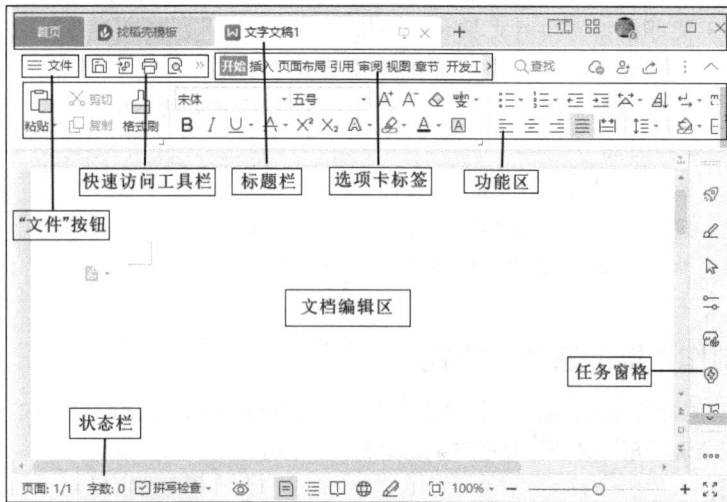

图 3-2　WPS 文字的操作界面

（1）标题栏：从左到右依次是"首页"选项卡标签、稻壳选项卡标签和文档区。"首页"选项卡用于管理所有的文档或文件夹，包括最近打开的文档、计算机中的文档、云文档等；稻壳选项卡提供制作文档时需要的模板、文字、图片、海报等素材；文档区用于查看已经打开的文档。另外，文档区右侧是登录入口和窗口控制按钮，可以用于登录 WPS Office 账户，以及执行最小化、最大化和关闭窗口等操作。

（2）"文件"按钮：单击该按钮，选择下拉列表中的选项可执行新建、打开、保存、打印和输出等各种文档操作。

（3）快速访问工具栏：包括常用的操作按钮，如保存、输出为 PDF、打印、打印预览、撤销和恢复等。

（4）选项卡标签：包括"开始""插入""页面布局""引用""审阅""视图""章节""开发工具""会员专享""稻壳资源"等选项卡标签。

（5）功能区：用于显示各选项卡对应的操作按钮，打开不同的选项卡，可在功能区中执行相应的编辑操作。

（6）文档编辑区：用于输入、编辑、修改和排版文档。

（7）状态栏：左侧显示了文档的页面、字数，并且用户可在此开启或关闭"拼写检查"和"文档校对"功能；右侧显示了文档的多个视图模式按钮和视图显示比例调整工具，单击相应的视图模式按钮，可快速切换到对应的视图模式。

（8）任务窗格：用于显示不同导航窗格的快捷按钮，单击相应的按钮，可打开对应的任务窗口；还可根据需要调整任务窗格的位置及隐藏任务窗格。

45

> **知识扩展**
>
> 　　启动 WPS Office并新建文档后，系统将默认以访客身份登录，此时用户可以在标题栏右侧单击按钮 立即登录 ，打开"账号登录"对话框，在其中选择手机号登录、微信登录、WPS 扫码等登录方式，以便在其他计算机中打开和编辑自己WPS Office账号中的文档。另外，WPS Office 中的部分特色功能需要 WPS Office会员或超级会员才能使用。

二、任务实现

（一）新建并保存文档

启动 WPS Office 后，要制作"培训通知"文档，需要新建空白文档，并对其进行保存操作，具体如下。

（1）启动 WPS Office，在打开的"首页"选项卡左侧单击"新建"按钮+。

（2）在打开的"新建"选项卡中单击"新建文字"选项卡标签，选择"新建空白文字"选项，如图 3-3 所示，系统将新建一个名为"文字文稿 1"的空白文档。

图 3-3　选择"新建空白文字"选项

（3）单击快速访问工具栏中的"保存"按钮，打开"另存文件"对话框。

（4）在"位置"下拉列表中选择文档的保存位置，在"文件名"下拉列表中输入"培训通知"文本，在"文件类型"下拉列表中选择"Microsoft Word 文件（*.docx）"选项，然后单击"保存"按钮，如图 3-4 所示。

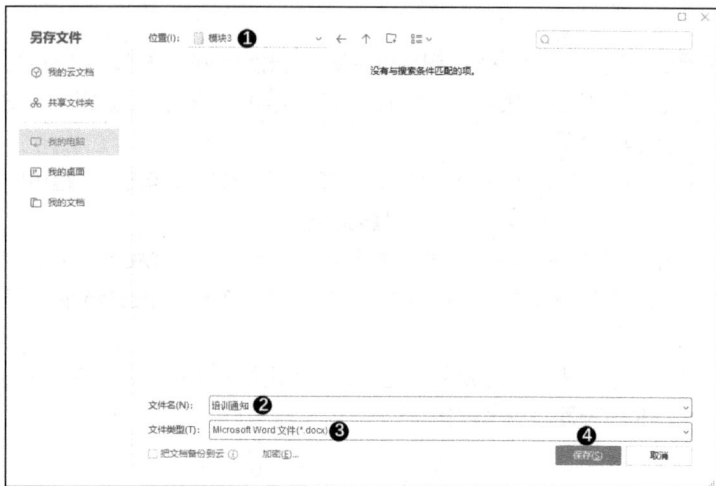

图 3-4　保存文档设置

> 如果想将已经保存的文档以其他名称保存在计算机的其他位置，则需要单击 ☰ 文件 按钮，在弹出的下拉列表中选择"另存为"选项，打开"另存文件"对话框，重新设置保存位置和保存名称。

知识扩展

（二）输入并编辑文档内容

新建并保存"培训通知.docx"文档后，就可以在其中输入文字、符号等内容，并根据需要对内容进行修改、查找和替换，具体操作如下。

（1）在文本插入点处输入"培训通知.txt"文本文档中的内容，将插入点定位到"10：00"文本之后，单击"插入"选项卡中"符号"按钮 Ω 下方的下拉按钮 ，在弹出的下拉列表中选择"其他符号"选项，如图 3-5 所示。

图 3-5　选择"其他符号"选项

（2）在打开的"符号"对话框的"字体"下拉列表中选择"（普通文本）"选项，在"子集"下拉列表中选择"半角及全角字符"选项，在下方的列表框中选择"—"选项，单击"插入"按钮，如图 3-6 所示。

（3）将文本插入点定位到"××社区"文本的下一行，单击"插入"选项卡中的"日期"按钮，打开"日期和时间"对话框。在"可用格式"列表框中选择"2024-4-19"选项，单击"确定"按钮，如图 3-7 所示。

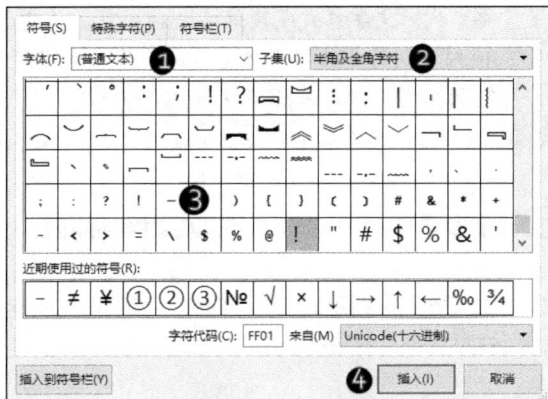

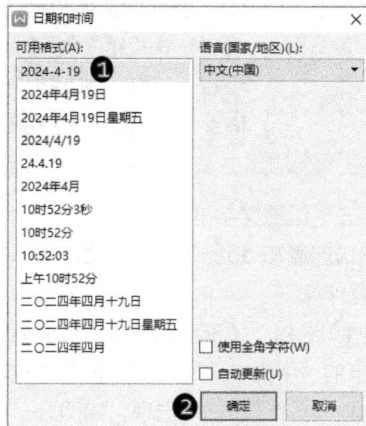

图 3-6　插入符号　　　　　　　　　　　　图 3-7　选择日期格式

（4）单击"开始"选项卡中"查找替换"按钮 下方的下拉按钮 ，在弹出的下拉列表中选择"替换"选项，如图 3-8 所示。

关于效仿安全培训的通知

图 3-8　选择"替换"选项

（5）打开"查找和替换"对话框，在"替换"选项卡的"查找内容"下拉列表框中输入"效仿"文本，在"替换为"下拉列表框中输入"消防"文本，单击"查找下一处"按钮（系统将从文档开头开始查找，并将查找出来的第一处文本以灰色底纹突出显示），然后单击"替换"按钮，如图 3-9 所示。

图 3-9　查找和替换内容

（6）继续单击"查找下一处"按钮和"替换"按钮进行查找和替换。替换完成后，在打开的对话框中单击"关闭"按钮，即可查看替换后的文档效果。

> **知识扩展**
>
> 　　将文本插入点定位到"替换"选项卡的"查找内容"下拉列表框中，单击"格式"按钮，在弹出的下拉列表中选择"字体"或"段落"选项，打开"查找字体"或"查找段落"对话框；在其中设置要查找的文字格式或段落格式后，单击"确定"按钮，返回"查找和替换"对话框；使用相同的方法设置要替换的文字格式或段落格式，接着执行查找和替换操作，即可对指定的格式进行查找和替换。

（三）设置文字格式

"培训通知.docx"文档的文字输入完毕后，可以设置文字格式，以突出标题以及文档中的重要内容，具体操作如下。

（1）选择"关于消防安全培训的通知"标题文本，按 Ctrl+D 快捷键打开"字体"对话框，在"字体"选项卡的"中文字体"下拉列表中选择"黑体"选项，在"字形"列表框中选择"加粗"选项，在"字号"列表框中选择"小一"选项，如图 3-10 所示。

（2）打开"字符间距"选项卡，在"间距"下拉列表中选择"加宽"选项，在其右侧的"值"数值框中输入"0.15"，然后单击"确定"按钮，如图 3-11 所示。

图 3-10　设置文字格式

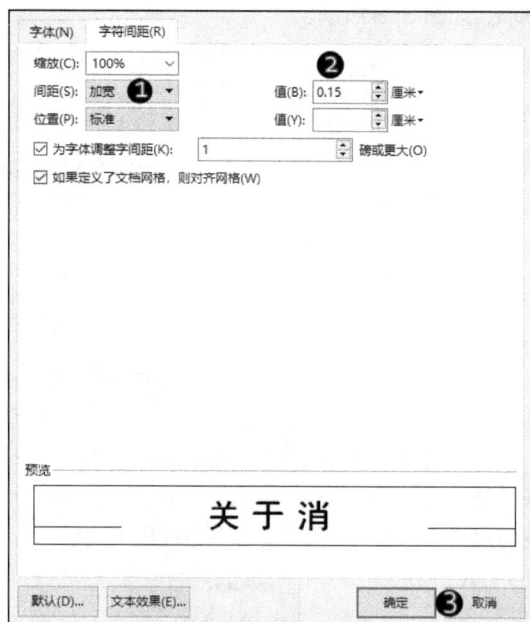

图 3-11　设置字符间距

（3）选择除标题文本外的所有文本，在"开始"选项卡中将字体设置为"宋体"，完成文字格式的设置。

（四）使用"文字排版"排版

一般文档的段落首行需要设置缩进，"培训通知.docx"文档也不例外。在 WPS 文字中可以使用"文字排版"自动将文档的所有段落或所选段落缩进两个字符，还可根据需要增加空段，具体操作如下。

（1）选择第二段至落款前的所有文本，单击"开始"选项卡中的"文字排版"按钮 ，在弹出的下拉列表中选择"智能格式整理"选项，如图 3-12 所示。

图 3-12　选择"智能格式整理"选项

（2）选择"特此通知"文本所在的段落，单击"开始"选项卡中的"文字排版"按钮 📑，在弹出的下拉列表中选择"增加空段"选项。

（3）使用相同的方法在"抄送：社区各小区物业公司"段落后面增加空段。

（五）设置段落格式

为了规范"培训通知.docx"文档格式，还需要对段落的对齐方式、间距等进行设置，具体操作如下。

（1）选择标题"关于消防安全培训的通知"文本，单击"开始"选项卡中的"段落"按钮 ⌐，如图 3-13 所示，打开"段落"对话框。

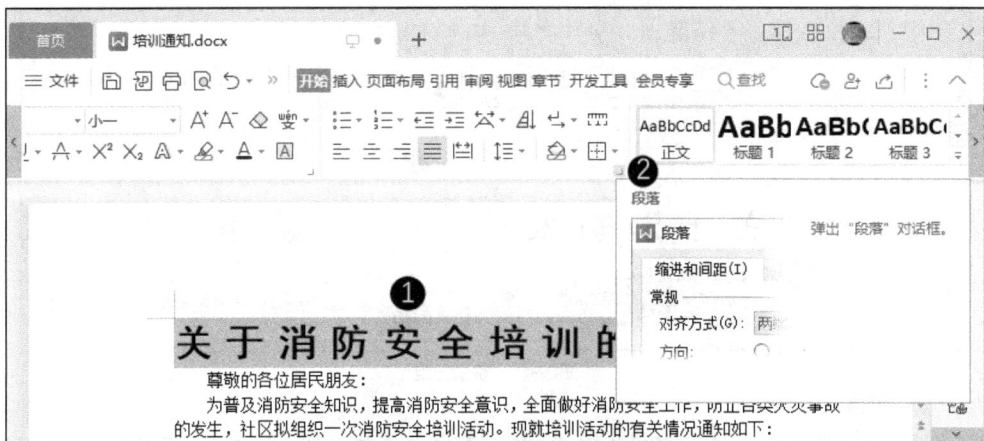

图 3-13　单击"段落"按钮

（2）在"缩进和间距"选项卡的"常规"栏的"对齐方式"下拉列表中选择"居中对齐"选项，在"间距"栏的"段前"和"段后"数值框中均输入"0.5"，然后单击"确定"按钮，如图 3-14 所示。

图 3-14　设置段落格式

> **知识扩展**
>
> 　　悬挂缩进是指段落的首行保持不变，其他行缩进，缩进值可根据实际情况进行设置。设置悬挂缩进的方法为，打开"段落"对话框，在"缩进和间距"选项卡的"特殊格式"下拉列表中选择"悬挂缩进"选项，在其右侧的"度量值"数值框中输入缩进值，然后单击"确定"按钮。

（3）选择落款文本和日期，单击"开始"选项卡中的"右对齐"按钮，使落款居于页面右侧对齐。

（4）选择除标题外的所有文本，单击"开始"选项卡中的"行距"按钮，在弹出的下拉列表中选择"1.5"选项，如图 3-15 所示，所选文本的行距将变为"1.5"。

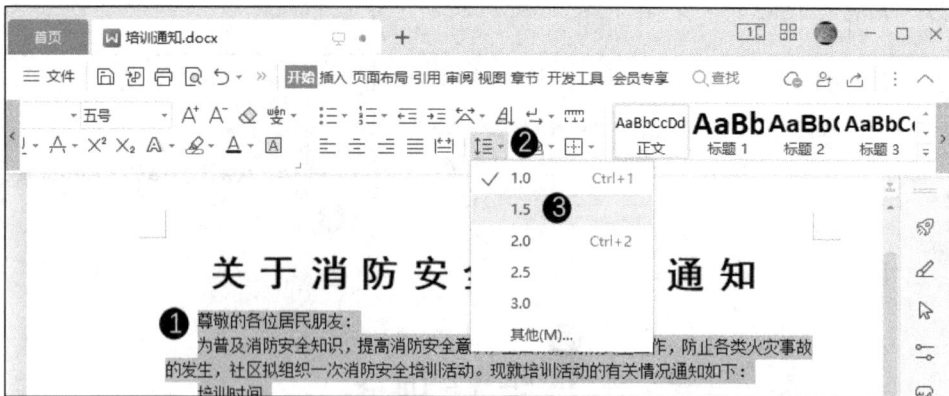

图 3-15　设置行距

（六）添加项目符号和编号

为了使"培训通知.docx"文档的结构更加清晰、有条理，重点内容更突出，还需要为文本添加合适的项目符号和编号，具体操作如下。

（1）选择"主题词……"和"抄送……"两段文本，单击"开始"选项卡中"项目符号"按钮右侧的下拉按钮，在弹出的下拉列表中选择"预设项目符号"栏中的"带填充效果的钻石菱形形项目符号"选项，如图 3-16 所示。

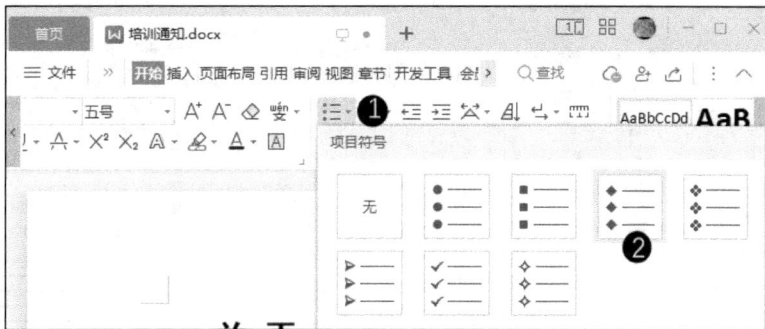

图 3-16　选择项目符号样式

（2）按住 Ctrl 键的同时选择"培训时间""培训地点""培训老师""培训内容""培训对象"文本，单击"开始"选项卡中的"加粗"按钮 B，再单击"开始"选项卡中"编号"按钮 ⫶☰ 右侧的下拉按钮 ▾，在弹出的下拉列表中选择"编号"栏中的"一、二、三……"编号样式，如图 3-17 所示。

图 3-17　选择编号样式

知识扩展

　　在为文档添加项目符号时，可在"项目符号"下拉列表的"稻壳项目符号"栏中选择稻壳提供的商务、可爱、简约、实物等类型的项目符号。

　　（3）选择"培训内容"文本下方的 3 段文本，单击"编号"按钮 ⫶☰ 右侧的下拉按钮 ▾，在弹出的下拉列表中选择"自定义编号"选项，打开"项目符号和编号"对话框。打开"编号"选项卡，在其中选择"一、二、三……"编号样式，然后单击"自定义"按钮，如图 3-18 所示。

　　（4）在打开的"自定义编号列表"对话框的"编号格式"文本框中的编号前输入"内容"文本，将编号后的"、"符号更改为"："符号，然后单击"确定"按钮，如图 3-19 所示，为所选段落添加自定义的编号。

图 3-18 "项目符号和编号"对话框

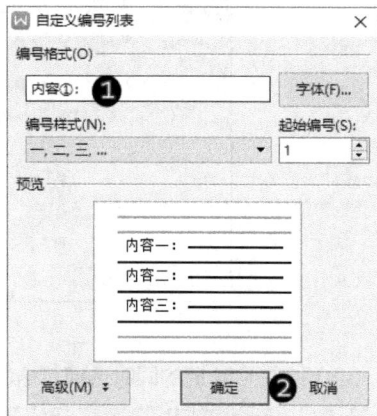

图 3-19 自定义编号格式

（5）选择"培训对象"段落下方的两段文本，单击"编号"按钮 ☷ 右侧的下拉按钮 ▾，在弹出的下拉列表中选择"1.2.3.……"编号样式。

> **知识扩展**
>
> 在"项目符号和编号"对话框中打开"项目符号"选项卡，在其中选择任意一种项目符号后，单击"自定义"按钮，打开"自定义项目符号列表"对话框，单击"字符"按钮，在打开的"符号"对话框中可将选择的符号作为项目符号。

（七）添加边框和底纹

对于"培训通知.docx"文档最后的"主题词……"和"抄送……"段落文本，可以通过添加边框和底纹使其突出显示，具体操作如下。

（1）选择"主题词……"和"抄送……"文本所在的段落，单击"开始"选项卡中"边框"按钮 ⊞ 右侧的下拉按钮 ▾，在弹出的下拉列表中选择"边框和底纹"选项，如图 3-20 所示。

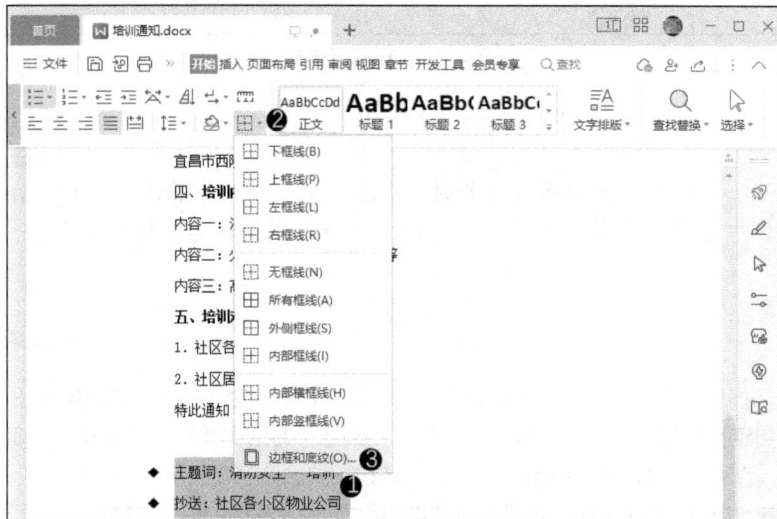

图 3-20 选择"边框和底纹"选项

（2）打开"边框和底纹"对话框，在"边框"选项卡的"设置"栏中选择"自定义"选项，在"线型"列表框中选择所需的线型，在"颜色"下拉列表中选择"白色，背景 1，深色 35%"选项，然后单击 ⊞ 和 ⊞ 按钮，如图 3-21 所示。

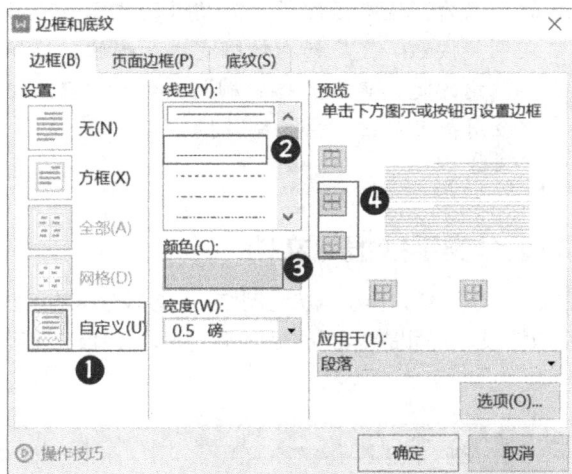

图 3-21　自定义边框

知识扩展

在"边框和底纹"对话框的"边框"选项卡中单击"选项"按钮，打开"边框和底纹选项"对话框，在"距正文"栏中的"上""下""左""右"数值框中输入距离值后，单击"确定"按钮，即可设置边框与文本的距离。

（3）打开"底纹"选项卡，在"填充"下拉列表中选择"白色，背景 1，深色 15%"选项，然后单击"确定"按钮，如图 3-22 所示。

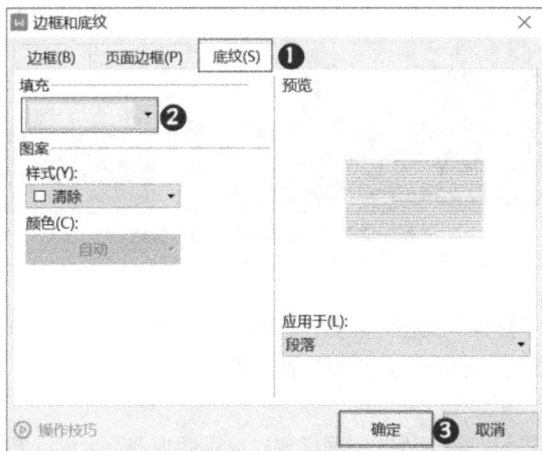

图 3-22　添加底纹

（4）返回文档，查看添加边框和底纹后的效果。

在设置文档格式时，如果需要为文档中的其他文本应用已经设置好的格式，可使用格式刷复制相应格式，并将其应用到其他文本或段落中。使用格式刷快速复制格式的方法为，选择已经设置好格式的文本或段落，单击"开始"选项卡中的"格式刷"按钮凸，鼠标指针将变成凸形状，选择需要应用格式的文本或段落。需要注意的是，单击"格式刷"按钮凸，只能应用一次复制的格式，如果需要多次应用，可双击"格式刷"按钮凸。

任务二　制作"垃圾分类手抄报"文档

社区要进行垃圾分类宣传，社区工作人员小张决定制作关于垃圾分类的手抄报，以便让居民知道垃圾的分类，并按照分类正确丢放垃圾，从而提高垃圾的回收利用率。"垃圾分类手抄报"文档的参考效果如图 3-23 所示。

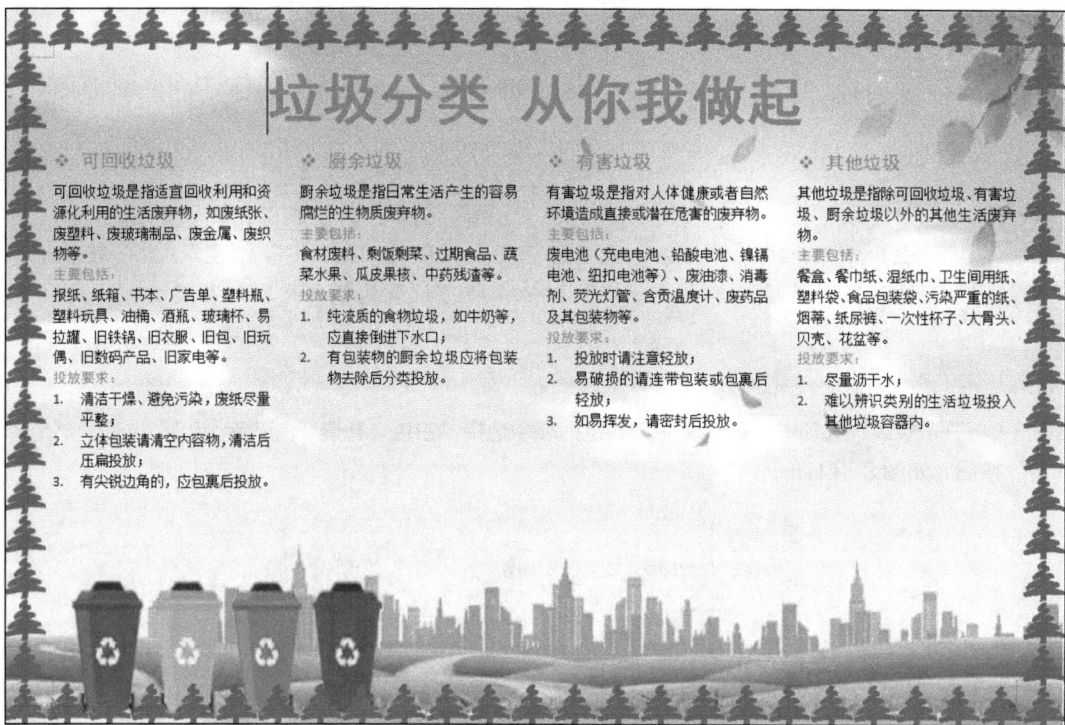

图 3-23　"垃圾分类手抄报"文档

一、相关知识

制作和编辑"垃圾分类手抄报"文档，需要了解并掌握文档页面布局的相关知识。另外，在制作过程中可以同时打开多个文档窗口进行操作，以提高操作效率。

（一）页面的视图模式

WPS 文字提供了全屏显示、阅读版式、写作模式、页面视图、大纲视图、Web 版式和护眼模式 7 种视图模式，用户可根据需要选择合适的模式来阅读文档。

1．全屏显示

全屏显示文档时，操作界面中只显示标题栏和文档编辑区，该模式多用于演示汇报等场景。

2．阅读版式

选择该模式时，系统会自动布局文档内容，使用户轻松翻阅文档。在此模式下，用户还可以使用目录导航、突出显示等功能，但不能对文档进行编辑。

3．写作模式

写作模式提供了素材推荐、文档校对、公文工具箱、文学工具箱等多项功能，可以帮助用户更好地编写格式规范的文档。

4．页面视图

页面视图是 WPS 文字默认的视图模式，可以显示文档的所有内容，包括页眉、页脚、图形对象、分栏设置、页面边距等元素，是最接近打印效果的视图模式。

5．大纲视图

大纲视图可使用户迅速了解文档的结构和内容梗概，从而更好地调整文档结构，以及更新目录。

6．Web 版式

Web 版式以网页的形式显示文档内容，但不显示页码和章节序号等信息，并且超链接会显示为带下画线的文本。

7．护眼模式

在该模式下，界面为浅绿色，有助于用户缓解疲劳、保护眼睛，该模式能与全屏显示、阅读版式、写作模式、页面视图、大纲视图和 Web 版式等模式同时使用。

（二）管理文档窗口

当用户需要同时操作打开的多个文档时，就需要对文档窗口进行管理。在 WPS 文字中，管理文档窗口主要是对文档进行新建、拆分和重排等操作。

1．新建窗口

单击"视图"选项卡中的"新建窗口"按钮，系统将为当前文档新建一个序号为"：2"的窗口，原窗口序号则为"：1"。例如，若原窗口标题为"手抄报"，那么新建窗口后，原窗口标题和新建窗口标题分别变为"手抄报：1"和"手抄报：2"，关闭其中任意一个窗口后，未关闭的窗口名称将变成原窗口标题，即"手抄报"。

2．拆分窗口

单击"视图"选项卡中的"拆分窗口"按钮，可以将当前文档窗口拆分为上下两部分，便于同时查看同一份文档的不同部分。

3．重排窗口

单击"视图"选项卡中"重排窗口"按钮下方的下拉按钮，在弹出的下拉列表中选择重排方式，可将打开的多个文档以指定的方式进行排列。

二、任务实现

（一）设置文档页面布局

手抄报文档有竖版和横版两种，在制作时需要根据实际情况来设置文档的页面方向、页面大小和页边距等，具体操作如下。

（1）新建"垃圾分类手抄报.docx"空白文档，在"页面布局"选项卡中单击"纸张方向"按钮，在弹出的下拉列表中选择"横向"选项。

（2）在"页面布局"选项卡中单击"页边距"按钮，在弹出的下拉列表中选择"窄"选项，如图 3-24 所示。

（3）在"页面布局"选项卡中单击"纸张大小"按钮，在弹出的下拉列表中选择"其他页面大小"选项，打开"页面设置"对话框。在该对话框中打开"纸张"选项卡，在"纸张大小"下拉列表中选择"自定义大小"选项，在"宽度"数值框中输入"28"，在"高度"数值框中输入"19"，然后单击"确定"按钮，如图 3-25 所示。

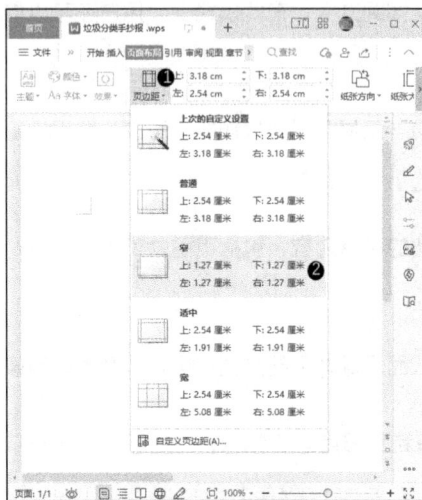

图 3-24　选择页边距

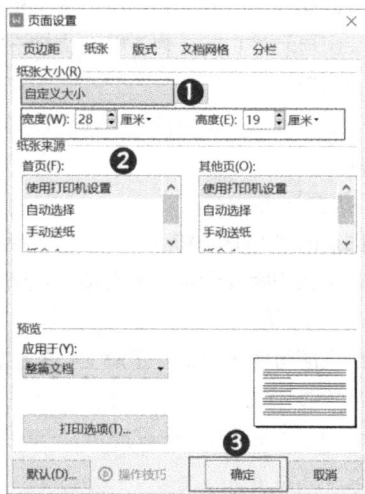

图 3-25　自定义纸张大小

知识扩展　　在"页面布局"选项卡的"上""下""左""右"数值框中分别输入页边距，或者在"页面设置"对话框中打开"页边距"选项卡，在"页边距"栏中的"上""下""左""右"数值框中分别输入页边距，单击"确定"按钮，即可自定义页边距。

（二）插入其他文档中的内容

垃圾分类手抄报需要的文字已经提前整理在其他文档中，可以通过插入对象功能插入其他文档中的内容，具体操作如下。

（1）单击"插入"选项卡中"对象"按钮 右侧的下拉按钮 ，在弹出的下拉列表中选择"文件中的文字"选项，打开"插入文件"对话框。

（2）在对话框左侧选择"模块 3"选项，选择"垃圾分类知识.wps"文件，单击"打开"按钮，如图 3-26 所示，即可在文本插入点处插入文档中所有的文字。

图 3-26　选择插入的文件

知识扩展

单击"对象"按钮⊡，打开"插入对象"对话框，选中"由文件创建"单选项，再单击"浏览"按钮，打开"浏览"对话框。在其中选择需要插入的文件后，单击"打开"按钮，返回"插入对象"对话框，"文件"文本框中将显示文件的保存位置，单击"确定"按钮，即可将所选文件中的所有文字、图片、图形、表格等对象插入当前文档，并且对象将以文本框的形式显示。

（三）设置页面背景

手抄报讲究整体效果的美观度，因此应合理设置文档的页面背景，可以使用纯色、渐变色、图片、图案和纹理等来填充背景，本任务使用图片来填充背景。选择的图片颜色不能太深，否则会遮挡文档中的文字，具体操作如下。

（1）单击"页面布局"选项卡中的"背景"按钮，在弹出的下拉列表中选择"图片背景"选项，如图 3-27 所示。

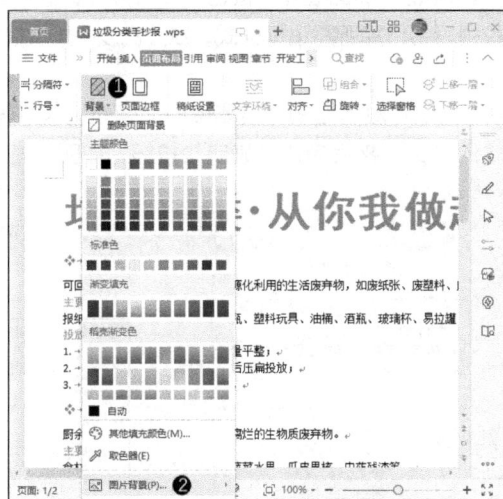

图 3-27　选择"图片背景"选项

（2）在打开的"填充效果"对话框的"图片"选项卡中单击"选择图片"按钮，打开"选择图片"对话框，在左侧选择"模块 3"选项，然后选择"背景.png"图片文件，单击"打开"按钮，如图 3-28 所示。

图 3-28　选择背景图片

57

（3）返回"填充效果"对话框，单击"确定"按钮后返回文档，查看将所选图片作为文档页面背景后的效果。

> **知识扩展**
>
> 单击"背景"按钮，在弹出的下拉列表中选择"取色器"选项。此时，鼠标指针变成 形状，将鼠标指针移动到需要吸取的颜色上，取色器将显示该颜色的颜色值，单击即可吸取该颜色，并可将其填充到页面中作为背景色。

（四）设置页面边框

合理设置页面边框可以增加手抄报的美观度，其设置方法与段落边框的设置方法类似，只是应用的范围有所区别，具体操作如下。

（1）单击"页面布局"选项卡中的"页面边框"按钮，打开"边框和底纹"对话框。打开"页面边框"选项卡，在"艺术型"下拉列表中选择所需边框样式，在"宽度"数值框中输入"20"，然后单击"选项"按钮，如图 3-29 所示。

（2）在打开的"边框和底纹选项"对话框的"度量依据"下拉列表中选择"页边"选项，在"上""下""左""右"数值框中均输入"0"，然后单击"确定"按钮，如图 3-30 所示，返回"边框和底纹"对话框。

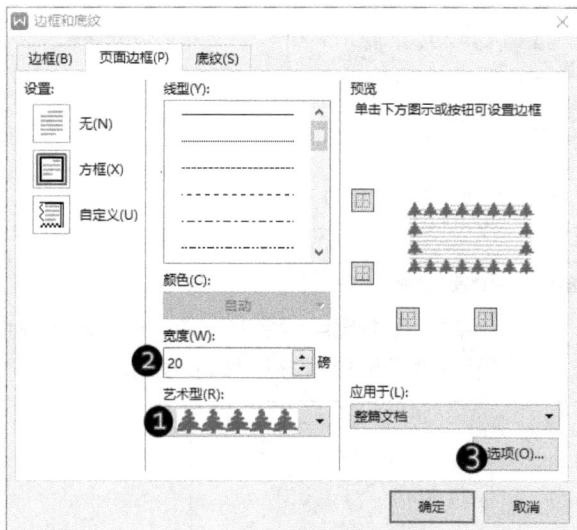

图 3-29　添加艺术型页面边框

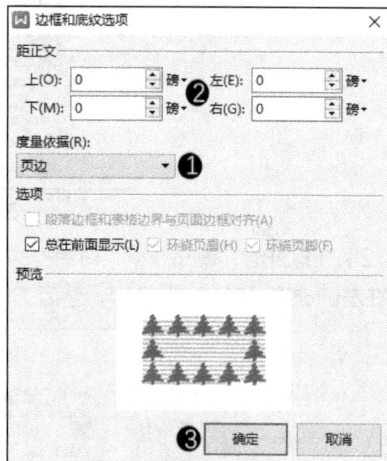

图 3-30　设置边框距正文的距离

（3）单击"确定"按钮查看为文档页面添加艺术型边框后的效果。

（五）设置分栏

手抄报文档的排版并不像正式文档那样中规中矩，可根据需要进行灵活排版，具体操作如下。

（1）将文档标题设置为居中对齐，然后选择除标题文本外的所有文本，单击"页面布局"选项卡中的"分栏"按钮，在弹出的下拉列表中选择"更多分栏"选项，如图 3-31 所示。

（2）在打开的"分栏"对话框的"栏数"数值框中输入"4"，然后单击"确定"按钮，如图 3-32 所示。

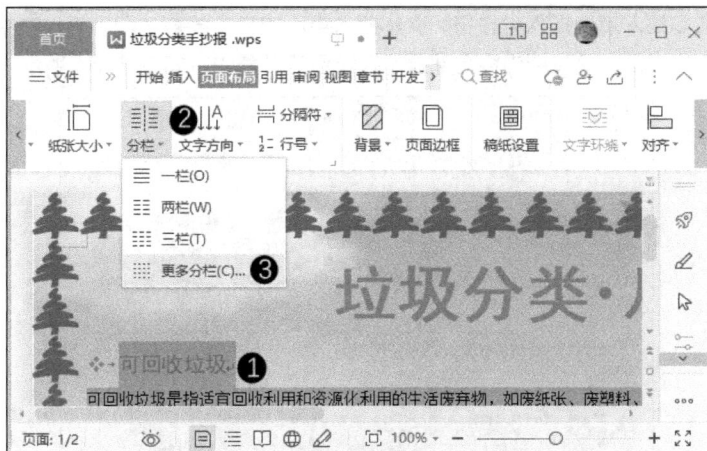

图 3-31　选择"更多分栏"选项

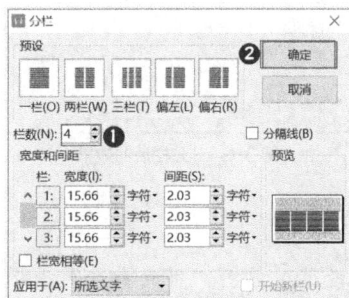

图 3-32　设置分栏

知识扩展

　　在"分栏"对话框中选中"栏宽相等"复选框，可使栏与栏之间的距离大致相等；选中"分隔线"复选框，可在栏与栏之间添加黑色的垂直线以表示分隔。

（3）所选文本被分为4栏，将文本插入点定位到"厨余垃圾"文本前，单击"页面布局"选项卡中的"分隔符"按钮，在弹出的下拉列表中选择"分栏符"选项，如图3-33所示。

图 3-33　选择"分栏符"选项

（4）系统将在文本插入点处插入分栏符，文本插入点后的文本将被分配到下一栏中。使用相同的方法继续为其他文本添加分栏符，使文档内容全部显示在浅色的背景中，如图 3-34 所示。

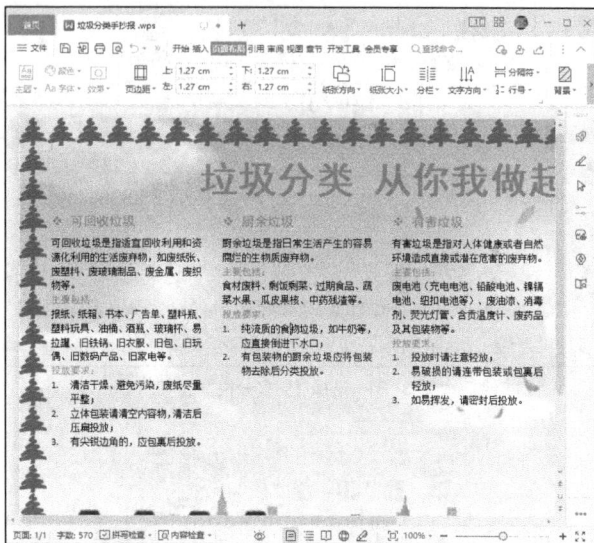

图 3-34　分栏后的效果

选择已分栏的段落，单击"页面布局"选项卡中的"分栏"按钮，在弹出的下拉列表中选择"一栏"选项，所选段落将以一栏效果进行排列。

知识扩展

（六）使用阅读版式和护眼模式查看文档

手抄报中的文字一般较多，用户可以通过 WPS 文字的阅读版式进行查看，还可开启护眼模式以保护眼睛，具体操作如下。

（1）单击状态栏中的"阅读版式"按钮进入阅读版式，如图 3-35 所示。再单击状态栏中的"护眼模式"按钮开启护眼模式，如图 3-36 所示。

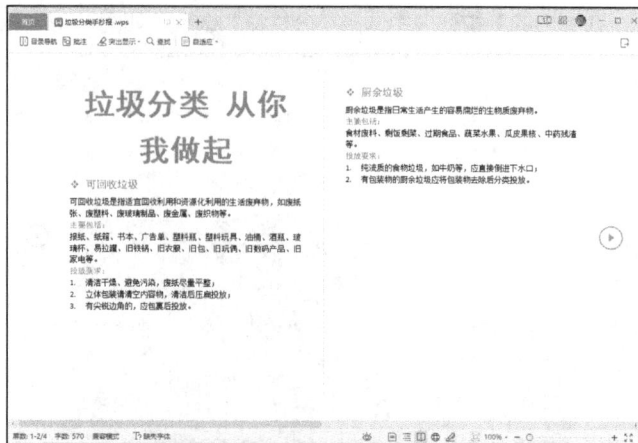

图 3-35　阅读版式

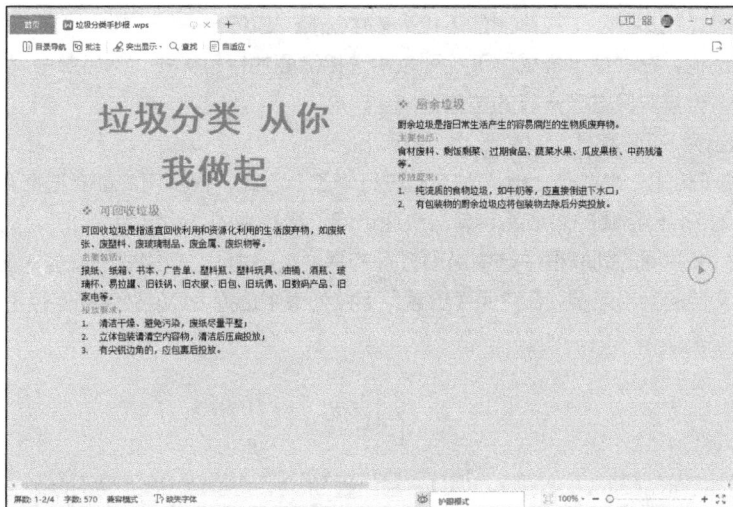

图 3-36　护眼模式

（2）当前页查看完成后，单击 ▶ 按钮切换到下一页进行查看。

（3）全部查看完成后，可按 Esc 键退出阅读版式，返回普通模式。

知识扩展

（1）设置文档自动备份。

在制作文档时，可能会因为操作失误或计算机故障而丢失文档内容。为了避免这一情况，用户可以设置每隔一段时间就自动备份文档。单击"文件"按钮 三 文件，在弹出的下拉列表中选择"备份与恢复"选项，在弹出的子列表中选择"备份中心"选项，打开"备份中心"对话框，设置本地备份间隔时间。

（2）快速插入带圈字符。

在文档中为重点文字添加圈号，可以起到强调的作用。在文档中选择需要添加圈号的文本，单击"开始"选项卡中"拼音指南"按钮 右侧的下拉按钮，在弹出的下拉列表中选择"带圈字符"选项，打开"带圈字符"对话框。在该对话框中选择需要的样式后，在"圈号"栏的"文字"文本框中输入需要的文字，在"圈号"列表框中选择需要的圈号样式，然后单击"确定"按钮。

（3）插入公式。

在制作数学、化学和物理等方面的文档时，经常会涉及公式的使用，此时可以通过WPS文字提供的公式功能在文档中插入需要的公式。插入公式的方法是，将文本插入点定位到需要插入公式的位置，单击"插入"选项卡中的"公式"按钮 X，系统将在文本插入点处插入公式框，并激活"公式工具"选项卡。将文本插入点定位到公式框中后，单击"公式工具"选项卡中的运算符号、分数、上下标、根式和函数等按钮添加公式需要的对象。

（4）设置双行合一。

企、事业单位经常需要多部门或多单位联合发文，此时可以使用 WPS 文字提供的双行合一功能，将两行内容合并成一行显示。设置双行合一的方法是，选择文档中需要设置双行合一的文本，单击"开始"

选项卡中的"中文版式"按钮 📈，在弹出的下拉列表中选择"双行合一"选项，打开"双行合一"对话框。选中"带括号"复选框，在"括号样式"下拉列表中选择需要的括号样式，然后单击"确定"按钮，所选文本将以两行显示，但其实只占了一行的位置。

（5）将文档输出为 PDF 格式。

PDF 文件既便于传输，也能防止他人对文档进行修改，因此，很多用户都会选择将文档输出为 PDF 格式。将文档输出为 PDF 格式的方法是，单击快速访问工具栏中的"输出为 PDF"按钮 🄿，打开"输出 PDF 文件"对话框，在中间的列表框中选中当前打开的需要输出为 PDF 格式的文档对应的复选框，在"输出范围"栏中设置文档的输出范围，在"保存位置"下拉列表中选择 PDF 文件的保存位置，然后单击"开始输出"按钮。

课后自主练习

1. 全国计算机等级考试模拟训练试题

打开考生文件夹下的"WPS.docx"（.docx 为文件扩展名）素材文档，后续操作均基于此文档。

小王正在编辑"中华世纪坛"的相关内容，文档由标题"中华世纪坛"和正文两部分组成。现在文档中还有一些问题，需要编辑修改，请按要求帮他完成相应操作。

（1）对文章标题"中华世纪坛"进行以下设置。

文字格式为幼圆、小三、加粗，且居中显示；字符间距为加宽，且加宽值为 0.2 厘米；段前、段后间距均为 0.5 行。

（2）对正文（文章标题以外的文本）进行以下格式设置。

文字格式为楷体、小四；段落首行缩进 2 字符，且行距为固定值 22 磅。

（3）为正文中所有的"世纪坛"一词添加圆点（.）形式的着重号（不包含文章标题中的"世纪坛"）。

（4）为文档添加页眉"中华世纪坛概览"，将其设置为五号、隶书、居中显示，并在其下方添加 0.75 磅的实线。

（5）在页脚中间插入页码，且页码样式为"第 1 页 共×页"。

（6）对文档页面进行以下设置。

页面背景为纸纹 2；上、下页边距为 2.5 厘米，左、右页边距为 3 厘米，且装订线位置为左，装订线宽为 0.5 厘米。

（7）在文档首页插入"全景.jpg"图片，图片格式要求如下。

在锁定纵横比的情况下，将图片大小调整为相对原始图片大小的 30%；文字环绕方式为紧密型；水平方向的绝对位置为页面右侧 12.5 厘米，垂直方向的绝对位置为页面下侧 6 厘米。

2. 参考操作步骤

（1）在考生文件夹中打开"WPS.docx"文档。

选中文档标题文本，在"开始"选项卡中设置字体为幼圆，字号为小三，单击"加粗"按钮 B、"居中对齐"按钮 ≡。按 Ctrl+D 快捷键，打开"字体"对话框，在"字符间距"选项卡中设置间距为加宽，值为 0.2 厘米，单击"确定"按钮。单击"开始"选项卡中的"段落"按钮 」，打开"段落"对话框，设置段前和段后间距均为 0.5 行，单击"确定"按钮。

（2）选中正文（除标题以外的文本内容），在"开始"选项卡中设置字体为楷体，字号为小四；单击"开始"选项卡中的"段落"按钮 」，打开"段落"对话框，设置特殊格式为首行缩进，度量值为 2 字符，设置行距为固定值，设置值为 22，单击"确定"按钮。

（3）选中正文（除标题以外的文本内容），单击"开始"选项卡中的"查找替换"按钮，打开"查找和替换"对话框。在"替换"选项卡的"查找内容"下拉列表框中输入"世纪坛"，在"替换为"下拉列表框中输入"^&"，单击"格式"按钮，在弹出的下拉列表中选择"字体"选项，打开"替换字体"对话框。在"字体"选项卡的"着重号"下拉列表中选择圆点"."，单击"确定"按钮；单击"全部替换"按钮，在弹出的对话框中单击"确定"按钮，再次单击"确定"按钮，最后单击"关闭"按钮。选中标题文本中的"世纪坛"文字，单击"开始"选项卡中的"字体"按钮 ⌐，打开"字体"对话框，在"字体"选项卡中将"着重号"设置为"（无）"，单击"确定"按钮。

（4）双击页眉位置，进入页眉页脚编辑状态，在页眉中输入"中华世纪坛概览"。选中页眉内容，在"开始"选项卡中设置字体为隶书，字号为五号。单击"居中对齐"按钮 ≡。单击"开始"选项卡中"边框"按钮右侧的下拉按钮 ▾，在弹出的下拉列表中选择"边框和底纹"选项，打开"边框和底纹"对话框。在该对话框的"线型"列表框中选择"单实线"线型，设置宽度为 0.75 磅，单击"确定"按钮。

（5）将文本插入点定位于页脚中，单击"页眉页脚"选项卡中"页码"按钮下方的下拉按钮 ▾，在下拉列表中选择"页码"选项，打开"页码"对话框；在"样式"下拉列表中选择"第1页 共×页"选项，单击"确定"按钮；单击"页眉页脚"选项卡中的"关闭"按钮。

（6）单击"页面布局"选项卡中的"背景"按钮 ⬚，在弹出的下拉列表中选择"图片背景"选项，打开"填充效果"对话框；打开"纹理"选项卡，选择"纸纹2"纹理，单击"确定"按钮。单击"页面布局"选项卡中的"页面设置"按钮 ⌐，打开"页面设置"对话框；在"页边距"选项卡中设置上、下页边距均为 2.5 厘米，左、右页边距均为 3 厘米，装订线位置为左，装订线宽为 0.5 厘米，单击"确定"按钮。

（7）将文本插入点定位于文档首页任意位置，单击"插入"选项卡中的"图片"按钮，在弹出的下拉列表中选择"本地图片"选项，打开"插入图片"对话框。在该对话框中选中"全景.jpg"图片，单击"打开"按钮。选中图片，选中"图片工具"选项卡中的"锁定纵横比"复选框，单击"布局"按钮 ⌐，打开"布局"对话框；在"大小"选项卡中设置"缩放"栏中的高度为 30%，单击"确定"按钮。单击"图片工具"选项卡中的"环绕"按钮，在弹出的下拉列表中选择"紧密型环绕"选项。选中图片，单击"布局"按钮 ⌐，打开"布局"对话框；在"位置"选项卡中设置"水平"栏中绝对位置为 12.5 厘米，右侧为"页面"，设置"垂直"栏中绝对位置为 6 厘米，下侧为"页面"，单击"确定"按钮。

保存并关闭"WPS.docx"文档。

项目二　制作图文混排类 WPS 文档

项目介绍

　　小李为宜昌市某公司人力资源部职员，主要负责公司新员工招聘工作，经常需要制作公司介绍、招聘海报等文档。为美化文档，小李需要使用WPS Office完成图文混排。

● **知识目标**

（1）学习如何在文档中编辑和处理插入的图片。

（2）学习如何在文档中插入和编辑形状、文本框、艺术字、流程图等对象。

（3）学习如何在文档中插入表格。

● **技能目标**

（1）能够在文档中插入图片、形状、艺术字、文本框等对象并根据需要对其进行调整和编辑。

（2）能够在文档中插入智能图形，并且进行相应的编辑。

（3）能够在文档中插入表格，并能灵活对表格内容、表格格式进行设置。

（4）能够对表格中的数据进行简单计算。

- **素养目标**

（1）提升对文档效果的审美能力与页面布局能力。

（2）提升图文混排的操作能力。

（3）养成合理使用各种对象的良好习惯。

（4）了解招聘就业相关知识。

任务一　制作“公司介绍”文档

公司计划于 5 月到某高校开展校园招聘宣讲活动，小李需要制作一份公司介绍册发放给同学们，参考效果如图 3-37 所示。

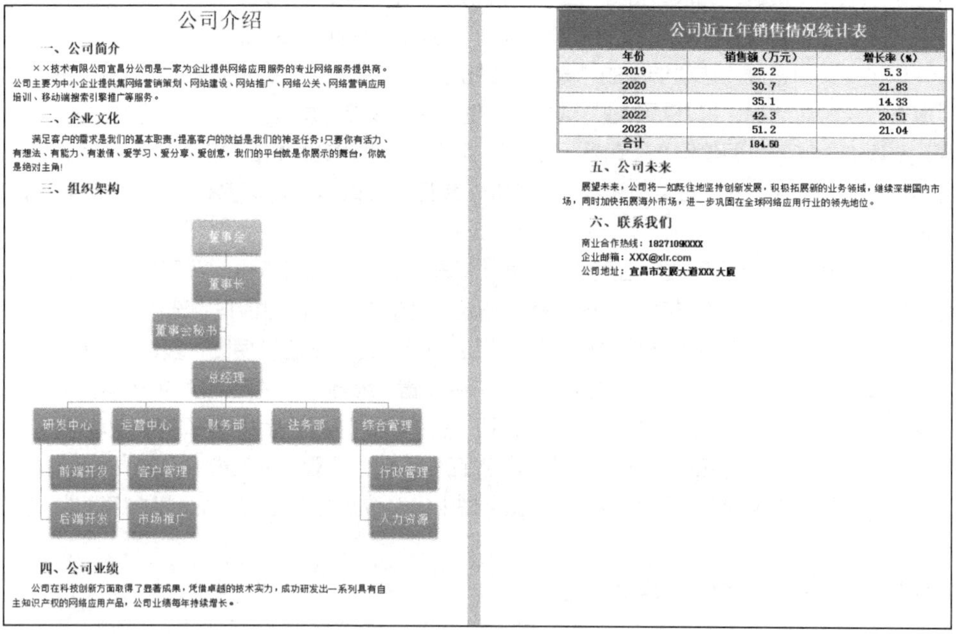
公司介绍

一、公司简介

××技术有限公司宜昌分公司是一家为企业提供网络应用服务的专业网络服务提供商。公司主要为中小企业提供集网络营销策划、网站建设、网站推广、网络公关、网络营销应用培训、移动端搜索引擎推广等服务。

二、企业文化

满足客户的需求是我们的基本职责，提高客户的效益是我们的神圣任务；只要你有活力、有想法、有能力、有激情、爱学习、爱分享、爱创意，我们的平台就是你展示的舞台，你就是绝对主角!

三、组织架构

四、公司业绩

公司在科技创新方面取得了显著成果，凭借卓越的技术实力，成功研发出一系列具有自主知识产权的网络应用产品，公司业绩每年持续增长。

公司近五年销售情况统计表		
年份	销售额（万元）	增长率（%）
2019	25.2	5.3
2020	30.7	21.83
2021	35.1	14.33
2022	42.3	20.51
2023	51.2	21.04
合计	184.50	

五、公司未来

展望未来，公司将一如既往地坚持创新发展，积极拓展新的业务领域，继续深耕国内市场，同时加快拓展海外市场，进一步巩固在全球网络应用行业的领先地位。

六、联系我们

商业合作热线：1827109XXXX
企业邮箱：XXX@xlr.com
公司地址：宜昌市发展大道XXX大厦

图 3-37 “公司介绍”文档

一、相关知识

“公司介绍”文档需要应用表格来展示数据，因此制作该文档需要掌握表格的插入方法及文本与表格的转换方法。

（一）表格的插入方法

在 WPS 文字中，常用的插入表格的方法有鼠标选择插入、通过“插入表格”对话框插入和绘制表格 3 种，用户可以根据不同的情况选择合适的方法。

（1）鼠标选择插入：将文本插入点定位到需要插入表格的位置，单击“插入”选项卡中的“表格”按钮 表格，弹出的下拉列表中显示了 8 行 24 列的虚拟表格，选择需要插入的行数和列数即可。

（2）通过“插入表格”对话框插入：将文本插入点定位到需要插入表格的位置，单击“插入”选项卡中的“表格”按钮 表格，在弹出的下拉列表中选择“插入表格”选项，打开“插入表格”对话框；在“表格尺寸”栏的“列数”和“行数”数值框中输入表格的列数和行数，在“列宽选择”栏中设置表格列宽，然后单击"确定"按钮。

（3）绘制表格：单击"插入"选项卡中的"表格"按钮 ⊞，在弹出的下拉列表中选择"绘制表格"选项，此时，鼠标指针变成 ✐ 形状，在文档中拖曳鼠标以绘制出表格。

（二）文本与表格的转换方法

为了方便用户编辑和处理文档中的数据，WPS 文字提供了文本与表格的转换功能，通过该功能，用户可以快速转换文档中的文本数据和表格数据。转换方法如下。

（1）文本转换成表格：在文档中选择需要转换为表格的文本数据，单击"插入"选项卡中的"表格"按钮 ⊞，在弹出的下拉列表中选择"文本转换成表格"选项，打开"将文字转换成表格"对话框；在其中对表格的行、列数和文字分隔位置进行设置，单击"确定"按钮，即可将选择的文本数据转换为表格数据。

（2）表格转换成文本：选择表格，单击"表格工具"选项卡中的"转为文本"按钮 ⊞，打开"表格转换成文本"对话框，在其中设置文字分隔符并单击"确定"按钮，所选表格数据将转换为文本数据。

二、任务实现

（一）插入与编辑智能图形

公司介绍常使用智能图形来展示公司的组织架构、人员关系等，以直观地展示多种关系，具体操作如下。

（1）打开"公司介绍.docx"文档，将文本插入点定位到"三、组织架构"文本下方的空白行中，单击"插入"选项卡中的"智能图形"按钮 ▨，如图 3-38 所示。

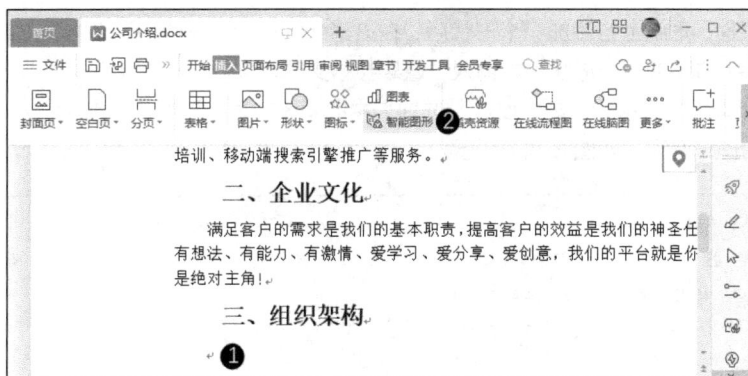

图 3-38　单击"智能图形"按钮

（2）在打开的"智能图形"对话框中打开"组织架构"选项卡，在该选项卡中选择图 3-39 所示的智能图形。

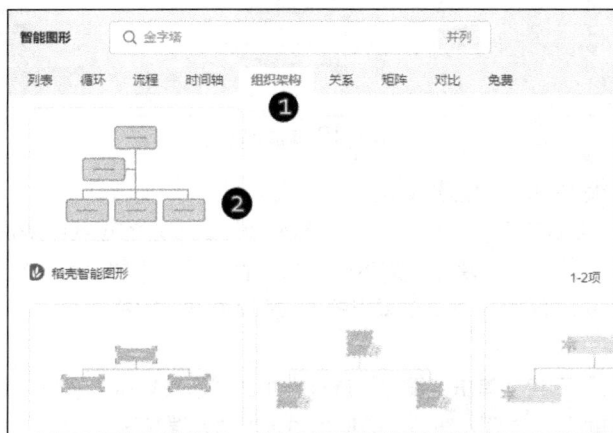

图 3-39　选择智能图形

65

（3）在组织架构图最上面的图形中输入"总经理"，选择"总经理"形状，单击"设计"选项卡中的"添加项目"按钮 🔒 添加项目 ▾，在弹出的下拉列表中选择"在上方添加项目"选项，如图 3-40 所示。

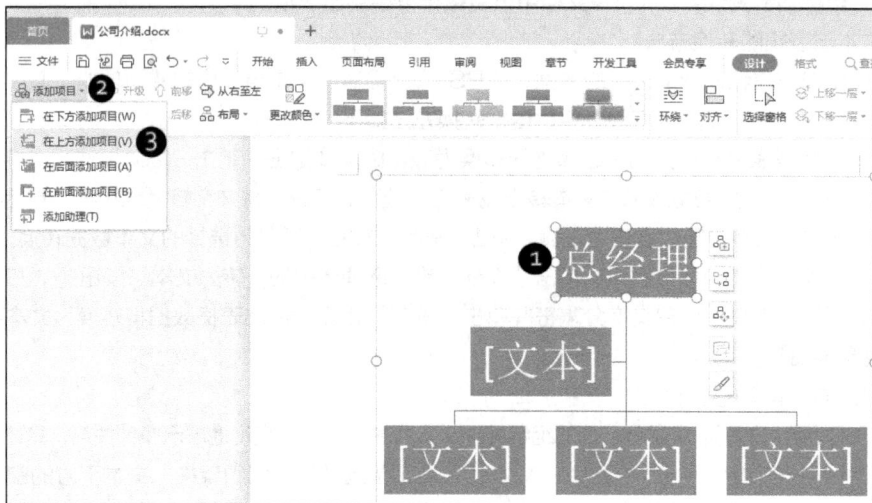

图 3-40　在上方添加项目

（4）在"总经理"形状上方添加一个形状后，在该形状中输入"董事长"文本，然后使用相同的方法在"董事长"形状上方添加一个形状，并输入"董事会"文本。

（5）选择"董事长"形状，单击"设计"选项卡中的"添加项目"按钮 🔒 添加项目 ▾，在弹出的下拉列表中选择"添加助理"选项，如图 3-41 所示。

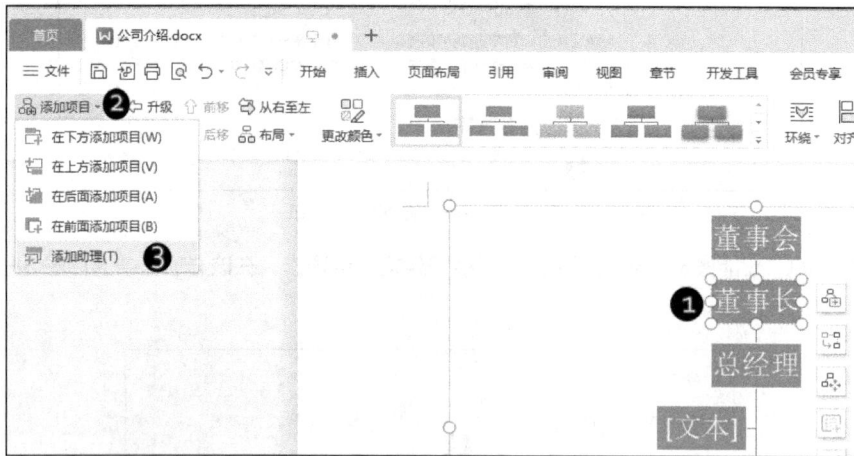

图 3-41　添加助理

（6）在添加的助理形状中输入"董事会秘书"文本。

（7）删除"总经理"形状左下方的形状，在"总经理"右下方的形状中依次输入"研发中心""运营中心""财务部""法务部""综合管理"文本。如果形状不够，选择"财务部"形状，单击"设计"选项卡中的"添加项目"按钮 🔒 添加项目 ▾，在弹出的下拉列表中选择"在后面添加项目"选项，如图 3-42 所示。

（8）选择"研发中心"形状，单击"设计"选项卡中的"添加项目"按钮 🔒 添加项目 ▾，在弹出的下拉列表中选择"在下方添加项目"选项，在添加的形状中输入"前端开发"文本。使用相同的方法添加组织架构图中需要的其他形状。

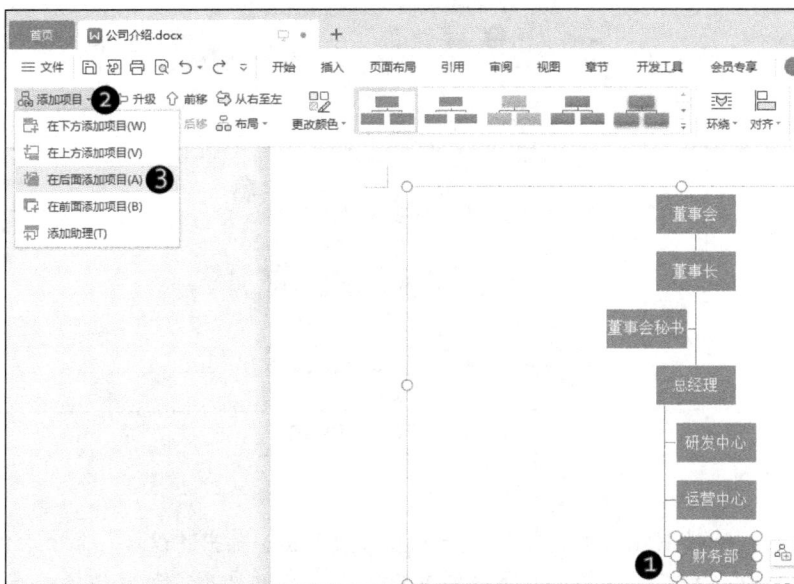

图 3-42　在后面添加项目

（9）选择整个智能图形，在"设计"选项卡的样式列表框中选择第 5 种样式，如图 3-43 所示。

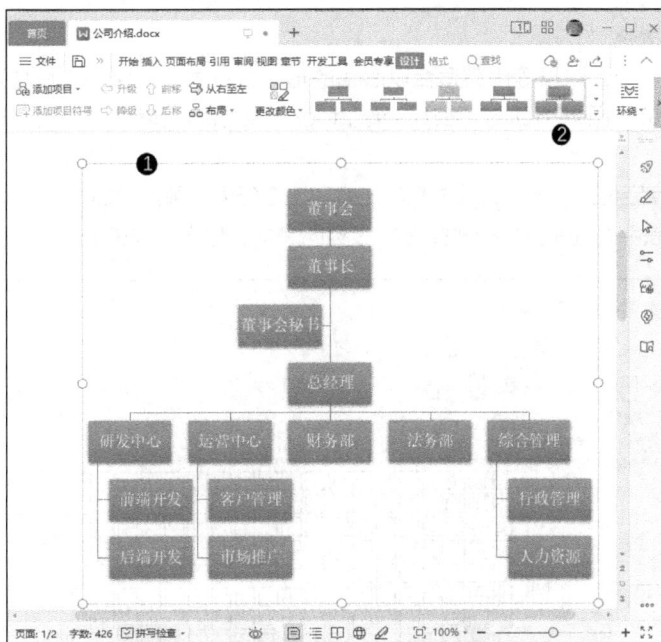

图 3-43　选择智能图形样式

（10）单击"设计"选项卡中的"更改颜色"按钮 ，在弹出的下拉列表的"彩色"栏中选择第 5 种样式，如图 3-44 所示。

（11）将智能图形中的文本加粗，并根据形状大小设置"董事会""董事长""总经理"形状中文本的字号。

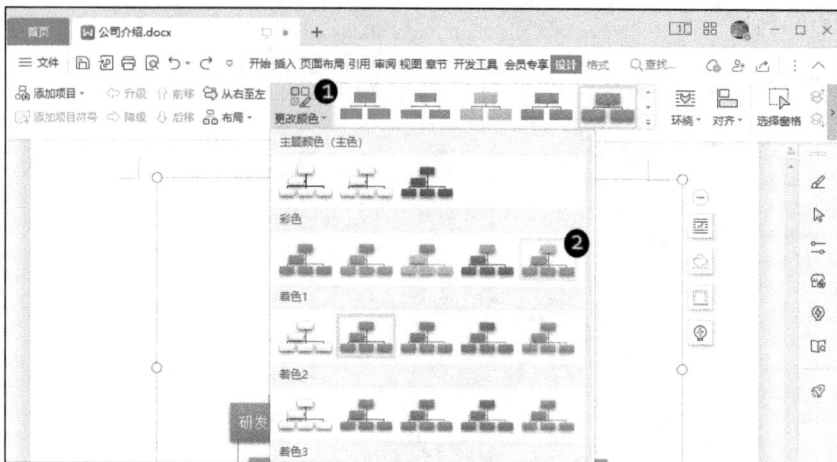

图 3-44　更改智能图形颜色

> **知识扩展**
>
> 　　选择智能图形中包含下一级形状的形状，单击"设计"选项卡中的"布局"按钮 布局，在弹出的下拉列表中选择合适的选项，可将选择的布局应用于所选形状的下一级形状中。

（二）插入与编辑表格

　　公司的发展目标、经营数据等内容适合以表格的形式进行展示，用户可以使用 WPS 文字的表格功能快速制作出需要的表格。下面为"公司介绍.docx"文档插入表格，并对表格进行编辑，具体操作如下。

　　（1）将文本插入点定位到"五、公司未来"上方的空白行中，单击"插入"选项卡中的"表格"按钮 表格，在弹出的下拉列表中通过拖曳鼠标选择 8 行 3 列的表格，如图 3-45 所示。

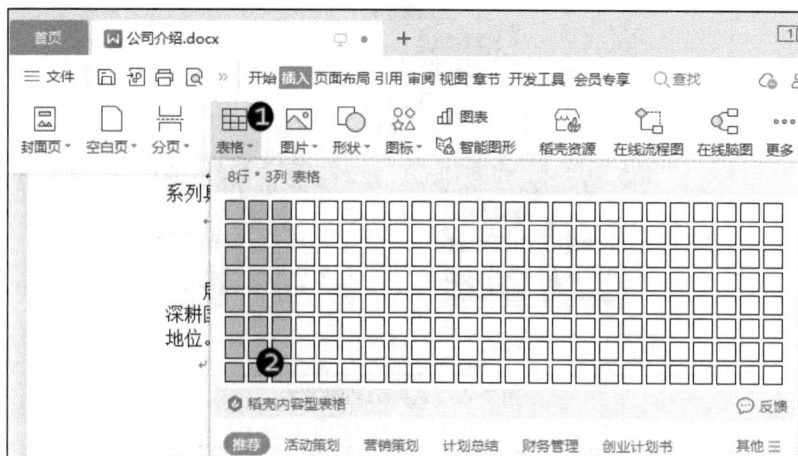

图 3-45　插入表格

　　（2）在插入的表格单元格中输入相应的数据后，选择表格第 1 行，单击"表格工具"选项卡中的"合并单元格"按钮 ，将所选单元格合并为一个大单元格。

> **知识扩展**　选择需要拆分的单元格，单击"表格工具"选项卡中的"拆分表格"按钮，打开"拆分表格"对话框，在其中设置拆分的行数和列数，单击"确定"按钮，可将选择的单元格拆分为具有指定的行数和列数的单元格区域。

（3）保持表格第 1 行的选择状态，在"表格工具"选项卡中将字号设置为"小二"，再单击"加粗"按钮B加粗文本，接着设置表格中其他单元格文本的文字格式。

（4）全选表格，单击"表格工具"选项卡中"对齐方式"按钮下方的下拉按钮，在弹出的下拉列表中选择"水平居中"选项，如图 3-46 所示。

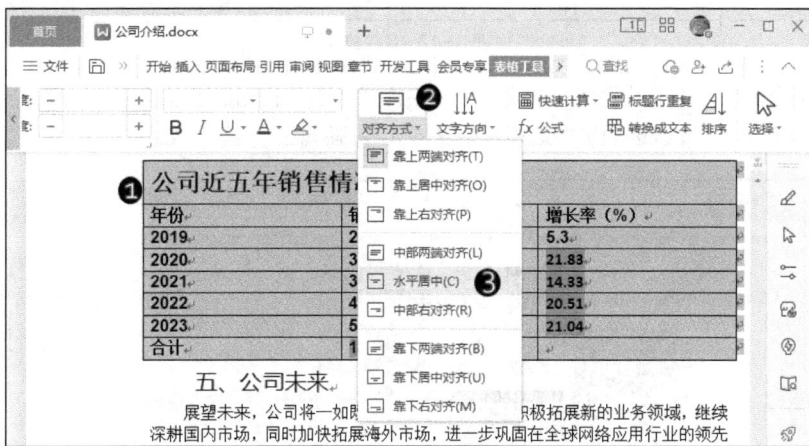

图 3-46　选择对齐方式

（5）将鼠标指针移动到表格第 1 行和第 2 行的分隔线上，当鼠标指针为上下箭头形状时，按住鼠标左键向下拖曳鼠标以调整单元格的行高。

> **知识扩展**　选择某个单元格，单击"表格工具"选项卡中的"在上方插入行"按钮，将在所选单元格上方插入一行；单击"在下方插入行"按钮，将在所选单元格下方插入一行；单击"在左侧插入列"按钮，将在所选单元格左侧插入一列；单击"在右侧插入列"按钮，将在所选单元格右侧插入一列。单击"删除"按钮，在弹出的下拉列表中选择"单元格"选项，将删除所选单元格；选择"列"选项，将删除所选单元格所在的列；选择"行"选项，将删除所选单元格所在的行；选择"表格"选项，将删除整个表格。

（三）计算表格中的数据并美化表格

公司介绍中涉及数据计算时，可以通过 WPS 文字的公式功能对数据进行加、减、乘、除等运算。下面计算"公司介绍.docx"文档中表格的合计数据，并通过应用表格样式、设置表格边框来美化表格，具体操作如下。

（1）将文本插入点定位至"合计"文本右侧的单元格中，单击"表格工具"选项卡中的"公式"按钮fx，打开"公式"对话框，"公式"文本框中将自动生成求和公式，在"数字格式"下拉列表中选择"0.00"

选项，单击"确定"按钮计算出结果，如图 3-47 所示。

图 3-47　计算数据

（2）选择整个表格，单击"表格样式"选项卡中样式列表框右侧的下拉按钮 ，在弹出的下拉列表中打开"中色系"选项卡，在该选项卡中选择"中度样式 1-强调 2"选项，如图 3-48 所示。

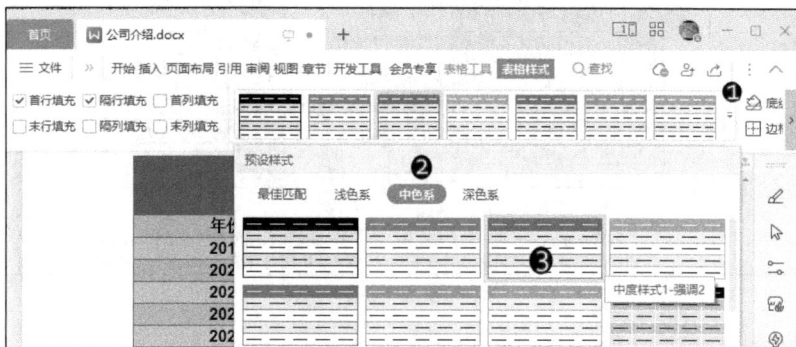

图 3-48　选择表格样式

（3）保持表格的选择状态，单击"表格样式"选项卡中"边框"按钮 右侧的下拉按钮 ，在弹出的下拉列表中选择"边框和底纹"选项，如图 3-49 所示。

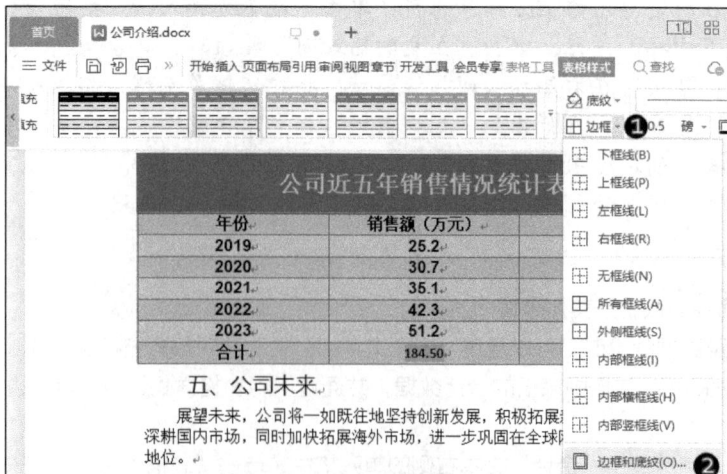

图 3-49　选择"边框和底纹"选项

（4）在打开的"边框和底纹"对话框中打开"边框"选项卡，在"线型"列表框中选择一个线型，设置"宽度"为"0.75磅"，单击"预览"栏中的相应按钮，为单元格添加0.75磅双窄线外框线，如图3-50所示。重复以上操作，为表格设置0.5磅单实线内框线，然后单击"确定"按钮。

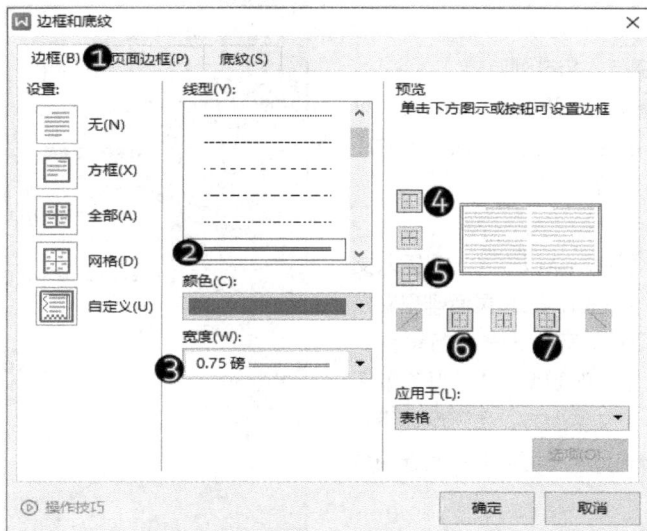

图3-50　设置边框

> **知识扩展**
>
> （1）单击"表格样式"选项卡中的"擦除"按钮🩹，双击框线，即可删除相应框线；在"边框和底纹"对话框中打开"底纹"选项卡，在其中对底纹颜色或图案进行设置，完成后单击"确定"按钮，可为选择的单元格添加底纹效果。
>
> （2）表格中的数据可以通过"排序"对话框进行排序。对表格数据进行排序的方法是，选择表格，单击"表格工具"选项卡中的"排序"按钮🅰，打开"排序"对话框，在"主要关键字"栏中设置排序字段、排序类型、排序方式等。如果要设置多条件排序，则可对次要关键字和第三关键字进行设置，完成后单击"确定"按钮，系统将按照设置的排序条件对表格数据进行排序。

任务二　制作"校园招聘海报"文档

公司计划在 XX 学院开展春季招聘活动，小李负责为此次活动制作招聘海报。参考效果如图3-51所示。

一、相关知识

制作校园招聘海报等图文混排类文档时，经常会用到图片、形状、文本框等对象，制作前需要熟练掌握这些对象的插入与编辑方法。

（一）插入图片的常用方法

在 WPS 文字中插入图片时，可以根据图片的保存位置来选择插入方法，下面介绍插入图片的两种常用方法。

（1）插入本地图片：单击"插入"选项卡中的"图片"按钮🖼，打开"插入图片"对话框，选择需要插入的图片，单击"打开"按钮。

（2）插入稻壳图片：单击"图片"按钮 下方的下拉按钮 ，弹出的下拉列表中显示了稻壳推荐的一些图片，单击需要的图片即可下载。如果是稻壳会员，则下载的图片没有水印，可直接使用；若不是稻壳会员，则下载的图片带有水印。

（二）设置图片环绕方式与排列方式

在制作宣传单、海报、产品介绍等文档时，可能需要插入多张图片，那么此时就需要对图片的环绕方式和排列方式进行设置。

1．图片环绕方式

在 WPS 文字中，图片默认以嵌入方式插入文档，不能随意调整图片的位置。若想灵活排列文档中的图片，就需要对图片的环绕方式进行设置。WPS 文字提供了嵌入型、四周型环绕、紧密型环绕、衬于文字下方、浮于文字上方、上下型环绕和穿越型环绕 7 种环绕方式，用户可根据需要选择合适的图片环绕方式。

（1）嵌入型：WPS 文字默认的图片环绕方式，在该环绕方式下不能随意调整图片的位置。

（2）四周型环绕：在此环绕方式下，可以在文档编辑区中随意拖曳图片，且图片本身占用一个矩形空间，所以图片周围的文字将围绕在图片的四周。

图 3-51 "校园招聘海报"文档

（3）紧密型环绕：在此环绕方式下，可随意拖曳图片，并且文字会紧密环绕在图片周围。

（4）衬于文字下方：在此环绕方式下，图片位于文字下层，可随意移动图片，但文字会遮挡图片。

（5）浮于文字上方：在此环绕方式下，图片位于文字上层，可随意移动图片，但图片会遮挡文字。

（6）上下型环绕：在此环绕方式下，图片位于文字的中间，且单独占用数行位置，可随意拖曳图片。

（7）穿越型环绕：该环绕方式与紧密型环绕方式的效果类似，如果图片不是规则的图形（有凹陷），则会有部分文字在图片凹陷的地方显示。

2．图片排列方式

当需要按照某种规律来排列图片时，可以采用设置对齐方式、调整叠放顺序、调整旋转方向等方式。

（1）设置对齐方式：选择多张图片（嵌入的图片除外），单击"图片工具"选项卡中的"对齐"按钮 对齐 ，弹出的下拉列表中提供了左对齐、水平居中、右对齐、顶端对齐、垂直居中、底端对齐、横向分布和纵向分布 8 种对齐方式，选择需要的对齐方式后，所选图片将按照所选的对齐方式进行排列。

（2）调整叠放顺序：选择图片，单击"图片工具"选项卡中"上移一层"按钮 或"下移一层"按钮 右侧的下拉按钮 ，在弹出的下拉列表中选择需要的叠放顺序。

（3）调整旋转方向：选择图片，将鼠标指针移动到图片上方的 图标上，按住鼠标左键拖曳鼠标即可调整图片的旋转角度；或者单击"图片工具"选项卡中的"旋转"按钮 旋转 ，在弹出的下拉列表中选择需要的旋转选项。

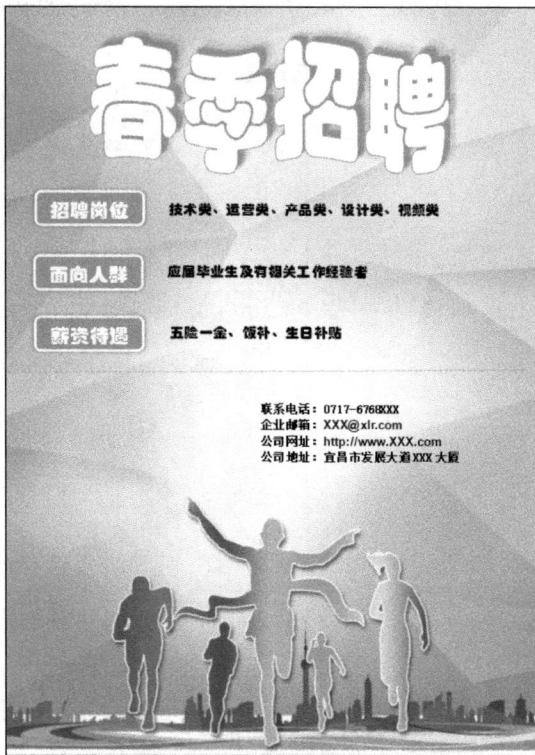

　　　　文档中的图表、艺术字、文本框和形状等对象都可以按照排列图片的方法进行排列。

（三）编辑形状顶点

　　WPS 文字内置了多种类型的形状，当这些内置的形状不能满足需要时，用户可以绘制相似的形状，再通过编辑形状顶点，将其调整成需要的形状。编辑形状顶点的步骤如下：单击"插入"选项卡中的"形状"按钮 ，在弹出的下拉列表中选择与目标形状类似的形状，在文档中拖曳鼠标进行绘制；绘制完成后选择形状，单击"绘图工具"选项卡中的"编辑形状"按钮 编辑形状，在弹出的下拉列表中选择"编辑顶点"选项，形状上将显示所有的顶点；单击任意一个顶点，该顶点对应的两条边上将分别出现一个图标，拖曳该图标即可调整形状。

　　除此之外，在形状顶点上单击鼠标右键，弹出的快捷菜单中提供了各种编辑形状顶点的命令，选择需要的命令即可对顶点进行对应的编辑。编辑完成后，单击形状以外的区域，退出形状顶点的编辑状态。

二、任务实现

（一）插入与编辑图片

　　图片广泛应用于各类海报的制作中，它既可以作为海报背景，又可以补充说明文字。下面为"校园招聘海报"文档插入需要的图片，再对图片进行相应的编辑，具体操作如下。

　　（1）新建空白文档，单击"插入"选项卡中的"图片"按钮 。

　　（2）在打开的"插入图片"对话框的"位置"下拉列表中选择图片文件的保存位置，在下方选择"招聘海报背景.jpg"文件，然后单击"打开"按钮，如图 3-52 所示。

图 3-52　选择图片文件

　　（3）选择插入的图片，单击"图片工具"选项卡中的"环绕"按钮 ，在弹出的下拉列表中选择"衬于文字下方"选项，如图 3-53 所示。

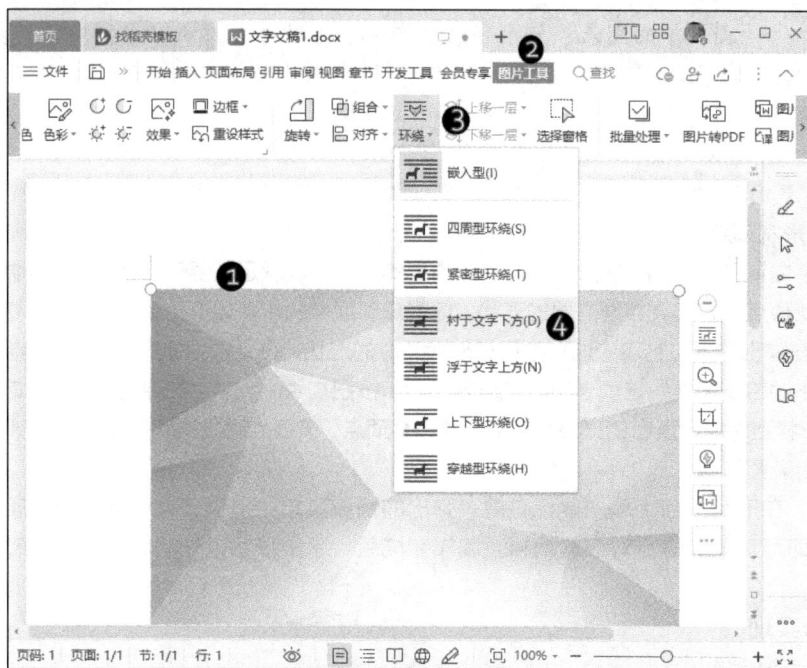

图 3-53　设置图片环绕方式

（4）选择插入的图片，在"图片工具"选项卡中取消选中"锁定纵横比"复选框，然后设置图片高度为 29.7 厘米，图片宽度为 21 厘米，即 A4 纸张大小，如图 3-54 所示。

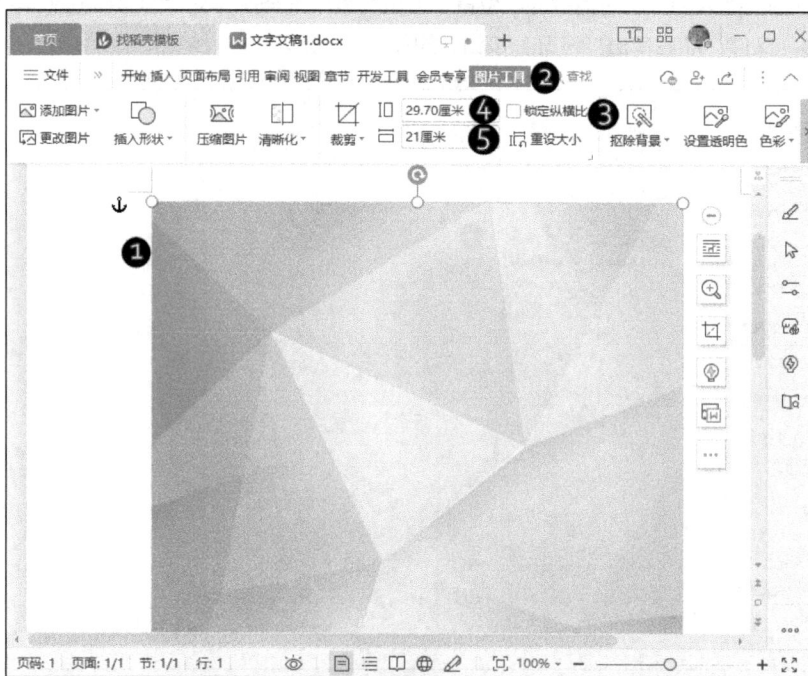

图 3-54　设置图片大小

（5）选择插入的图片，单击"图片工具"选项卡中的"对齐"按钮 对齐，在弹出的下拉列表中先后选择"水平居中""垂直居中"选项，如图 3-55 所示。

图 3-55　设置图片水平、垂直居中

（二）插入与编辑艺术字

制作海报时可以添加艺术字作为文档标题，以突出显示海报主题。下面为"校园招聘海报"文档插入艺术字，并对艺术字的样式、字体和字号等进行设置，具体操作如下。

（1）单击"插入"选项卡中的"艺术字"按钮 ，在弹出的下拉列表中选择"预设样式"栏中的"填充-白色，轮廓-着色 1"选项，如图 3-56 所示。

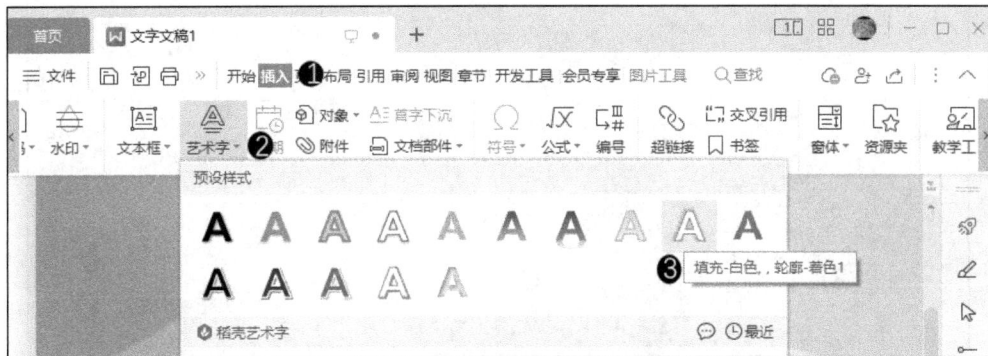

图 3-56　选择艺术字样式

（2）在插入的文本框中输入"春季招聘"文本，并设置字体为"华文琥珀"，字号为"100"。选择文本框，单击"绘图工具"选项卡中的"对齐"按钮 ，在弹出的下拉列表中选择"水平居中"选项。

（3）选择文本框，单击"文本工具"选项卡中的"文本效果"按钮 ，在弹出的下拉列表中选择"更多设置"选项，如图 3-57 所示，打开"属性"任务窗格。

图 3-57　设置艺术字效果

（4）在"属性"任务窗格的"文本选项"的"效果"选项卡中设置"阴影"为"右上斜偏移"，"颜色"为标准色蓝色，"距离"为"10 磅"，如图 3-58 所示。设置"转换"为"双波形 1"，如图 3-59所示。

图 3-58　设置艺术字阴影效果

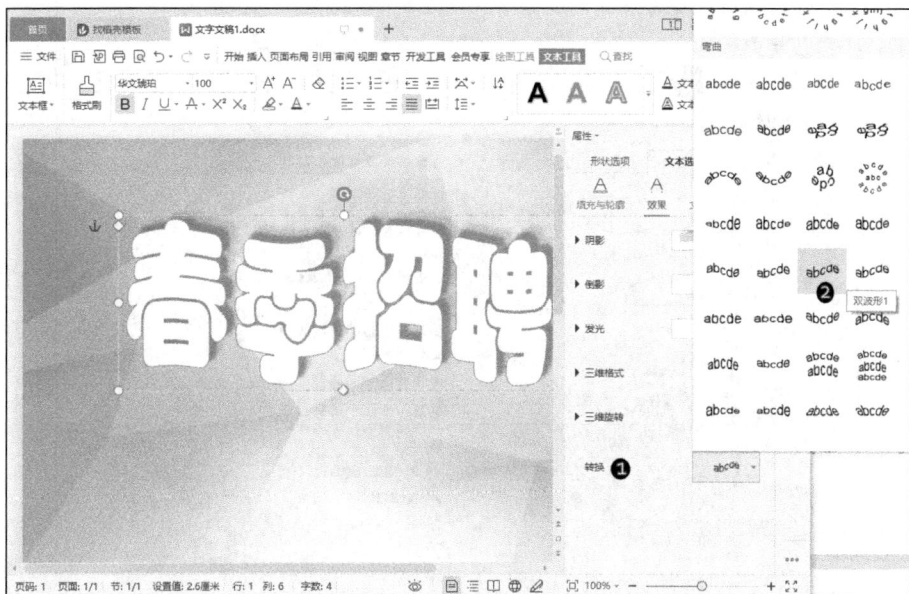

图 3-59　设置艺术字转换效果

（三）插入与编辑形状

　　形状既可以装饰文档，又可以承载文字，是制作海报时的常用对象。下面为"校园招聘海报"文档插入形状，并对形状的填充颜色、轮廓、效果等进行设置，具体操作如下。

　　（1）单击"插入"选项卡中的"形状"按钮，在弹出的下拉列表中选择"圆角矩形"选项，如图 3-60 所示。

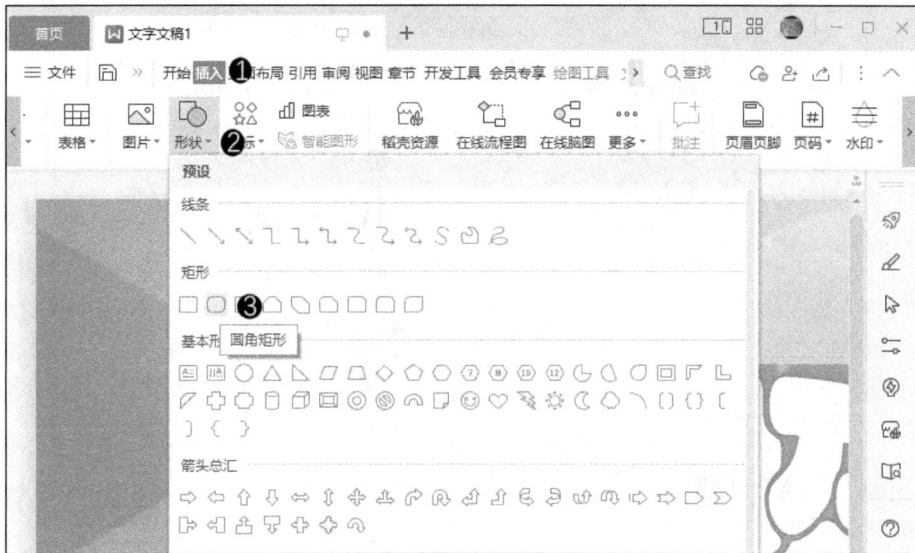

图 3-60　选择形状

　　（2）按住鼠标左键拖曳鼠标，在文档中绘制一个圆角矩形，然后选择该形状，单击"绘图工具"选项卡中"填充"按钮下方的下拉按钮，在弹出的下拉列表中选择"标准色"栏中的"浅蓝"选项，如图 3-61 所示。

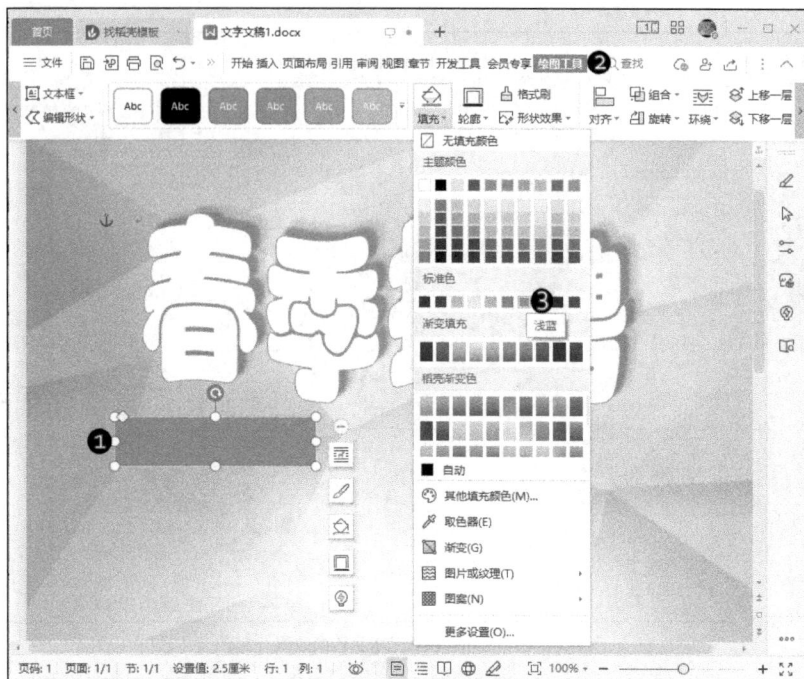

图 3-61　选择填充颜色

（3）单击"绘图工具"选项卡中"轮廓"按钮□下方的下拉按钮▾，在弹出的下拉列表中选择"白色，背景 1"选项；再次单击"轮廓"按钮□下方的下拉按钮▾，在弹出的下拉列表中选择"线型"选项，在弹出的子列表中选择"3 磅"选项，如图 3-62 所示。

图 3-62　设置形状轮廓

（4）单击"绘图工具"选项卡中的"形状效果"按钮 🔲 形状效果 ▾ ，在弹出的下拉列表中选择"阴影"

选项，在弹出的子列表中选择"居中偏移"选项。

知识扩展

选择形状，单击"绘图工具"选项卡中的"编辑形状"按钮 ⟪ 编辑形状 ▾ ，在弹出的下拉列表中选择"更改形状"选项，在弹出的子列表中选择需要的形状类型，即可更改形状。

（5）选择形状，在形状中输入"招聘岗位"文本，然后在"文本工具"选项卡中将其字体设置为"华文琥珀"，字号设置为"二号"，调整形状为合适大小。

（6）选择形状，按住 Ctrl 键，向下拖曳形状，以复制该形状，将复制得到的形状中的文本更改为"面向人群"。使用相同的方法继续复制形状，并更改形状中的文本。

（7）在"薪资待遇"形状下方绘制一条直线，然后选择直线，单击"绘图工具"选项卡中"轮廓"按钮 ▢ 下方的下拉按钮 ▾ ，在弹出的下拉列表中选择"虚线线型"选项，在弹出的子列表中选择"圆点"选项。

（四）插入与编辑文本框

WPS 文字提供了横向文本框、竖排文本框、多行文字和稻壳文本框 4 种文本框类型，制作"校园招聘海报"文档时可根据需要选择合适的文本框。下面先插入需要的文本框，再对文本框的形状填充和形状轮廓等进行设置，具体操作如下。

（1）单击"插入"选项卡中"文本框"按钮 🖹 下方的下拉按钮 ▾ ，在弹出的下拉列表中选择"横向"选项，如图 3-63 所示。

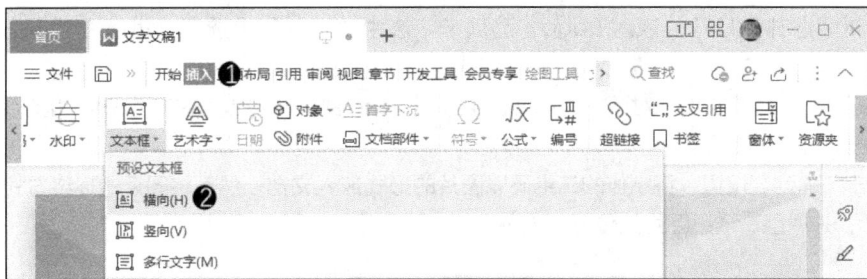

图 3-63　选择文本框

（2）在"招聘岗位"形状后的合适位置绘制横向文本框，在文本框中输入相应文本，将字体设置为"华文琥珀"，字号设置为"三号"。

（3）选择文本框，单击"文本工具"选项卡中"形状填充"按钮 ◇ 右侧的下拉按钮 ▾ ，在弹出的下拉列表中选择"无填充颜色"选项。

（4）单击"文本工具"选项卡中"形状轮廓"按钮 ▢ 右侧的下拉按钮 ▾ ，在弹出的下拉列表中选择"无边框颜色"选项，取消显示文本框的轮廓。

（5）选择文本框，按住 Ctrl 键，向下拖曳文本框，以复制该文本框，更改其中的文本，然后使用相同的方法继续复制文本框并更改文本框中的文本。

（6）用相同的方法在虚线下方插入文本框并输入相应文本，设置合适的字体、字号。

（五）插入二维码

二维码是目前常见的信息载体，也经常应用在招聘海报中，以便求职者扫描获取更多信息。在制作"校园招聘海报"文档时，也可以添加二维码，具体操作如下。

（1）单击"插入"选项卡中的"更多"按钮 ，在弹出的下拉列表中选择"二维码"选项，如图 3-64 所示。

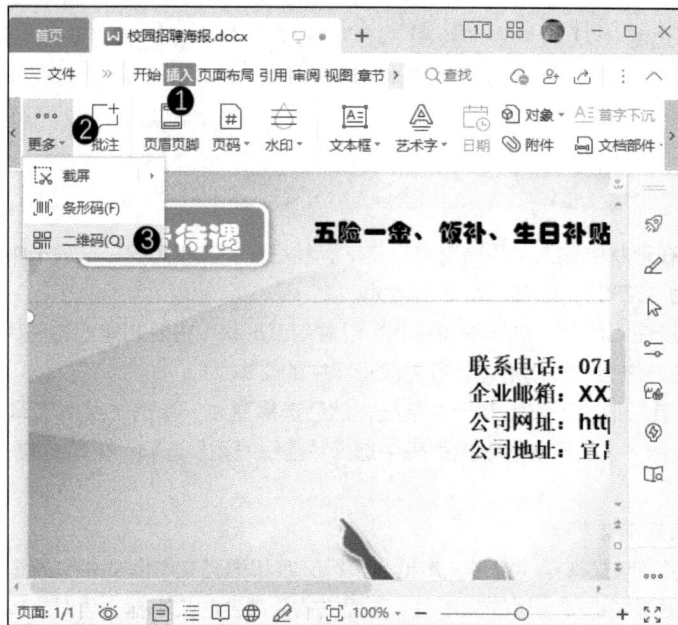

图 3-64　选择"二维码"选项

（2）打开"插入二维码"对话框，在"输入内容"文本框中输入公司的简介。

（3）单击"名片"按钮，在"输入联系人信息"下方输入联系信息。

（4）在对话框右侧打开"嵌入 Logo"选项卡，选中"圆角"单选项，再单击"点击添加图片"按钮。

（5）在打开的"打开文件"对话框的地址栏中选择 Logo 的保存位置，在下方选择"LOGO.png"图片文件，单击"打开"按钮。

（6）单击"确定"按钮，将制作的二维码以图片的形式嵌入文档，然后将图片的环绕方式设置为"浮于文字上方"，并调整二维码图片的位置和大小。

课后自主练习

1. 全国计算机等级考试模拟训练试题

打开考生文件夹下的"WPS.docx"素材文档，后续操作均基于此文档。

为了更好地完成公司下半年的任务，总经理助理小许制作了一份公司上半年总结表彰大会文档。按照如下要求，完成文档排版工作。

（1）调整文档纸张上、下页边距为 2.8 厘米，左、右页边距为 3.5 厘米。

（2）将文档的第一行文字内容设为居中，设置字体为黑体，字号为 36，文字颜色为标准色红色，字符间距加宽为 0.2 厘米。

（3）将标题一到标题六的文字格式设置为楷体、三号。

（4）将标题一到标题五下的文本的字号设置为小四，并使文本首行缩进 2 字符。

（5）将标题六下的 5 行内容转换成 5 行 4 列表格，将表格中的文本设置为水平居中，表格标题行文字格式设置为隶书、三号，部门标题列下的文字格式设置为楷体、小四。

（6）将"凯斯威科技股份有限公司"文本的字号设置为小四，字符间距加宽 0.05 厘米，使文本右对齐，文本之后缩进 1 字符。

（7）将"2018 年 7 月 3 日"文本的字号设置为小四，字符间距加宽 0.05 厘米，使文本右对齐，文本之后缩进 3.5 字符，段前间距为 1 行。

注：编辑排版后的效果参照"WPS 样张.jpg"。

2．参考操作步骤

（1）在考生文件夹中打开"WPS.docx"文档。在"页面布局"选项卡中，设置上、下页边距为 2.8 厘米，左、右页边距均为 3.5 厘米。

（2）选中文档第一行文字，在"开始"选项卡中单击"居中对齐"按钮 三，并设置字体为黑体，字号为 36，字体颜色为红色。单击"开始"选项卡中的"字体"按钮 ⅃，打开"字体"对话框，在"字符间距"选项卡中设置间距为加宽，值为 0.2 厘米，单击"确定"按钮。

（3）选中标题一到标题六的文本，在"开始"选项卡中设置字体为楷体，字号为三号。

（4）选中标题一到标题五下的文本，在"开始"选项卡中设置字号为小四。单击"开始"选项卡中的"段落"按钮 ⅃，打开"段落"对话框，在"缩进和间距"选项卡中设置特殊格式为首行缩进，度量值为 2 字符，单击"确定"按钮。

（5）选中标题六下的 5 行内容，单击"插入"选项卡中的"表格"按钮，在弹出的下拉列表中选择"文本转换成表格"选项，打开"将文字转换成表格"对话框，在其中对表格的行、列数和文字分隔位置进行设置，单击"确定"按钮。选中表格，单击"表格工具"选项卡中的"水平居中"按钮。选中表格标题行，在"开始"选项卡中设置字体为隶书，字号为三号。选中表格第 1 列的第 2 至第 5 个单元格，在"开始"选项卡中设置字体为楷体，字号为小四。

（6）选中"凯斯威科技股份有限公司"文本，在"开始"选项卡中设置字号为小四。单击"开始"选项卡中的"字体"按钮 ⅃，打开"字体"对话框，在"字符间距"选项卡中设置间距为加宽，值为 0.05 厘米，单击"确定"按钮。单击"开始"选项卡中的"段落"按钮 ⅃，打开"段落"对话框，在"缩进和间距"选项卡中设置对齐方式为右对齐，设置文本之后为 1 字符，单击"确定"按钮。

（7）选中"2018 年 7 月 3 日"文本，在"开始"选项卡中设置字号为小四。单击"开始"选项卡中的"字体"按钮 ⅃，打开"字体"对话框，在"字符间距"选项卡中设置间距为加宽，值为 0.05 厘米，单击"确定"按钮。单击"开始"选项卡中的"段落"按钮 ⅃，打开"段落"对话框，在"缩进和间距"选项卡中设置对齐方式为右对齐，设置文本之后为 3.5 字符，设置段前间距为 1 行，单击"确定"按钮。

（8）保存并关闭"WPS.docx"文档。

项目三　高级编排 WPS 文档

项目介绍　小杨为宜昌市某公司综合部员工，经常要批量制作邀请函、荣誉证书等文档，还需要负责公司制度、方案等长文档的制作、审阅和打印。小杨可通过WPS文字的邮件合并、高级编排等功能提高相关文档的制作和编辑效率。

● 知识目标

（1）学习编辑长文档的常用知识。

（2）学习审阅并修订文档的相关知识。

- **技能目标**
（1）能够根据需要完成邮件合并。
（2）能够使用样式快速统一文档格式。
（3）能够为文档添加合适的封面、目录、水印、页眉和页脚、脚注、题注。
（4）能够按照需求对文档进行保护、审阅、修订和打印。
- **素养目标**
（1）养成良好的文档处理习惯。
（2）进一步提升文档的整体编排能力。
（3）意识到提高工作效率的重要性，能够采取合适的方法改进工作方式。
（4）了解就业入职的基本常识。

任务一　制作"入职邀请函"文档

公司通过校园招聘活动招聘了一批新员工，现要给新员工邮寄入职邀请函，综合部员工小杨准备通过 WPS 文字的邮件合并功能完成邀请函的制作，参考效果如图 3-65 所示。

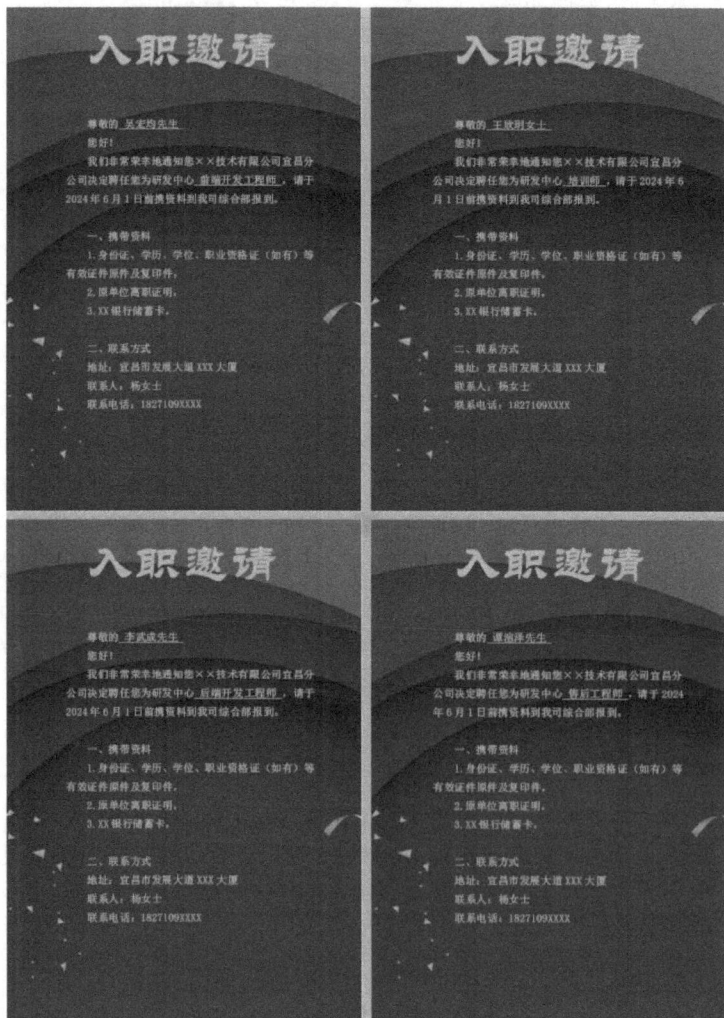

图 3-65　"入职邀请函"文档

一、相关知识

WPS 文字可以通过邮件合并功能批量制作邀请函等文档，使用该功能需要掌握邮件合并方式，以及合并域与 Next 域的区别等知识。

（一）邮件合并方式

WPS 文字提供了多种邮件合并方式，用户可以根据需要选择合适的方式来执行邮件合并操作，合并方式如下。

（1）合并到新文档：将合并内容输出到新文档中，且每条数据单独显示在一页。

（2）合并到打印机：将合并内容输出到打印机进行打印。选择这种合并方式时，需要确保合并内容无误。

（3）合并到不同的新文档：将合并内容按照收件人列表输出到不同的文档中，即每一个收件人自成一个文档。

（4）合并发送：将合并内容通过电子邮件或微信批量发送。

（二）合并域与 Next 域的区别

在邮件合并的主控文档中既可以插入合并域，也可以插入 Next 域。其中，合并域是指插入收件人列表中的域，也就是收件人列表中的字段，只有插入合并域后，才能将主控文档中需要变化的内容与收件人列表中的数据关联起来，从而实现批量制作。执行邮件合并操作后，每一条记录单独显示在一页，当需要在同一页中显示多条记录时，就需要通过插入 Next 域来解决邮件合并中的换页问题，如果一页中要显示 n 行，则需要插入 $n-1$ 个 Next 域。

总之，使用邮件合并功能批量制作文档时，可以有 Next 域，也可以没有 Next 域，但不能没有合并域。

二、任务实现

（一）打开数据源

"入职邀请函"文档中的数据可能来源于不同的途径，WPS 文字支持多种格式的数据源，用户可以直接打开并引用数据源，具体操作如下。

（1）打开"入职邀请函.docx"文档，单击"引用"选项卡中的"邮件"按钮 ✉，切换到"邮件合并"选项卡。

（2）单击选项卡中的"打开数据源"按钮 ⬚，打开"选取数据源"对话框，在"位置"下拉列表中选择数据源的保存位置，选择"新入职员工名单.xls"文件，然后单击"打开"按钮，完成数据源的选择，如图 3-66 所示。

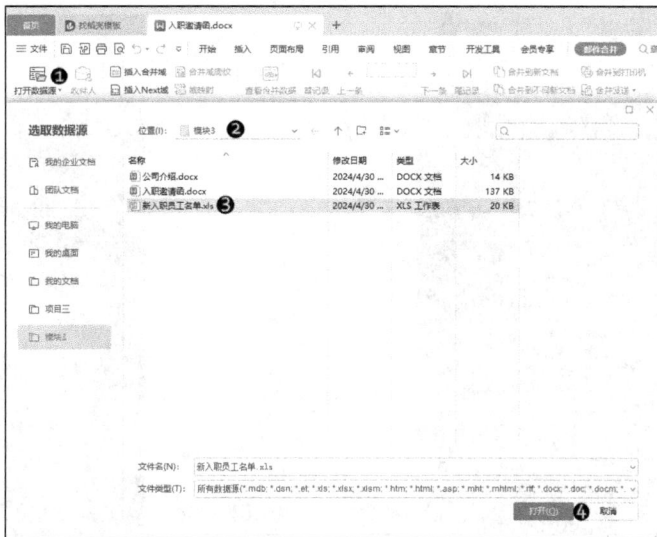

图 3-66　选择数据源

（二）选择收件人

获取"入职邀请函.docx"文档的数据源后，需要将数据源中的部分数据与邮件合并的主控文档关联在一起，即对邮件合并收件人进行设置，具体操作如下。

（1）单击"邮件合并"选项卡中的"收件人"按钮☷，打开"邮件合并收件人"对话框。

（2）在"收件人列表"列表框中选择收件人，取消选中不需要发送邀请函的人员的复选框，然后单击"确定"按钮，如图 3-67 所示。

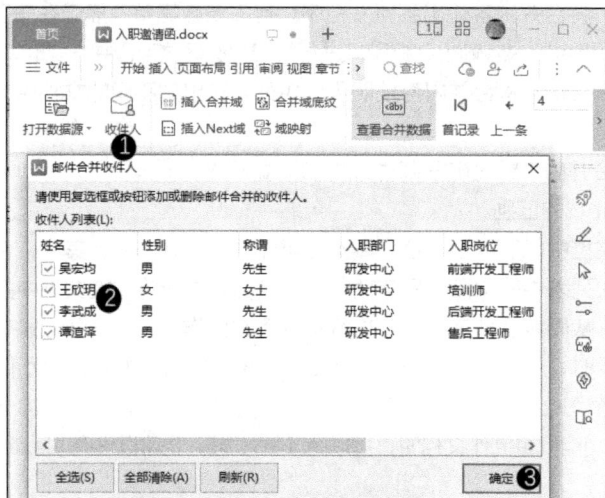

图 3-67　选择收件人

（三）插入合并域

设置好邀请函的收件人后，可以插入合并域将邮件合并的主控文档与打开的数据源关联起来，这是批量制作文档的关键，具体操作如下。

（1）将文本插入点定位到"尊敬的"文本后，单击"邮件合并"选项卡中的"插入合并域"按钮☷，打开"插入域"对话框，在"域"列表框中选择"姓名"选项，然后单击"插入"按钮，如图 3-68 所示。

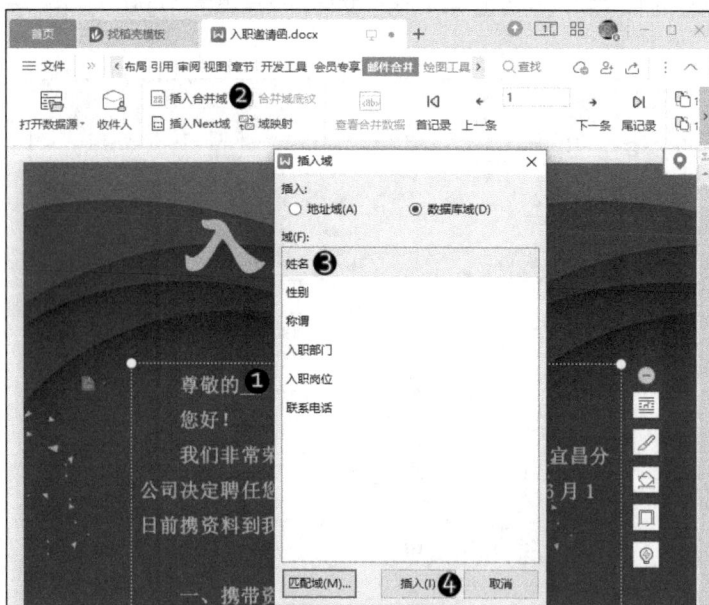

图 3-68　插入域

（2）单击"关闭"按钮关闭对话框，返回文档后在文本插入点处可查看插入的域。

（3）使用相同的方法插入"称谓"域、"入职岗位"域。

（四）预览合并效果

插入域后，可将合并域转换为收件人列表中的实际数据，以查看域的显示结果，判断是否符合邀请函的制作要求，具体操作如下。

（1）单击"邮件合并"选项卡中的"查看合并数据"按钮，合并域中将显示收件人列表中的第一条记录。

（2）单击"下一条"按钮将显示第二条记录，继续查看收件人列表中的其他记录。

（五）执行邮件合并操作

确认邮件合并内容无误后，就可以根据需要选择合并方式，得到最终的邀请函，具体操作如下。

（1）单击"邮件合并"选项卡中的"合并到新文档"按钮，打开"合并到新文档"对话框，选中"全部"单选项，再单击"确定"按钮，如图 3-69 所示。

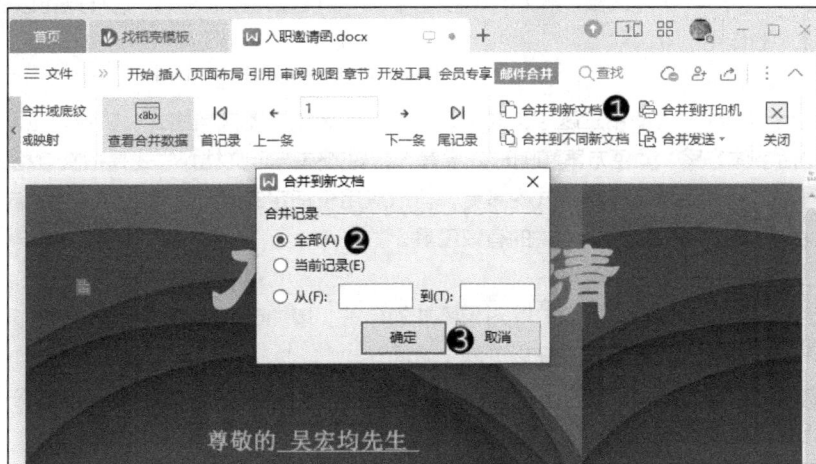

图 3-69　选择合并方式

（2）系统新建一个文档，并在文档中显示邮件合并的效果，然后将文档保存为"合并后的入职邀请函.docx"。

任务二　编排"考勤管理制度"文档

公司规章制度类文档是对格式要求比较严格的长文档，长文档的结构较复杂。公司综合部员工小杨准备用 WPS 文字对公司的"考勤管理制度"进行编排，使文档格式更加规范、文档结构更加清晰。

一、相关知识

公司规章制度类文档是长文档，在编辑长文档时，经常会涉及样式、目录、封面、分隔符、水印、主题、页眉、页脚、题注和标题级别等的设置。下面介绍其中的部分内容。

（一）分隔符的作用

分隔符主要用于分隔文档页面，以便为不同的页面设置不同的版式或格式。在文档中，分隔符的作用主要体现在划分章节、分节、分页 3 个方面。

（1）划分章节：在编辑文档时，经常会遇到一些较长且分了章节的文档，若想要文档的每个章节都独立分页显示，则需要使用分隔符中的分页符。虽然使用空格也能够实现章节的划分，但效率较低；另外，增减内容后，章节位置可能会发生变化，此时就需要再次编辑。所以，使用分隔符划分章节更方便。

（2）分节：在默认情况下，WPS 文字将整个文档视为一节，但在实际编辑的过程中，很多时候需要

85

将文档划分为多节，特别是在为不同的文档页面添加不同的页眉和页脚时。WPS 文字提供了"下一页分节符"（新节从下一页开始）、"连续分节符"（新节从当前页开始）、"偶数页分节符"（在新的偶数页开始下一节）和"奇数页分节符"（在新的奇数页开始下一节）4 种分节符，不同的分节符有不同的作用，用户可以根据情况插入合适的分节符。

（3）分页：当文本或图形等内容填满一页时，系统会自动分页，并开始新的一页。如果需要在某个特定的位置进行分页，则需要使用分隔符中的分页符，使文档内容从插入分页符的位置开始分页。

（二）水印的分类

水印是指在文档中添加的某些具有指向意义的文字或图形，其大小、位置等在页眉和页脚的编辑状态下可进行调整。添加水印可以达到鉴别文档真伪、保护版权目的。在 WPS 文字中，水印分为文字水印和图片水印两种。

（1）文字水印：多用于说明文档的属性，能起到提示文档性质及进行相关说明的作用，如"机密""严禁复制""紧急""尽快""样本""原件"等。

（2）图片水印：多用于修饰文档，常见的是将公司 Logo 设置为图片水印，这样既可以保护文档版权，又能起到宣传推广的作用。

（三）主题和样式的区别

编排文档内容时，经常会使用主题和样式来统一文档效果和设置文档格式。其中，主题用于更改文档的主题效果，包括字体方案、颜色方案和图形效果等，针对的是整个文档；样式是指文字格式、段落格式、项目符号和编号、边框和底纹等多种格式的集合，可以应用于指定的段落。修改样式后，应用样式的文字将自动发生变化，这是快速更改文字格式的有效工具。

（四）题注的作用

题注是指为插入的图表、表格、公式等对象添加的标签。增加或减少添加了题注的对象后，题注编号会自动发生变化。题注的作用主要体现在以下两个方面。

（1）题注编号自动更新：当文档中图片、表格等对象的数量和位置发生变化时，题注编号将自动更新，这样可以避免因手动修改而造成错误。

（2）方便生成目录：为对象插入题注后，用户可以通过 WPS 文字提供的插入目录功能快速为图片、表格、图表和公式等含题注的对象生成目录，并通过目录快速定位对象所在的位置。

（五）标题级别设置

标题级别是提取目录的关键，如果需要提取的标题没有设置段落级别或者应用标题样式，就不能成功将目录提取出来。在 WPS 文字中设置标题级别时，既可以通过"段落"对话框设置，也可以通过大纲视图设置。

（1）通过"段落"对话框设置：选择需要设置标题级别的段落，单击"开始"选项卡中的"段落"按钮 ⌐，打开"段落"对话框，在"大纲级别"下拉列表中选择标题级别，然后单击"确定"按钮。

（2）通过大纲视图设置：单击"视图"选项卡中的"大纲"按钮 ▤，进入大纲视图，将文本插入点定位到需要设置标题级别的段落中，单击"大纲级别"下拉按钮 ▾，在弹出的下拉列表中选择需要的级别。另外，在"显示级别"下拉列表中选择需要显示的级别后，大纲视图中将只显示相应级别的段落。

二、任务实现

（一）应用样式统一格式

"考勤管理制度"文档中有大量的文字，可以为这些文字应用 WPS 文字内置的样式，若这些样式不能满足需要，还可以修改样式或新建样式，具体操作如下。

（1）打开"考勤管理制度.wps"文档，将文本插入点定位到"公司考勤管理制度"标题文本中，在"开始"选项卡的样式列表框中选择"标题 1"选项，即可为标题应用"标题 1"样式。在"标题 1"选项上单击鼠标右键，在弹出的快捷菜单中选择"修改样式"命令，如图 3-70 所示。

图 3-70　应用内置样式

（2）在打开的"修改样式"对话框的字号下拉列表中选择"小初"选项，单击"居中"按钮 ，再单击"确定"按钮，如图 3-71 所示。

（3）选择"总则"文本，在样式下拉列表中选择"新建样式"选项，打开"新建样式"对话框。在"名称"文本框中输入"章节"文本，在字号下拉列表中选择"小一"选项，单击"加粗"按钮 B，再单击"格式"按钮 ，在弹出的下拉列表中选择"段落"选项，如图 3-72 所示，打开"段落"对话框。

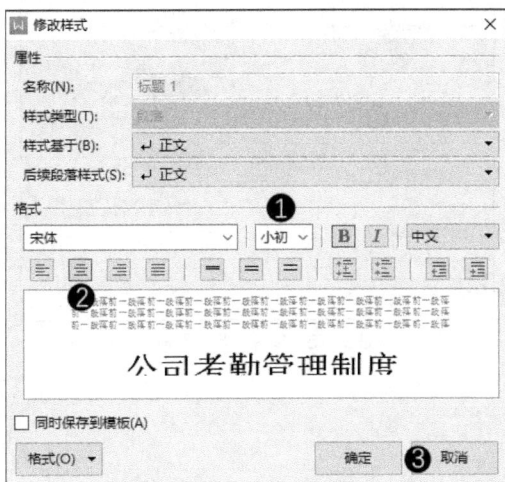

图 3-71　修改"标题 1"样式

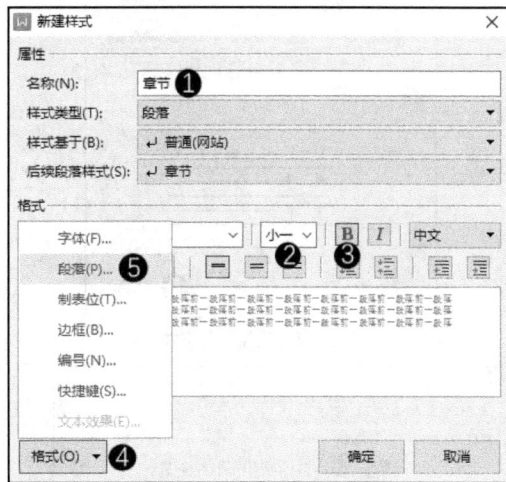

图 3-72　新建"章节"样式

（4）在"缩进和间距"选项卡的"常规"栏的"对齐方式"下拉列表中选择"居中对齐"选项，在"段前"和"段后"数值框中均输入"0.5"，然后单击"确定"按钮，如图 3-73 所示。

（5）返回"新建样式"对话框，单击"格式"按钮，在弹出的下拉列表中选择"编号"选项，打开"项目符号和编号"对话框。打开"编号"选项卡，在下方的列表框中选择所需的样式，然后单击"自定义"按钮，如图 3-74 所示。

（6）在打开的"自定义编号列表"对话框的"编号格式"文本框中的带圈数字前输入"第"文本，在带圈数字后输入"章"文本和两个空格，然后单击"确定"按钮，如图 3-75 所示。

（7）返回"新建样式"对话框，单击"确定"按钮，将新建的"章节"样式应用于"总则"文本，然后为同级别的段落应用"章节"样式。

（8）使用相同的方法新建"条款"样式，过程如图 3-76、图 3-77 和图 3-78 所示，并将其应用到文档的相应段落。

图 3-73　设置样式的段落格式

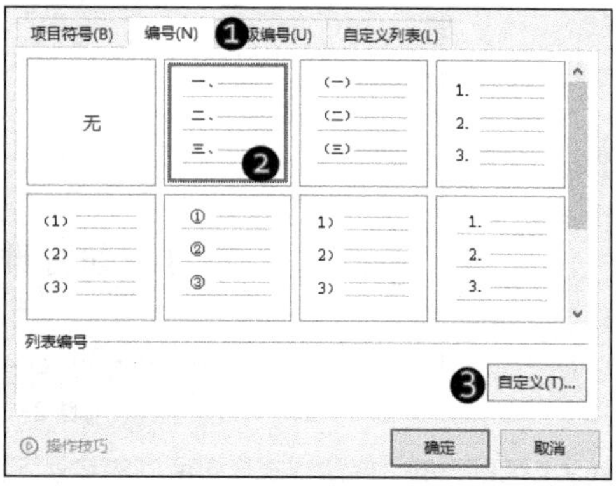

图 3-74　设置编号样式

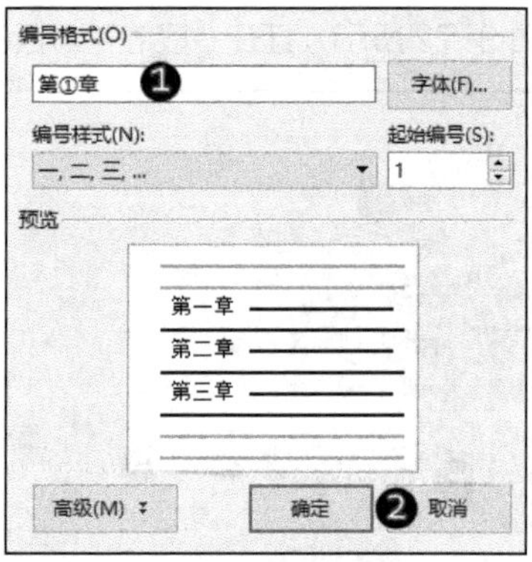

图 3-75　设置编号格式

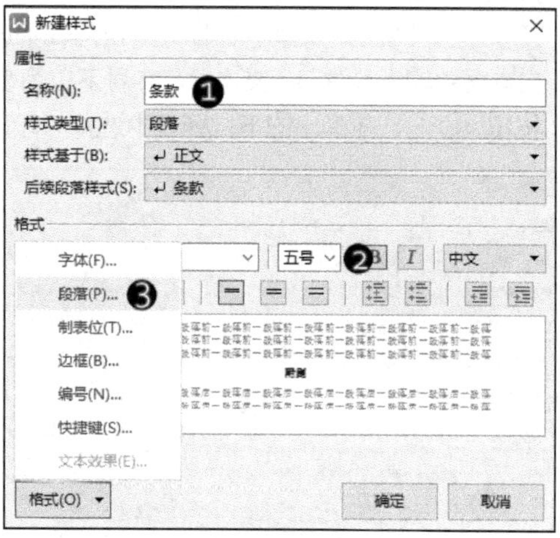

图 3-76　新建"条款"样式

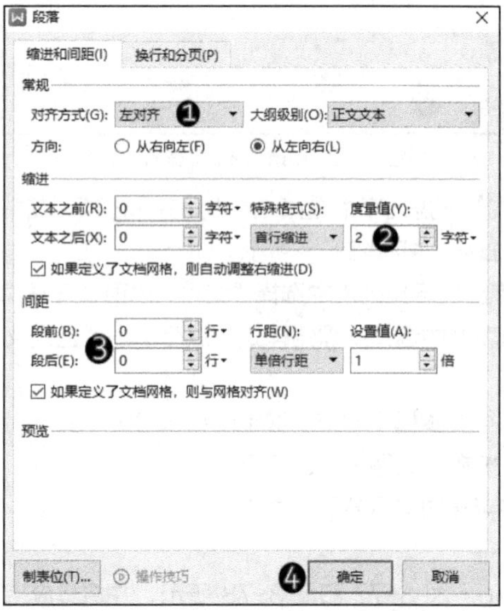

图 3-77　设置"条款"样式的段落格式

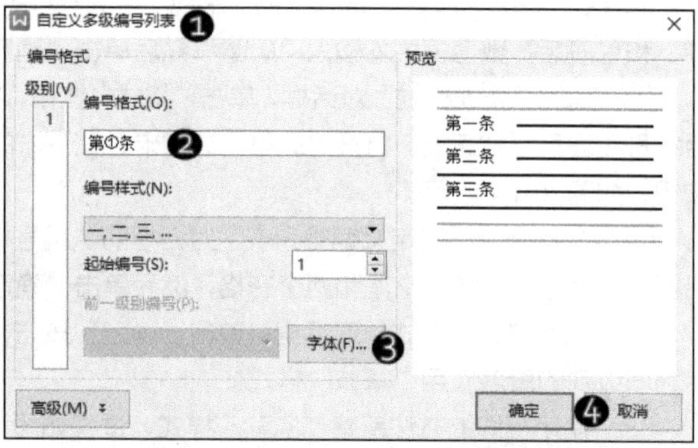

图 3-78　设置"条款"样式的编号格式

（9）将文本插入点定位到"第四条"，单击鼠标右键，在弹出的快捷菜单中选择"重新开始编号"命令，如图 3-79 所示，系统将重新从第一条开始编号。

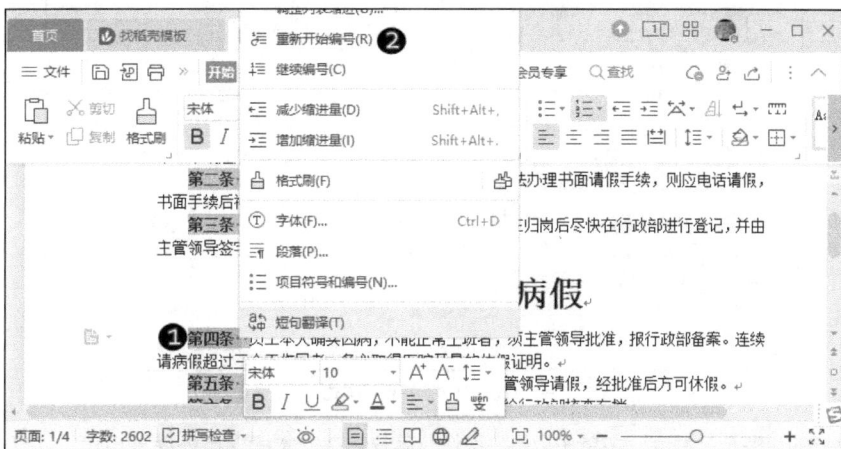

图 3-79 修改编号值

（10）使用相同的方法继续对各章节进行重新编号。

（11）设置"总则"下的正文段落首行缩进 2 字符。

（二）插入封面和目录

为"考勤管理制度.wps"文档添加封面和目录，可使文档更美观，也便于查看文档内容，具体操作如下。

（1）单击"插入"选项卡中的"封面页"按钮 ，在弹出的下拉列表中选择"预设封面页"栏中的第 2 个封面样式，系统将在文档首页插入选择的封面样式。

（2）修改文本框中的文本，并设置文字格式，删除封面中多余的文本框。选择图片，设置高度为 29.7 厘米，宽度为 21 厘米。分别选择文本框和预设的背景图片，单击"绘图工具"选项卡中的"对齐"按钮 对齐，在弹出的下拉列表中选择"水平居中"选项，对于预设背景图片，选择"水平居中"和"垂直居中"选项，设置完成后的效果如图 3-80 所示。

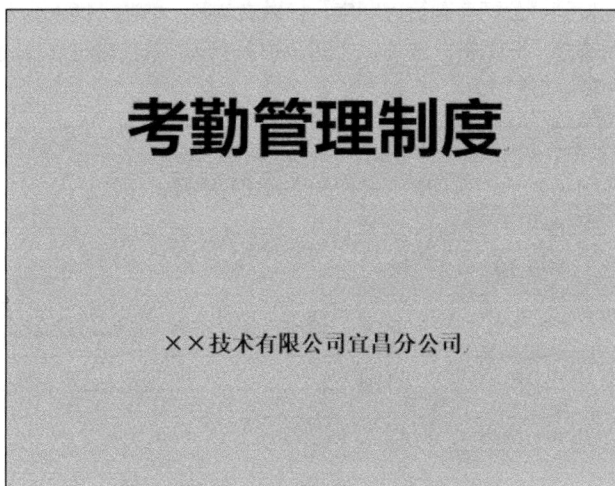

图 3-80 封面编辑效果

（3）将文本插入点定位到"公司考勤管理制度"标题文本前，单击"引用"选项卡中的"目录"按钮 ，在弹出的下拉列表中选择"智能目录"栏中的第 2 个目录样式，如图 3-81 所示。

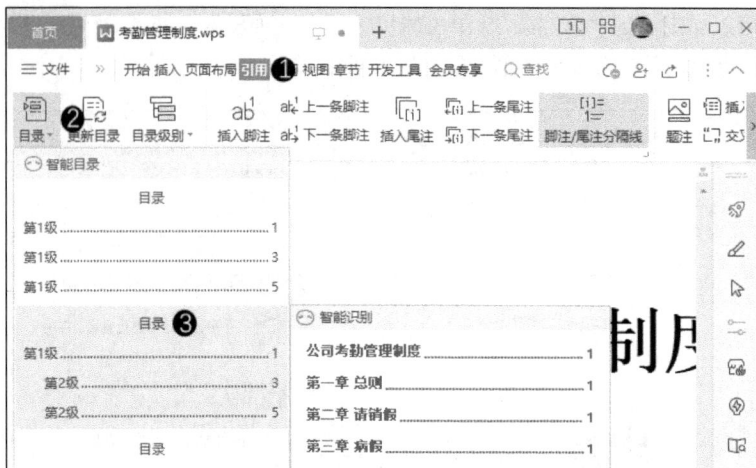

图 3-81　选择目录样式

（4）在打开的"提示"对话框中单击"是"按钮，系统将在文本插入点处插入目录，并且自动打开"目录"任务窗格。

（5）在目录中选择"公司考勤管理制度"所在行，按 Delete 键将其删除，然后选择"目录"文本，设置其字号为"小一"，再单击"加粗"按钮 **B** 加粗文本。

（6）选择目录内容，将其字号设置为"小三"。

> **知识扩展**
>
> 单击"引用"选项卡中的"目录"按钮，在弹出的下拉列表中选择"自定义目录"选项，打开"目录"对话框。在其中对制表符前导符、显示级别、页码、对齐方式和超链接等进行设置后，单击"选项"按钮，打开"目录选项"对话框，对要提取样式对应的目录级别进行设置，完成后依次单击"确定"按钮。

（7）将文本插入点定位到"公司考勤管理制度"标题文本前，单击"插入"选项卡中的"分页"按钮，在弹出的下拉列表中选择"分页符"选项，如图 3-82 所示。系统将在文本插入点处插入分页符，且文本插入点后的内容将在下一页显示。

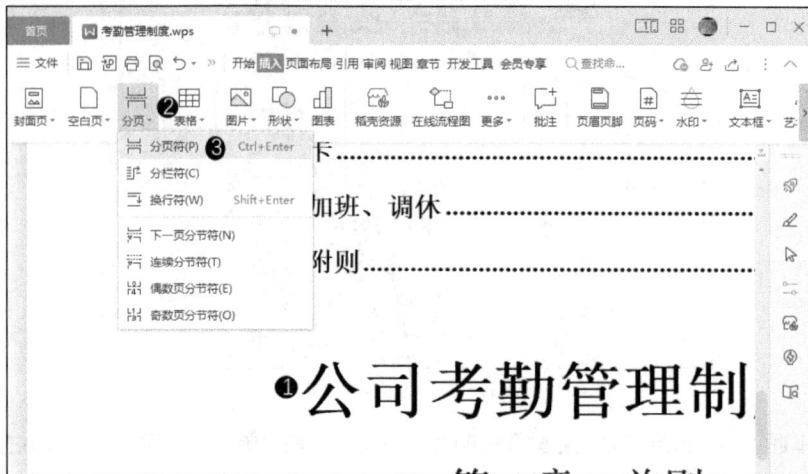

图 3-82　选择分页符

（三）添加水印

对于公司内部文件，为了避免他人随意使用，可以设置水印。下面为"考勤管理制度.wps"文档添加水印，具体操作如下。

（1）将文本插入点定位至第 3 页的任意段落中，单击"插入"选项卡中的"水印"按钮 ，在弹出的下拉列表中选择"点击添加"选项，如图 3-83 所示。

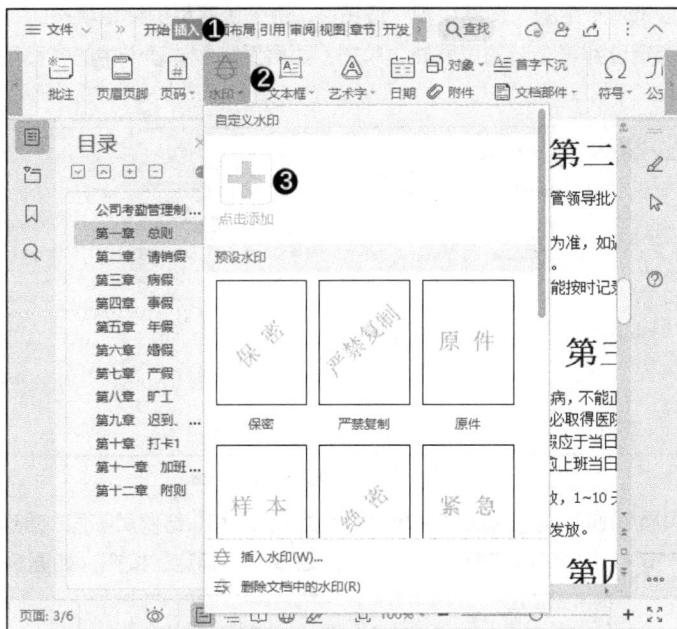

图 3-83　选择"点击添加"选项

（2）在打开的"水印"对话框中选中"文字水印"复选框，在"内容"下拉列表框中输入"内部文件"，在"字体"下拉列表中选择"微软雅黑"选项，在"字号"下拉列表中选择"150"选项，在"颜色"下拉列表中选择"白色，背景 1，深色 15%"选项，在"版式"下拉列表中选择"倾斜"选项，在"透明度"数值框中输入"50"，然后单击"确定"按钮，如图 3-84 所示。

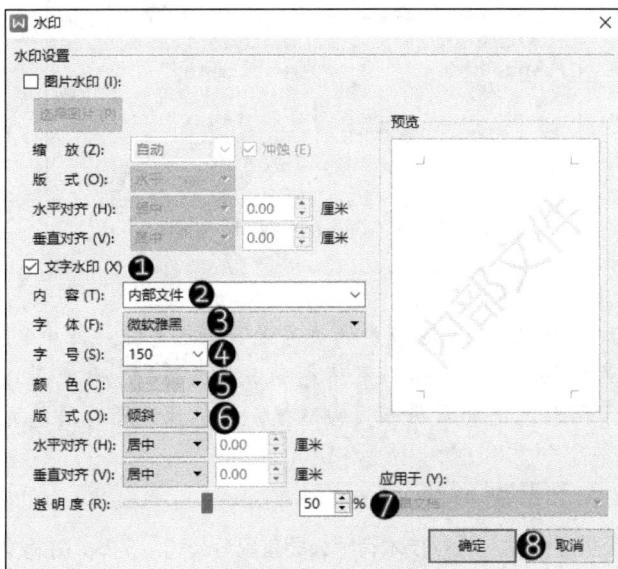

图 3-84　添加文字水印

（3）再次单击"水印"按钮 🔅，弹出的下拉列表中的"自定义水印"栏中将显示自定义的文字水印，选择自定义水印，将其添加到文档中。

（四）自定义页眉和页脚

为了提升"考勤管理制度.wps"文档的阅读效果，可以在页眉、页脚中添加公司名称，同时设置页码，具体操作如下。

（1）单击"插入"选项卡中的"页眉页脚"按钮 📄，进入页眉页脚编辑状态。

（2）将文本插入点定位到第 2 节的页眉处，单击"页眉页脚"选项卡中的"页眉页脚选项"按钮 📝，如图 3-85 所示。

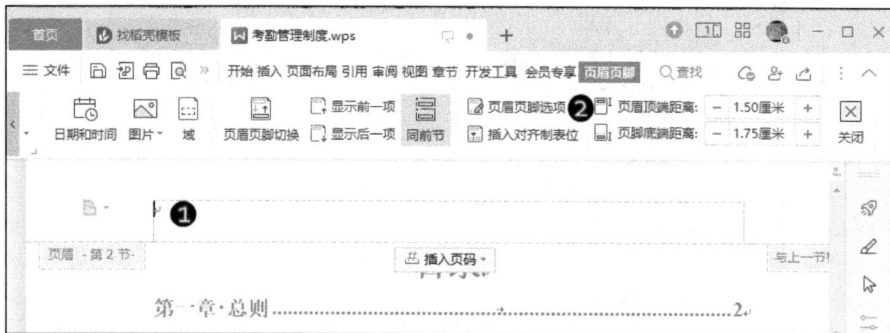

图 3-85 单击"页眉页脚选项"按钮

（3）在打开的"页眉/页脚设置"对话框中选中"首页不同"和"奇偶页不同"复选框，再取消选中"奇数页页眉同前节"和"奇数页页脚同前节"复选框，然后单击"确定"按钮，如图 3-86 所示。

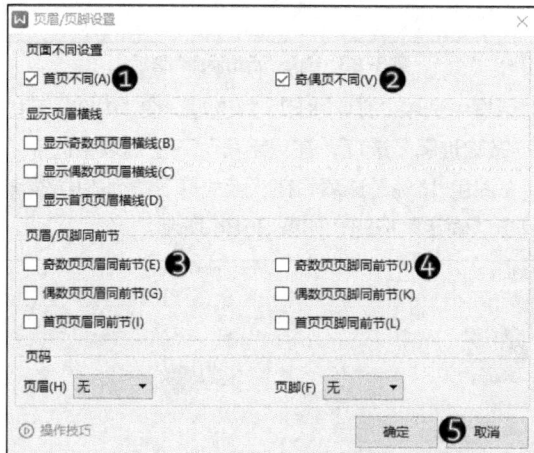

图 3-86 "页眉 / 页脚设置"对话框

> **知识扩展**
>
> 在默认情况下，不同节中的页眉或页脚都与前一节中的页眉或页脚相关联，如果要为文档中不同的节设置不同的页眉或页脚，就需要在添加页眉或页脚之前断开节与节之间的页眉或页脚链接，以单独设置页眉或页脚。

（4）在第 2 节奇数页页眉中输入"××技术有限公司宜昌分公司"文本，并将文字格式设置为宋体、三号、右对齐，如图 3-87 所示。

图 3-87　设置奇数页页眉

（5）单击"边框"按钮田右侧的下拉按钮▾，在弹出的下拉列表中选择"边框和底纹"选项，打开"边框和底纹"对话框，设置页眉下框线并将其应用于段落，单击"确定"按钮，如图 3-88 所示。

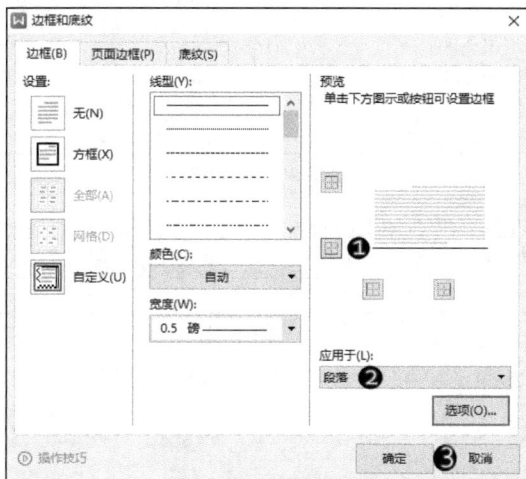

图 3-88　设置页眉下框线

（6）在第 2 节偶数页页眉中输入"考勤管理制度"文本，将文字格式设置为宋体、三号、左对齐，并添加下框线。

（7）将文本插入点定位到第 2 页奇数页页脚处，单击"页眉页脚"选项卡中的"页码"按钮⊞下方的下拉按钮▾，在弹出的下拉列表中选择"预设样式"栏中的"页脚中间"选项，如图 3-89 所示。

图 3-89　选择页码样式

（8）将文本插入点定位到第 2 节首页的页脚（目录页页脚）处，单击页码上方的"删除页码"按钮 ✕ 删除页码▾ ，在弹出的下拉列表中选择"本页"选项，删除本页的页码，如图 3-90 所示。

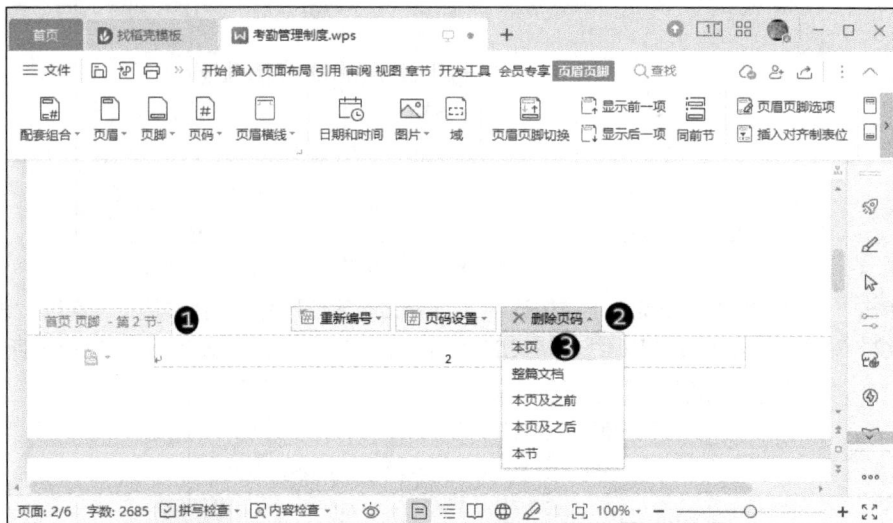

图 3-90　删除页码

（9）将文本插入点定位到第 3 节奇数页页脚处，单击"重新编号"按钮 ⟲ 重新编号▾ ，在弹出的下拉列表的数值框中输入页码起始值"1"，如图 3-91 所示，然后按 Enter 键确认更改页码起始值。

图 3-91　设置页码起始值

（10）单击"页眉页脚"选项卡中的"关闭"按钮 ✕ ，退出页眉页脚编辑状态，返回普通视图。

（五）插入脚注

脚注一般位于页面底部，用于说明文档的某处内容。下面为"考勤管理制度.wps"文档设置脚注，具体操作如下。

（1）将文本插入点，定位到第 5 页中的"第十章 打卡"文本后，单击"引用"选项卡中的"插入脚注"按钮 a¹ ，如图 3-92 所示。

（2）文本插入点将自动定位到所选文本所在页面的底部，输入脚注信息"由综合部负责实施"。

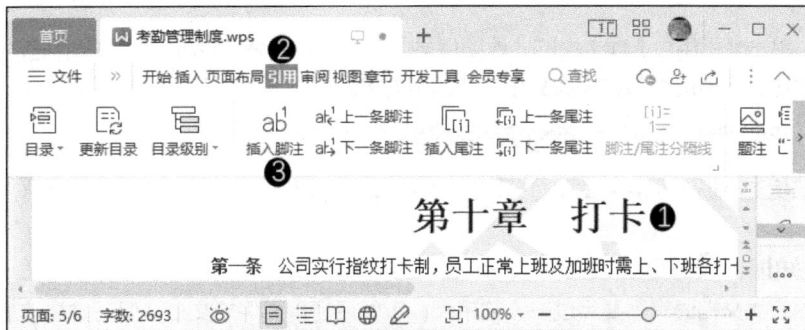

图 3-92　单击"插入脚注"按钮

知识扩展

　　尾注一般位于文档的末尾，用于列出引文的出处。其设置方法是，选择文本，单击"引用"选项卡中的"插入尾注"按钮，文本插入点将自动定位到文档所有内容的后面，输入尾注信息即可。

（六）为表格插入题注

"考勤管理制度.wps"文档中有一些表格，为了更好地管理和查找表格，可以添加题注，具体操作如下。

（1）将文本插入点定位至第一个表格的上方，然后按 Enter 键增加空行，使该表格的内容全部显示在一页中。选择该表格，单击"引用"选项卡中的"题注"按钮，打开"题注"对话框。在该对话框中"标签"默认为"表"，在"题注"文本框中的标签和编号后面输入"表 1 年假天数计算"文本，单击"确定"按钮，如图 3-93 所示，系统将在表格上方添加设置好的题注。

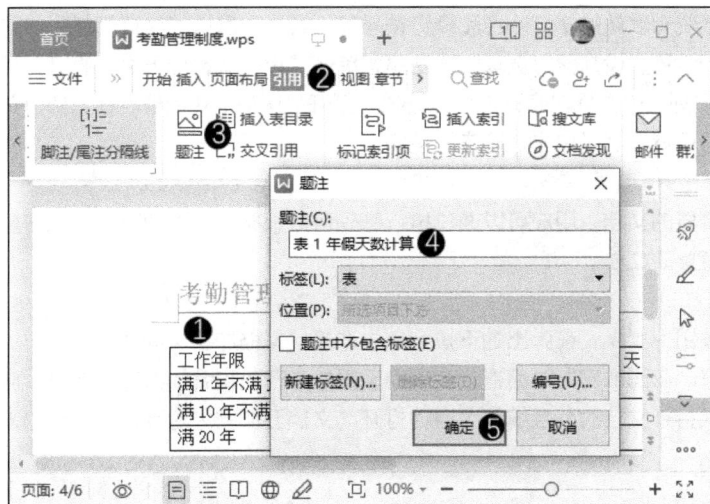

图 3-93　设置题注

（2）选择题注，单击"开始"选项卡中的"居中"按钮，使题注居中对齐。

（3）使用相同的方法为"第九章 迟到、早退"下的表格添加题注。

（七）更新目录

完成"考勤管理制度.wps"文档的设置后，文档各部分页码可能会发生变化，需要更新目录。具体操作如下。

选择目录，单击"引用"选项卡中的"更新目录"按钮，打开"更新目录"对话框，保持默认设置，单击"确定"按钮，目录的页码将根据文档当前的页码更新。

任务三　审阅和打印"考勤管理制度"文档

公司综合部员工小杨用 WPS 文字对公司的"考勤管理制度"进行编排后，需要将其递交给上级领导审阅。

一、相关知识

公司规章制度类文档通常需要经过多人的审阅，审阅后还需要保护文档，保证文档信息不被泄露。

（一）多人协作编辑

在编辑长文档或公司内部文件时，用户可以在 WPS 文字中通过协作和分享两种方法来实现多人协同编辑文档内容。

（1）协作。

打开文档，单击"协作"按钮，在弹出的下拉列表中选择"发送至共享文件"选项，打开"发送至共享文件夹"对话框，在其中设置好文件的保存位置后，单击"发送"按钮，将文档发送至共享文件夹中。返回文档，单击"首页"按钮，单击"文档"按钮，再单击"共享"按钮，在右侧选择需要协作编辑的文档，然后单击"邀请成员"按钮。打开的"邀请成员"对话框中将生成邀请链接，单击"复制链接"按钮复制链接，通过微信或 QQ 等软件将链接发送给其他成员，其他成员打开链接即可编辑相应文档。

（2）分享。

单击"分享"按钮，在弹出的下拉列表中选择"分享文档"选项，打开"另存云端开启'分享'"对话框，设置上传位置后，单击"上传到云端"按钮，系统将开始上传文档。上传完成后打开显示文档名称的对话框，用户可在其中设置文档权限，并将链接分享给他人。

（二）设置修订选项

修订文档时，系统有默认的修订颜色和修订符号等。如果对默认的修订颜色、修订符号等不满意，用户可以根据需要自行设置。设置修订选项的方法是，单击"审阅"选项卡中"修订"按钮下方的下拉按钮，在弹出的下拉列表中选择"修订选项"选项，打开"选项"对话框，在"修订"选项卡中对修订的标记、批注框等进行设置，然后单击"确定"按钮。

（三）保护文档

对于一些比较重要的文档，用户可以通过执行密码保护、文档权限和限制编辑等操作来保护文档，以防止他人查看或随意更改文档。

（1）密码保护。

单击"文件"按钮，在弹出的下拉列表中选择"文档加密"选项，在弹出的子列表中选择"密码加密"选项，打开"密码加密"对话框，在其中设置打开密码和编辑密码，单击"应用"按钮，然后保存和关闭文档。再次打开文档时，系统就会自动打开"文档已加密"对话框，只有输入正确的密码才能打开文档。

（2）文档权限。

单击"审阅"选项卡中的"文档权限"按钮，打开"文档权限"对话框，单击按钮，打开"账号确认"对话框，选中"确认为本人账号，并了解该功能使用"复选框，单击"开启保护"按钮，即可对文档进行保护。开启保护后，只有当前账号才能查看或编辑文档。

（3）限制编辑。

单击"审阅"选项卡中的"限制编辑"按钮，打开"限制编辑"任务窗格，在其中设置文档的保护方式，单击 [启动保护...] 按钮，打开"启动保护"对话框，在其中对保护密码进行设置，设置完成后单击"确定"按钮。再次编辑文档时，只有输入正确的密码才能进行编辑。

二、任务实现

（一）修订文档

为了保留多人的修订意见，可以通过标注修订意见，还可以直接在修订模式下对错误进行修订，具体操作如下。

（1）选择"考勤管理制度.wps"文档中的表格，单击"审阅"选项卡中的"插入批注"按钮 ，如图 3-94 所示，系统将在所选表格右侧插入批注。

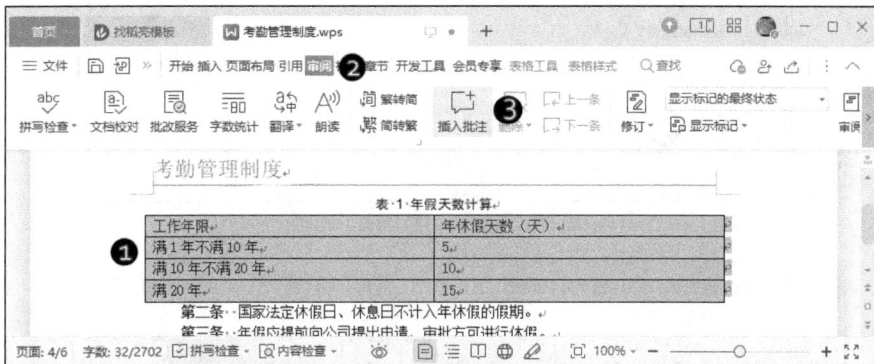

图 3-94　插入批注

（2）根据修改建议在批注框中输入批注内容。

（3）继续修订文档中的其他错误。修订完成后，单击"审阅"选项卡中"审阅"按钮 下方的下拉按钮 ，在弹出的下拉列表中选择"审阅窗格"选项，在弹出的子列表中选择"垂直审阅窗格"选项，文档右侧将出现"审阅窗格"任务窗格，其中显示了文档的修订数量和修订内容。

（二）接受/拒绝修订

对审阅者的修订意见，用户可以根据实际情况选择接受或拒绝，具体操作如下。

（1）在"限制编辑"任务窗格中单击"停止保护"按钮，取消对文档的保护，只有这样才可以对文档执行接受或拒绝修订操作。

（2）单击"审阅"选项卡中的"修订"按钮 ，退出修订模式。

（3）选择第一条修订记录，单击"审阅"选项卡中"拒绝"按钮 下方的下拉按钮 ，在弹出的下拉列表中选择"拒绝所选修订"选项，拒绝审阅者的修改。或者单击"审阅"选项卡中"接受"按钮 下方的下拉按钮 ，在弹出的下拉列表中选择"接受对文档所做的所有修订"选项，接受审阅者的修改。

（4）按照批注修改对应的内容。修改完成后，单击"审阅"选项卡中"删除"按钮 下方的下拉按钮 ，在弹出的下拉列表中选择"删除文档中的所有批注"选项。

（5）对部分修订内容的格式进行设置，使其与文档原内容的格式保持一致。

（三）打印文档

编辑好"考勤管理制度.wps"文档的内容并确认无误后，可以将其打印出来，以便查看和传阅，具体操作如下。

（1）单击"文件"按钮 ≡ 文件 ，在弹出的下拉列表中选择"打印"选项，在弹出的子列表中选择"打印预览"选项，如图 3-95 所示。

（2）在"打印预览"界面的"份数"数值框中输入"6"，其他选项保持默认设置，然后单击"直接打印"按钮 开始打印，如图 3-96 所示。

图 3-95　选择"打印预览"选项

图 3-96　打印设置

课后自主练习

1. 全国计算机等级考试模拟训练试题

打开考生文件夹下的"WPS.docx"素材文档，后续操作均基于此文档。

李丽正在编辑"敦煌"的相关内容，文档由标题"敦煌莫高窟"和正文两部分组成，现在还有一些格式上的问题需要解决，请按要求帮她完成相应操作。

（1）对文章标题"敦煌莫高窟"进行以下设置。

文字格式为隶书、小二、加粗，且居中显示；段前、段后间距均为 0.5 行。

（2）对正文（文章标题以外的文本）进行以下格式设置。

　　文字格式为仿宋、小四；段落首行缩进 2 字符，设置行距为 1.5 倍。

　　（3）将正文中所有的"敦煌"一词加粗显示，且将其文字颜色设置为标准色红色（不包含文章标题中的"敦煌"）。

　　（4）为文中蓝色、加粗显示的文本行（即"历史价值""艺术价值""科技价值"）设置底纹白色，背景 1，深色 15%。

　　（5）对文档页面进行以下设置。

　　上、下页边距为 2.8 厘米，左、右页边距为 3 厘米；页面边框为宽 2.25 磅、绿色的实线。

　　（6）以图片水印为页面的背景。图片水印所使用的图片为"285 窟.jpg"，且缩放 200%，其余参数为默认值。

　　（7）在底端居右位置插入页码，且页码样式为"第 1 页"。

　　2．参考操作步骤

　　（1）在考生文件夹中打开"WPS.docx"文档。

　　选中标题文本，在"开始"选项卡中设置字体为隶书，字号为小二，单击"加粗"按钮 B、"居中对齐"按钮 三。单击"开始"选项卡中的"段落"按钮 」，打开"段落"对话框，在"缩进和间距"选项卡中设置段前间距为 0.5 行，段后间距为 0.5 行，单击"确定"按钮。

　　（2）选中正文文本，在"开始"选项卡中设置字体为仿宋，字号为小四。单击"开始"选项卡中的"段落"按钮 」，打开"段落"对话框，在"缩进和间距"选项卡中设置特殊格式为首行缩进，度量值为 2 字符，行距为 1.5 倍行距，单击"确定"按钮。

　　（3）单击"开始"选项卡中的"查找替换"按钮，打开"查找和替换"对话框。在"替换"选项卡的"查找内容"下拉列表框中输入"敦煌"文本，在"替换为"下拉列表框中输入"敦煌"文本，单击"格式"按钮，在弹出的下拉列表中选择"字体"选项，打开"替换字体"对话框。在该对话框中设置字形为加粗，字体颜色为标准色中的红色，单击"确定"按钮。单击"全部替换"按钮，单击"确定"按钮，单击"关闭"按钮。使用格式刷将标题中的"敦煌"二字设置为之前的格式。

　　（4）选中文中蓝色、加粗显示的文本行（"历史价值""艺术价值""科技价值"），单击"开始"选项卡中的"底纹颜色"按钮右侧的下拉按钮，在弹出的下拉列表中选择"白色，背景 1，深色 15%"选项。

　　（5）在"页面"选项卡中设置上、下页边距均为 2.8 厘米，左、右页边距均为 3 厘米。单击"页面布局"选项卡中的"页面边框"按钮，打开"边框和底纹"对话框，设置线型为实线（第一个），颜色为标准色中的绿色，宽度为 2.25 磅，在"预览"栏中单击上下左右四边的按钮，单击"确定"按钮。

　　（6）单击"插入"选项卡中的"水印"按钮，在弹出的下拉列表中选择"插入水印"选项，打开"水印"对话框。选中"图片水印"复选框，单击"选择图片"按钮，打开"选择图片"对话框，找到考生文件夹中的"285 窟.jpg"图片，单击"打开"按钮；设置缩放为 200%，单击"确定"按钮。

　　（7）单击"插入"选项卡中的"页码"按钮，在弹出的下拉列表中选择"页码"选项，打开"页码"对话框，设置样式为第 1 页，位置为底端居右，单击"确定"按钮。

　　保存并关闭"WPS.docx"文档。

99

模块4
WPS表格操作与应用

项目一　创建和管理 WPS 表格

项目介绍

小李是远安县驻村工作队队员，为了振兴乡村、拓宽农产品的销售渠道，他需要应用WPS表格制作、整理特色农产品信息表。

- **知识目标**

（1）了解WPS表格中数据的类型。

（2）学习WPS表格格式的设置方法。

（3）学习WPS表格中数据的整理方法。

- **技能目标**

（1）能够熟练地新建、保存和打印表格。

（2）能够在表格中快速、正确地输入和填充不同类型的数据。

（3）能够在表格中设置数字格式、单元格格式和表格样式等。

（4）能够根据实际需要对表格数据进行排序和筛选，并为筛选出来的数据快速添加图表。

（5）能够对表格数据分类汇总。

- **素养目标**

（1）培养对WPS表格的学习兴趣。

（2）提高输入和编辑表格数据的效率。

（3）正确操作表格，遵守数据格式规范。

（4）提升分析问题、解决问题的能力。

（5）提高对乡村振兴的认识。

任务一　制作"特色农产品信息"表格

小李需要搜集、整理远安县的特色农产品信息，并制作"特色农产品信息"表格，参考效果如图4-1所示。

一、相关知识

制作任何表格都需要先熟悉 WPS 表格的操作界面，以及掌握填充各种类型的数据的方法和工作表的操作方法。

（一）认识 WPS 表格的操作界面

WPS 表格与 WPS 文字的操作界面组成大致相同，用户只需要了解与 WPS 文字的操作界面不同的部分（如名称框、编辑栏、行号、列标、工作表编辑区和工作表标签等）。图 4-2 所示为 WPS 表格的操作界面，各组成部分的作用如下。

图 4-1　"特色农产品信息"表格

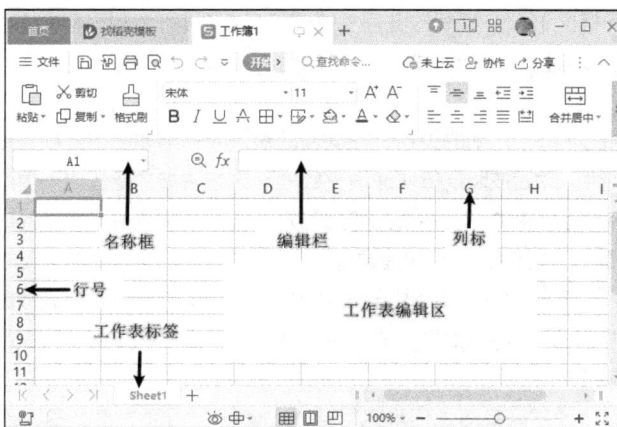

图 4-2　WPS 表格的操作界面

（1）名称框：用于显示所选单元格或单元格区域的名称。

（2）编辑栏：用于显示或编辑所选单元格中的内容。单击"浏览公式结果"按钮🔍，编辑栏中会显示所选单元格中的公式；单击"插入函数"按钮fx，可打开"插入函数"对话框。

（3）行号：用于标识工作表中的行，以"1、2、3、4…"的形式编号。

（4）列标：用于标识工作表中的列，以"A、B、C、D…"的形式编号。

（5）工作表编辑区：用于编辑表格内容，由多个单元格组成，每个单元格拥有由行号和列标组成的唯一地址。

（6）工作表标签：用于显示当前工作簿中的工作表名称或切换工作表，单击工作表标签右侧的"新建工作表"按钮➕可新建新工作表。

（二）填充数据

在表格中输入数据时，如果数据有一定规律，就可使用数据填充方法快速输入需要的数据，以提高工作效率。

1. 填充规律数据

填充规律数据是指填充等差序列、等比序列及日期等有一定规律的数据，可以通过填充柄或"序列"

对话框来快速填充数据。

（1）通过填充柄填充数据：在需要输入数据的第一个单元格中输入数据，然后将鼠标指针移动到单元格右下角，当鼠标指针变成 + 形状时，按住鼠标左键向下或向右拖曳至目标单元格，释放鼠标左键。如果输入的是数值型数据和日期型数据，系统将按照一定的规律进行填充；如果输入的是文本型数据，则填充相同的数据。

（2）通过"序列"对话框填充数据：在需要输入数据的第一个单元格中输入数据，然后选择已输入数据和需要进行序列填充的单元格区域；单击"开始"选项卡中的"填充"按钮 📷，在弹出的下拉列表中选择"序列"选项，打开"序列"对话框，在"类型"栏中选择填充的序列类型，在"步长值"数值框中输入序列中相邻两个数值的差值或比值，最后单击"确定"按钮。

2．填充相同数据

填充相同数据分为两种情况：一种是为连续的单元格区域填充相同的数据，另一种是为不连续的单元格区域填充相同的数据，这两种情况的填充方法完全不同。

（1）为连续的单元格区域填充相同的数据：如果输入的是文本型数据，则可在填充数据时直接向下或向右拖曳填充柄填充；如果输入的是数值型数据或日期型数据，则向下或向右拖曳填充柄填充时，可能填充的是有一定规律的数据，此时就需要在释放鼠标左键后，单击"自动填充选项"按钮 🔡，在弹出的下拉列表中选择"复制单元格"选项，将填充的规律数据更改为相同的数据。

（2）为不连续的单元格区域填充相同的数据：按住 Ctrl 键的同时选择不连续的单元格，在最后选择的单元格中输入数据，然后按 Ctrl+Enter 快捷键填充数据。

3．智能填充数据

智能填充可以通过对比字符串之间的关系，根据当前输入的一组或多组数据，参考前一列或后一列中的数据智能识别出其中的规律，然后按照规律快速填充数据。该方法被广泛应用于提取字符、替换字符、添加字符、合并字符和重组字符等场景中。智能填充数据的方法是，在需要输入数据的单元格中输入参考列中的部分数据，按 Enter 键确认；再按 Ctrl+E 快捷键或单击"开始"选项卡中的"填充"按钮 📷，在弹出的下拉列表中选择"智能填充"选项，系统将会根据输入的数据自动识别规律并填充数据。如果系统不能在输入的数据中识别出规律，则会打开提示对话框，提示用户多输入一些示例数据，再执行智能填充操作。

（三）工作表的基本操作

在创建和编辑表格时，经常需要对工作表执行插入、删除、切换、重命名、移动或复制、隐藏、显示等操作，以便快速制作出需要的表格。

（1）插入工作表：在工作表标签上单击鼠标右键，在弹出的快捷菜单中选择"插入工作表"命令，打开"插入工作表"对话框，在"插入数目"数值框中输入新建的工作表数量，在"插入"栏中设置新工作表的插入位置，然后单击"确定"按钮。

（2）删除工作表：选择需要删除的单张或多张工作表，在工作表标签上单击鼠标右键，在弹出的快捷菜单中选择"删除工作表"命令。如果当前删除的工作表中含有数据，则会打开"WPS 表格"对话框，询问是否永久删除这些数据，如果确认删除，则单击"确定"按钮。

（3）切换工作表：直接单击某个工作表标签，即可切换到相应工作表。

知识扩展　　在工作表标签左侧的切换按钮上单击鼠标右键，可弹出切换工作表的列表，在其中的"活动文档"文本框中输入工作表标签的关键字后，单击列表中的工作表就可以快速切换到对应的工作表。

（4）重命名工作表：双击某个工作表标签，该工作表标签将进入可编辑状态，且呈蓝底白字显示，在其中输入新的工作表名称，按 Enter 键。

（5）移动或复制工作表：选择需要移动或复制的工作表，单击"开始"选项卡中的工作表按钮 ，在弹出的下拉列表中选择"移动或复制工作表"选项，打开"移动或复制工作表"对话框；在"工作簿"下拉列表中选择需要移动或复制的工作簿，在"下列选定工作表之前"列表框中选择移动或复制到的位置，然后单击"确定"按钮，即可将当前工作表移动到指定的位置；若在"移动或复制工作表"对话框中选中"建立副本"复选框，则可将当前工作表复制到指定的位置。

（6）隐藏工作表：选择需要隐藏的工作表，在工作表标签上单击鼠标右键，在弹出的快捷菜单中选择"隐藏工作表"命令，隐藏当前工作表。

（7）显示工作表：在任意工作表标签上单击鼠标右键，在弹出的快捷菜单中选择"取消隐藏工作表"命令，打开"取消隐藏"对话框，在"取消隐藏工作表"列表框中选择需要显示的工作表，单击"确定"按钮，隐藏的工作表将显示出来。

> **知识扩展**
>
> 在不同的工作簿中移动或复制工作表只能通过"移动或复制工作表"对话框来实现；如果在同一工作簿中移动或复制工作表，则可通过鼠标实现。在同一工作簿中移动工作表的方法是，将鼠标指针移动到需要移动的工作表标签上，将其拖曳到目标位置。若在按住Ctrl键的同时移动工作表，则可复制工作表。

（四）表格的合并与拆分

在同一工作簿中移动或复制工作表时经常需要合并或拆分部分单元格或单元格区域，此时就需要用到合并表格和拆分表格功能，这两项功能只有 WPS 会员才能使用。

二、任务实现

（一）新建和保存工作簿

制作表格的第一步是创建工作簿，为了避免丢失表格，还需要对创建的工作簿进行保存，具体操作如下。

（1）启动 WPS Office，在"新建"选项卡上方单击"表格"选项卡标签，在下方选择"新建空白表格"选项，系统将新建一个名为"工作簿 1"的空白工作簿。

（2）按 Ctrl+S 快捷键，打开"另存文件"对话框，在"位置"下拉列表中选择保存位置，在"文件名"下拉列表框中输入"远安特色农产品信息表"文本，在"文件类型"下拉列表中选择"WPS 表格 文件（*.et）"选项，单击"保存"按钮，如图 4-3 所示。

（二）重命名、移动与复制工作表

新建并保存"远安特色农产品信息表.et"工作簿后，可以根据需要对工作簿中的工作表进行重命名、复制等操作，搭建"远安特色农产品信息表.et"工作簿的基本框架，具体操作如下。

（1）双击"Sheet1"工作表标签，使其处于编辑状态，输入新名称"特色农产品信息"，然后按 Enter 键。

（2）打开"特色农产品名称.et"工作簿，单击"开始"选项卡中的"工作表"按钮 ，在弹出的下拉列表中选择"移动或复制工作表"选项，如图 4-4 所示。

（3）在打开的"移动或复制工作表"对话框的"工作簿"下拉列表中选择"远安特色农产品信息表.et"选项，在"下列选定工作表之前"列表框中选择"特色农产品信息"选项，再选中"建立副本"复选框，单击"确定"按钮，如图 4-5 所示。系统会把当前工作表复制到"远安特色农产品信息表.et"工作簿中的"特色农产品信息"工作表之前。

图 4-3　保存工作簿

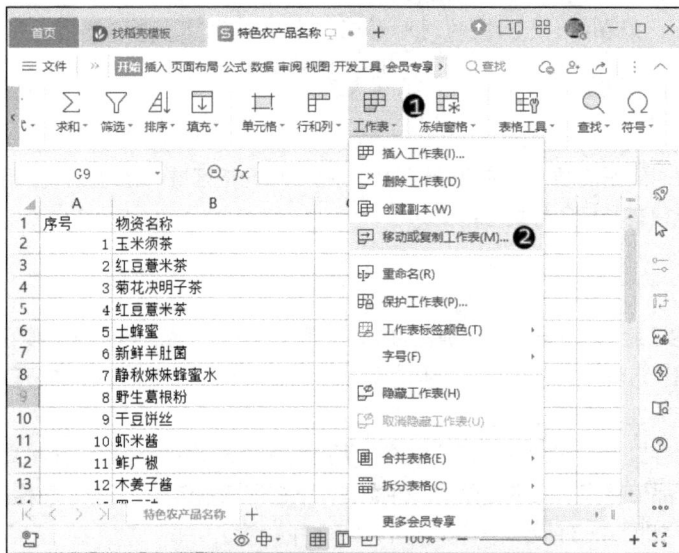

图 4-4　选择"移动或复制工作表"选项

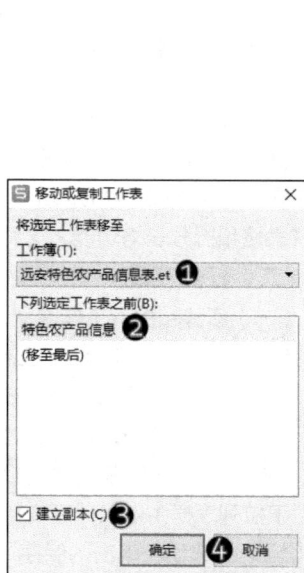

图 4-5　复制工作表

（三）输入和填充表格数据

完成"远安特色农产品信息表.et"工作簿的结构搭建后，就可以输入数据，完善表格的内容。输入数据时选择合理的方式可以有效提高数据的准确性和输入效率，具体操作如下。

（1）单击"特色农产品信息"工作表标签，切换到该工作表，在 A1 单元格中输入"远安特色农产品信息表"文本，在 A2:J2 单元格区域中输入相关表字段。

（2）在 A3 单元格中输入"YA-01"文本，然后将鼠标指针移动到 A3 单元格的右下角，当鼠标指针变成➕形状时，向下拖曳填充柄至 A33 单元格。

（3）在 G3:G33 和 H3:H33 单元格区域中输入产品编号对应的"生产厂家"和"联系人"，然后在 I3 单元格中先输入一个半角"'"，再输入电话号码，接着按 Enter 键。用同样的方法输入其他电话号码。

输入电话号码或身份证号码等数字文本时，可先将单元格的数字格式设置为"文本"，再输入电话号码或身份证号码；或者在输入前先输入半角"'"，这样系统可以将输入的电话号码或身份证号码自动识别为文本。

（4）在"联系电话2"列的 J3 单元格中输入"0717-381XX05"，然后选择 J3:J33 单元格区域，单击"开始"选项卡中的"填充"按钮，在弹出的下拉列表中选择"智能填充"选项，如图 4-6 所示（或按 Ctrl+E 快捷键实现智能填充）。系统将根据 I 列的电话号码自动填充另一种格式的电话号码。

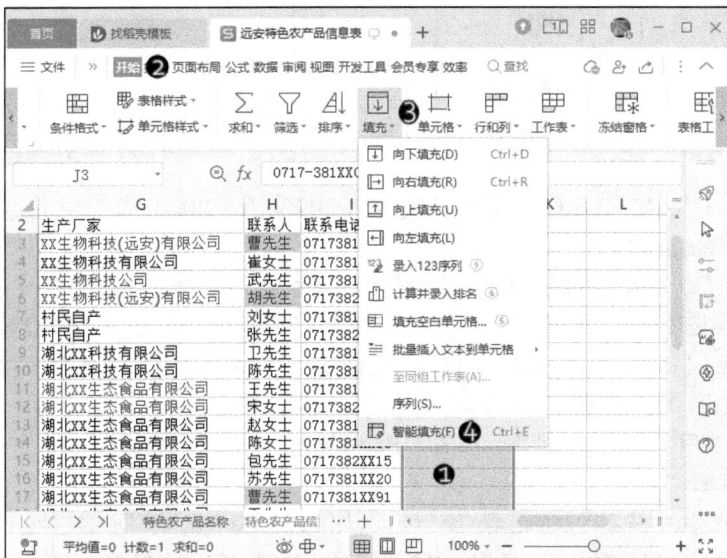

图 4-6　选择"智能填充"选项

（四）设置下拉列表和数据有效性

为了保证工作表数据的准确性，可以通过设置下拉列表和数据有效性等方式来限制输入的数据，这一方法适用于日期等数据的输入，具体操作如下。

（1）选择 E3:E33 单元格区域，单击"数据"选项卡中的"下拉列表"按钮，打开"插入下拉列表"对话框，在"手动添加下拉选项"单选项下的文本框中输入下拉列表中的第一个选项，单击按钮，继续输入下拉列表中的其他选项，输入完成后单击"确定"按钮，如图 4-7 所示。

（2）返回工作表，选择 E3 单元格，单击单元格右侧的下拉按钮，在弹出的下拉列表中设置下拉列表和选择相应选项。

（3）使用相同的方法输入 E4:E33 单元格区域中的内容。

（4）选择 F3:F33 单元格区域，单击"数据"选项卡中的"有效性"按钮，打开"数据有效性"对话框。在"设置"选项卡的"允许"下拉列表中选择"日期"选项，在"数据"下拉列表中选择"介于"选项，在"开始日期"参数框中输入"2023/1/1"文本，在"结束日期"参数框中输入"2024/12/31"文本，如图 4-8 所示。

图 4-7　插入下拉列表

（5）打开"出错警告"选项卡，在"样式"下拉列表中选择"警告"选项，在"标题"文本框中输入"日期范围不对"文本，在"错误信息"列表框中输入"输入的日期范围不在 2023/1/1~2024/12/31。"文本，然后单击"确定"按钮，如图 4-9 所示。

图 4-8　设置条件　　　　　　　　　　　　　　　图 4-9　设置出错警告

（6）返回工作表后，在 F3:F33 单元格区域中输入 2023/1/1~2024/12/31 的日期，若输入的日期不在这个范围内，将弹出出错警告。

（7）选择 B3:B33 单元格区域，单击"数据"选项卡中的"有效性"按钮，打开"数据有效性"对话框。在"设置"选项卡的"允许"下拉列表中选择"序列"选项，单击"来源"参数框右侧的按钮，折叠对话框，切换到"特色农产品名称"工作表。选择 B2:B32 单元格区域，参数框中将显示引用的单元格地址，单击按钮，展开对话框，最后单击"确定"按钮，如图 4-10 所示。

（8）返回工作表后，在 B3:B33 单元格区域中选择输入对应的产品名称。

（五）设置数字格式

为了更加直观地展示特色农产品信息表的数据，可以根据数据特点设置不同的数字格式，具体操作如下。

（1）选择 C3:C33 单元格区域，单击"开始"选项卡中的"单元格格式：数字"按钮，打开"单元格格式"对话框。在"数字"选项卡的"分类"列表框中选择"数值"选项，在"小数位数"数值框中输入"3"，然后单击"确定"按钮，如图 4-11 所示。

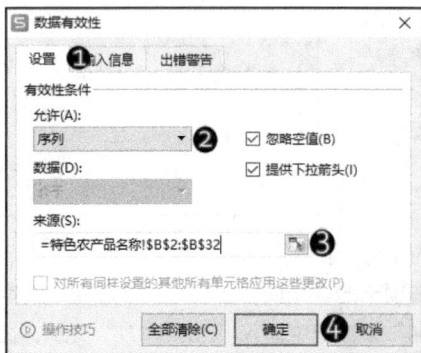

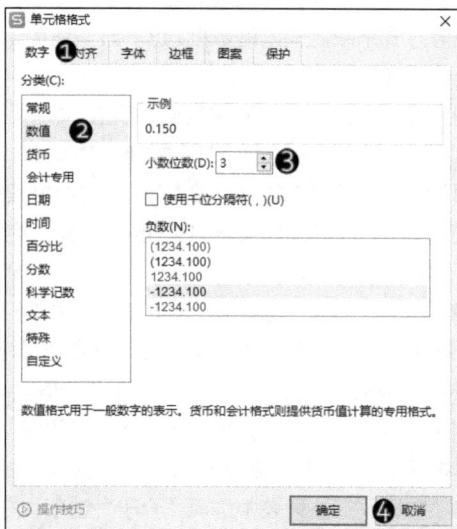

图 4-10　设置序列　　　　　　　　　　　　　　　图 4-11　设置数字格式

（2）选择 D3:D33 单元格区域，采用相同的方法，在"小数位数"数值框中输入"2"，然后单击"确定"按钮。

（六）设置单元格格式

默认的单元格字体格式、对齐方式、行高、列宽等有时并不能满足实际需要，所以需要根据实际需求对表格的单元格格式进行设置，使表格中的内容排列得更加整齐，具体操作如下。

（1）选择 A1:J1 单元格区域，在"开始"选项卡的字体下拉列表中选择"黑体"选项，在字号下拉列表中选择"20"选项。单击"合并居中"按钮 ，将所选单元格区域合并为一个单元格，并且使单元格中的文本居中对齐。

（2）选择 A2:J2 单元格区域，单击"开始"选项卡中的"加粗"按钮 B；再选择 A2:A33 单元格区域，单击"开始"选项卡中的"水平居中"按钮 ，使单元格中的文本水平居中。

（3）选择 A2:J33 单元格区域，单击"开始"选项卡中的"行和列"按钮 ，在弹出的下拉列表中选择"最适合的列宽"选项，如图 4-12 所示，系统将根据单元格中的文本自动调整列宽。

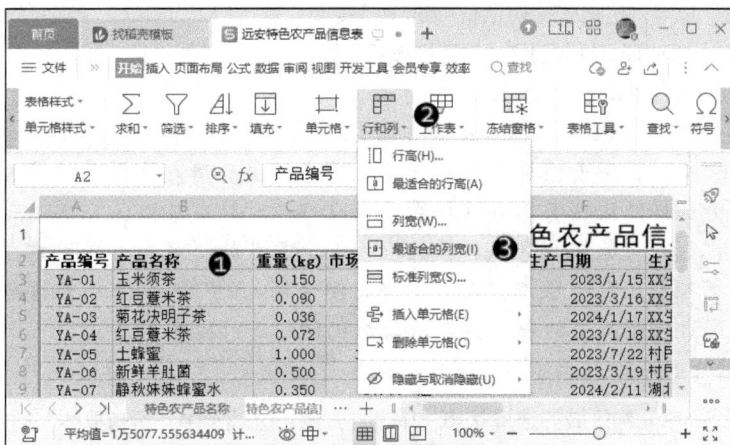

图 4-12　调整单元格列宽

> "合并居中"下拉列表中提供了合并居中、合并单元格、合并内容、按行合并和跨列居中5种单元格合并方式，用户可以根据实际需要进行选择。合并居中表示将选择的多个单元格合并为一个单元格，且文本居中显示；合并单元格表示将选择的多个单元格合并为一个单元格，且单元格中只显示第一个单元格中的内容，并按照默认的方式对齐；合并内容表示将选择的多个单元格合并为一个单元格，且所选单元格中的内容也将全部合并显示在合并的单元格中；按行合并表示按所选的多个单元格所在的行合并单元格，且合并行中只显示所选单元格中第一列单元格的内容；跨列居中表示不合并所选的多个单元格，但单元格中的文本将居中对齐。
>
> 知识扩展

（4）保持 A2:J33 单元格区域的选中状态，在"行和列"下拉列表中选择"行高"选项，打开"行高"对话框，在"行高"数值框中输入"21"，然后单击"确定"按钮。

（5）将鼠标指针移动到第 1 行和第 2 行的分割线上，当鼠标指针变成双向箭头形状时，按住鼠标左键向下拖曳鼠标，以调整第 1 行的行高。

（6）将鼠标指针移动到第 1 列和第 2 列的分割线上，当鼠标指针变成双向箭头形状时，按住鼠标左键向右拖曳鼠标，以调整第 1 列的列宽。

（7）当表格数据区域的单元格不够时，可以插入新的单元格。其方法是选择需要插入单元格的位置，单击"开始"选项卡中的"行和列"按钮 ，在弹出的下拉列表中选择"插入单元格"选项，在弹出的子列表中设置需要插入的行数或列数等。如果想要删除单元格、行或列等，可以在"行和列"下拉列表中选择"删除单元格"选项，在弹出的子列表中选择对应的选项。

（七）美化表格

制作好"特色农产品信息"表格的基本内容后，可以通过套用表格样式、设置单元格样式，以及设置单元格边框和底纹等方式来美化表格，具体操作如下。

（1）选择 A2:J33 单元格区域，单击"开始"选项卡中的"表格样式"按钮 ，在弹出的下拉列表中打开"预设样式"栏中的"中色系"选项卡，在该选项卡中选择"表样式中等深浅3"选项。

（2）在打开的"套用表格样式"对话框中选中"转换成表格，并套用表格样式"单选项，再取消选中"筛选按钮"复选框，然后单击"确定"按钮，如图4-13所示。

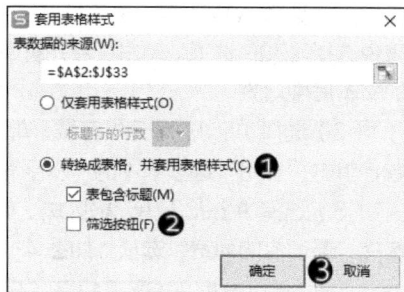

图4-13 设置表格样式

知识扩展

在"套用表格样式"对话框中选中"仅套用表格样式"单选项，系统将直接为选择的区域套用表格样式；若选中"转换成表格，并套用表格样式"单选项，则可将选择的区域转换为表，并套用表格样式。如果用户在表区域内执行了插入行或列的操作，则系统将自动为插入的行或列套用表格样式，用户还可以通过表字段中的筛选按钮对表数据区域进行排序和筛选。

（3）保持 A2:J33 单元格区域的选择状态，单击"开始"选项卡中"所有框线"按钮 右侧的下拉按钮 ，在弹出的下拉列表中选择"其他边框"选项，如图4-14所示。

图4-14 选择"其他边框"选项

（4）打开"单元格格式"对话框，在"边框"选项卡的"样式"列表框中选择右侧的第 5 种样式，在"颜色"下拉列表中选择"橙色，着色 4，深色 25%"选项，在"预置"栏中单击"外边框"按钮 和"内部"按钮 ，再单击"确定"按钮，如图 4-15 所示。

（5）选择 A1 单元格，单击"开始"选项卡中"填充颜色"按钮 右侧的下拉按钮，在弹出的下拉列表中选择"巧克力黄，着色 2，浅色 80%"选项，可查看 A1 单元格的底纹颜色。

（八）冻结表格

"特色农产品信息"表格的行、列数较多，用户在查看数据时，可能看不到表格标题行或左侧的列字段，可以利用冻结窗格功能来固定标题行或列的位置。冻结行的具体操作如下，冻结列的操作与冻结行的操作类似，不再赘述。

（1）选择第 1 行和第 2 行，单击"视图"选项卡中的"冻结窗格"按钮 ，在弹出的下拉列表中选择"冻结至第 2 行"选项，如图 4-16 所示。

图 4-15　设置单元格格式

109

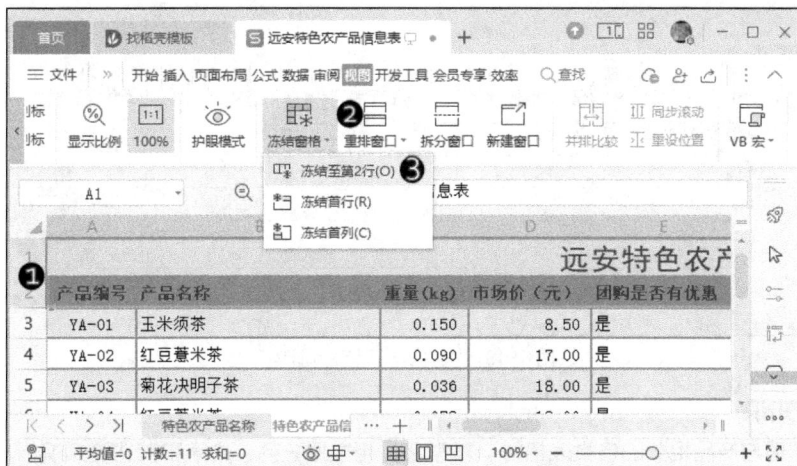

图 4-16　选择冻结选项

（2）滚动查看数据，标题行和表字段行的位置始终固定，不随页面的滚动而滚动。

（3）选择冻结的行或列，单击"视图"选项卡中的"冻结窗格"按钮 ，在弹出的下拉列表中选择"取消冻结窗格"选项，取消冻结行或列。

（九）打印表格

制作好"特色农产品信息"表格后，就可以按照需要打印表格，但在打印之前，还需要对表格的打印效果进行预览，并根据需要进行打印设置，具体操作如下。

（1）单击"文件"按钮 ，在弹出的下拉列表中选择"打印"选项，在弹出的子列表中选择"打印预览"选项，进入"打印预览"界面。

（2）单击"横向"按钮 ，在打印缩放下拉列表中选择"将所有列打印在一页"选项，在"打印机"下拉列表中选择打印机，单击"直接打印"按钮 ，如图 4-17 所示。

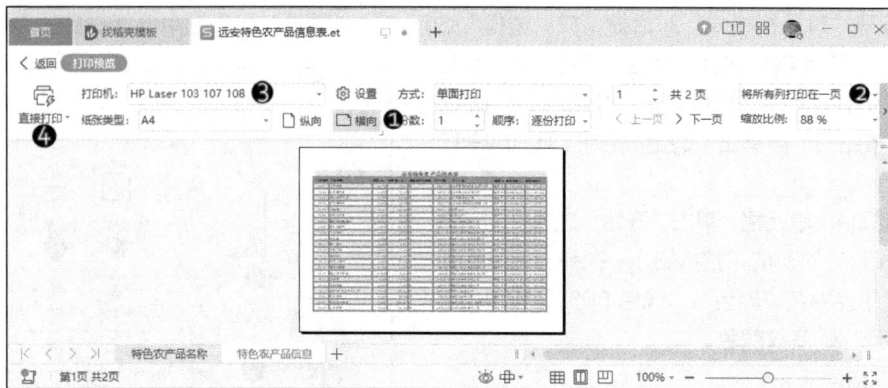

图 4-17　打印设置

任务二　管理"特色农产品销售统计表"

小李要对 2023 年度各公司销售的远安特色农产品的情况进行整理，制作"特色农产品销售统计表"，并进行排序、筛选等简单的数据管理。本任务的参考效果如图 4-18 所示。

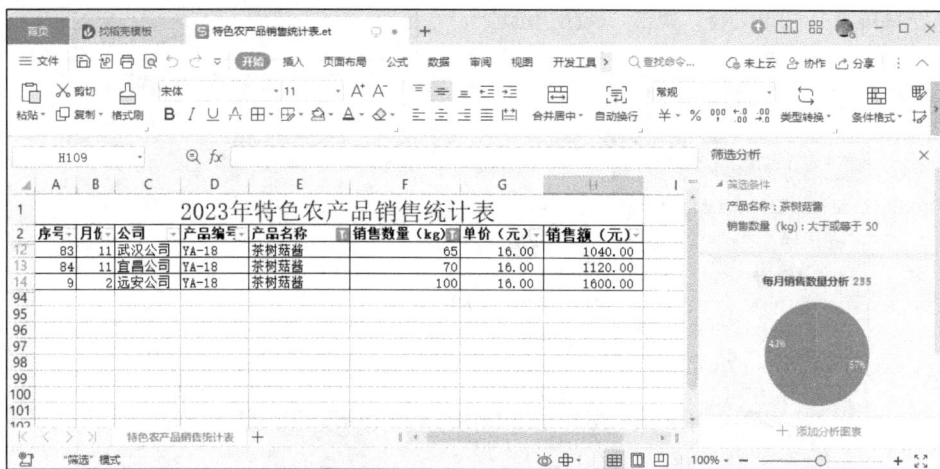

图 4-18　"特色农产品销售统计表"

一、相关知识

在编辑和管理与产品相关的各类表格时，常常会运用数据分列、排序和筛选等知识。

（一）智能分列和高级分列

分列是指将一个单元格中的数据按照指定的条件拆分到多列中。除本任务所讲解的按照文本向导分列外，WPS 表格还提供智能分列和高级分列（WPS 会员才可使用）两种分列方式。

（1）智能分列：根据表格内容的不同，用户可以通过分隔符、文本类型、关键字（句）及固定宽度等条件来对表格内容进行智能分列处理。智能分列的方法是，选择需要分列的数据区域，单击"数据"选项卡中"分列"按钮 下方的下拉按钮 ，在弹出的下拉列表中选择"智能分列"选项。系统将对选择的数据区域进行自动分列，且在打开的"智能分列结果"对话框中显示分列结果，单击列分割线即可取消分列。如果对智能分列结果不满意，可单击"手动设置分列"按钮，打开"文本分列向导-2 步骤之 1"对话框，其中提供了分隔符、文本类型、按关键字和固定宽度 4 种分列方式。选择需要的分列方式后，在下方的"数据预览"栏中可以预览分列效果，设置完成后单击"完成"按钮即可。

（2）高级分列：用户可以根据需要自定义分列规则，如按字符数进行分列、按特定内容进行分列和按字符类型进行分列等。高级分列的方法是，选择需要分列的数据区域，单击"智能工具箱"选项卡中的"高级分列"按钮，打开"高级分列"对话框，自定义分列规则后，单击"确定"按钮。

（二）排序方式

排序是指将表格数据按照指定的条件进行升序或降序排列。在 WPS 表格中，常用的排序方式有自动排序和自定义排序两种。

（1）自动排序：自动排序是指单击"排序"按钮按照默认的排序规则进行排序。选择数据区域中的某个单元格，单击"数据"选项卡中的"排序"按钮，系统将根据所选单元格的数据特点自动进行升序排列。如果所选单元格所在的行或列是文本，则会按照第一个字母的先后顺序进行排列；如果所选单元格所在的行或列是数字，则会按照数字由小到大的顺序进行排列。

（2）自定义排序：自定义排序是指根据需求自行设置条件进行排序。选择数据区域中的某个单元格，单击"数据"选项卡中"排序"按钮下方的下拉按钮，在弹出的下拉列表中选择"自定义排序"选项，打开"排序"对话框。在其中设置主要条件的排序列、排序依据和排序次序，如果主要条件中存在重复值，则可单击"添加条件"按钮添加次要条件，这样当主要条件相同时，系统就可按照次要条件进行排序。

（三）筛选方式

筛选是指将表格中符合条件的数据筛选出来，并隐藏不符合条件的数据。WPS 表格中有内容筛选、颜色筛选、文本筛选和数字筛选 4 种筛选方式，用户可以根据数据的类型选择合适的数据筛选方式。

（1）内容筛选：适用于表格中的所有数据。执行内容筛选的方法是，单击"数据"选项卡中的"筛选"按钮，为字段添加筛选下拉按钮。单击该下拉按钮，弹出的下拉列表的"名称"列表框中显示了该字段包含的所有数据，系统默认选中所有复选框，若要选出某类数据，则可取消选中除该类数据外的所有复选框，然后单击"确定"按钮。

（2）颜色筛选：适用于表格中已经用不同颜色标示出的不同类别的数据。执行颜色筛选的方法是，在筛选下拉列表中打开"颜色筛选"选项卡，在下方的文本框中选择某个色块，即可筛选出该色块颜色包含的数据。

（3）文本筛选：适用于表格中的文本型数据。执行文本筛选的方法是，在筛选下拉列表中单击"文本筛选"按钮，在弹出的下拉列表中选择文本筛选条件，打开"自定义自动筛选方式"对话框，在其中设置好具体筛选条件后，单击"确定"按钮。

（4）数字筛选：适用于表格中的数字型数据。执行数字筛选的方法是，在筛选下拉列表中单击"数字筛选"按钮，在弹出的下拉列表中选择数字筛选条件，打开"自定义自动筛选方式"对话框，在其中设置好具体筛选条件后，单击"确定"按钮。

知识扩展

单击筛选下拉按钮，在弹出的下拉列表的搜索框中输入筛选条件的关键字，然后按Enter键，下方的列表框中将显示筛选的字段内容。在输入关键字时，可以用半角的"?"表示一个字符，用半角的"*"表示任意多个字符。

二、任务实现

（一）分列数据

分列数据是指将一个单元格中的数据按照指定的条件分成多个单独的列。

下面将"特色农产品销售统计表"的"产品编号～产品名称"列中的数据分成两列，使产品编号和产品名称分开显示，具体操作如下。

（1）打开"特色农产品销售统计表.et"工作簿。

（2）选择 D 列，单击鼠标右键，在弹出的快捷菜单中选择"在右侧插入列"命令，系统将在该列右侧插入空白列。将 D2 单元格中的内容更改为"产品编号"，并在 E2 单元格中输入"产品名称"文本。

（3）选择 D3:D93 单元格区域，单击"数据"选项卡中的"分列"按钮，打开"文本分列向导-3步骤之 1"对话框。

（4）单击"下一步"按钮，打开"文本分列向导-3 步骤之 2"对话框，在"分隔符号"栏中选中"其他"复选框，并在其后的文本框中输入"～"符号，在"数据预览"栏中预览分列效果，然后单击"下一步"按钮，如图 4-19 所示。

（5）在打开的"文本分列向导-3 步骤之 3"对话框的"列数据类型"栏中选中"文本"单选项，然后单击"完成"按钮，如图 4-20 所示。返回工作表后，系统将根据指定条件分列数据。

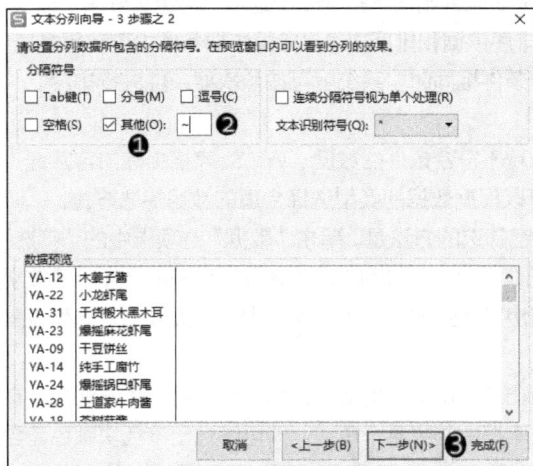

图 4-19　设置分隔符

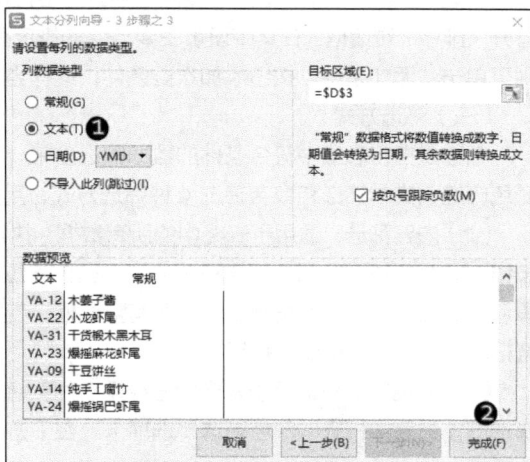

图 4-20　设置列数据类型

（二）按条件排列数据

在 WPS 表格中可以按条件排列数据。在管理"特色农产品销售统计表"时，可以通过该功能设置单个条件或多个条件来查看表格的数据。按多个条件排列数据时，需要先根据主要条件排序，再根据次要条件排序，具体操作如下。

（1）选择数据区域中的任意单元格，单击"数据"选项卡中"排序"按钮下方的下拉按钮，在弹出的下拉列表中选择"自定义排序"选项。

（2）在打开的"排序"对话框的"主要关键字"下拉列表中选择"产品名称"选项，单击"添加条件"按钮，增加一个次要条件，在"次要关键字"下拉列表中选择"公司"选项，其他保持默认设置，然后单击"确定"按钮，如图 4-21 所示。系统将按照指定的排序条件重新排列数据。

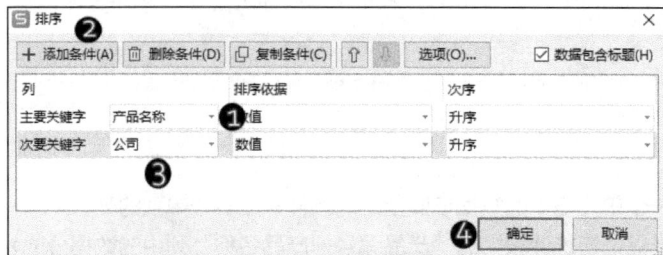

图 4-21　设置排序条件

　　在"排序"对话框中设置好排序关键字后，在其对应的"次序"下拉列表中选择"自定义序列"选项，打开"自定义序列"对话框；在"输入序列"列表框中输入需要的序列，然后单击"添加"按钮添加序列，接着单击"确定"按钮，返回"排序"对话框，再次单击"确定"按钮，即可按照输入的序列排序。

（三）自动筛选数据

　　在管理"特色农产品销售统计表"的过程中，可以根据需要自动筛选数据。下面将通过筛选下拉列表筛选符合条件的数据，具体操作如下。

（1）选择 A2:H93 单元格区域，单击"数据"选项卡中的"筛选"按钮，A2:H2 区域的单元格右下角将会出现筛选下拉按钮。

（2）单击 E2 单元格右下角的筛选下拉按钮，在弹出的下拉列表的"名称"栏中取消选中"（全选|反选）"复选框，选中"茶树菇酱"复选框，单击"确定"按钮，如图 4-22 所示。表格中将只显示与"茶树菇酱"相关的数据记录。

（3）单击 F2 单元格右下角的筛选下拉按钮，在弹出的下拉列表中单击"数字筛选"按钮，在弹出的下拉列表中选择"大于或等于"选项，如图 4-23 所示，打开"自定义自动筛选方式"对话框。

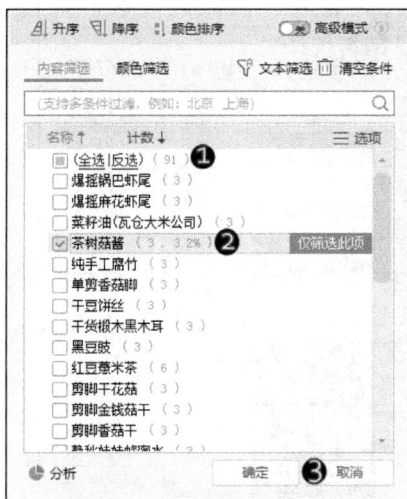

图 4-22　设置筛选条件　　　　图 4-23　设置数字筛选条件

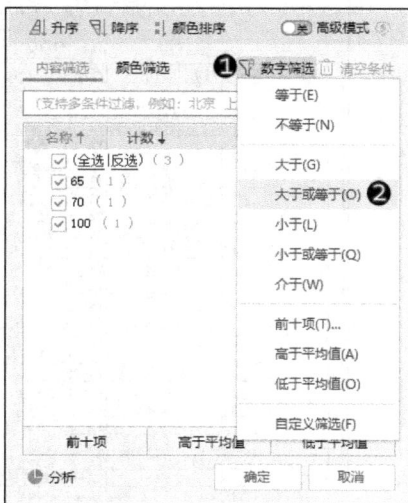

（4）在"销售数量"栏的"大于或等于"下拉列表框右侧的列表框中输入"50"，单击"确定"按钮。返回工作表，查看数据的筛选结果。

（四）添加筛选分析图表

　　WPS 表格提供的筛选功能包含图表功能，用户可以根据需要为筛选出来的数据添加图表，以更直观地查看和分析数据，具体操作如下。

（1）单击 F2 单元格右下角的筛选下拉按钮，在弹出的下拉列表中单击"分析"按钮，打开"筛选分析"任务窗格。单击任务窗格中的"编辑"按钮，打开"筛选分析图表（1）"对话框，在"按"下拉列表中选择"月份"选项，在"图表标题"文本框中输入"每月销售数量分析"文本，然后单击"应用"按钮，如图 4-24 所示。此时"筛选分析"任务窗格中显示该工作表的筛选条件，并根据筛选条件和 F2 单元格的字段列出了分析图表。

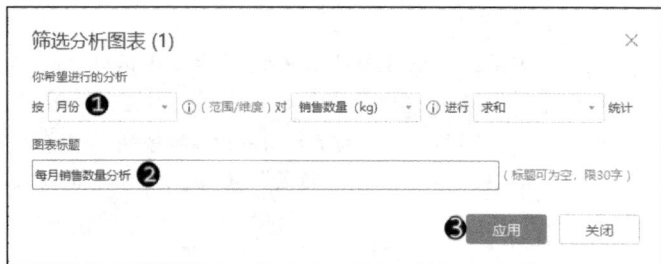

图 4-24　编辑筛选分析图表数据

（2）单击"关闭"按钮关闭"筛选分析图表（1）"对话框，在"筛选分析"任务窗格中查看图表效果。单击"筛选分析"任务窗格右下角的"更多"按钮…，在弹出的下拉列表中选择"导出图表至新工作表"选项，可将图表导出到当前工作簿的新工作表中；选择"图表导出为图片"选项，可打开"另存为图片"对话框，将其以图片的形式进行保存。

任务三　突出显示"特色农产品销售统计表"数据

为了便于查看"特色农产品销售统计表"中的数据，小李要将表格中的相关数据突出显示。本任务的参考效果如图 4-25 所示。

图 4-25　特色农产品销售统计表

一、相关知识

在查看销售数据类表格时，经常会用到条件格式和数据对比等相关知识。

（一）条件格式

WPS 表格提供了突出显示单元格规则、项目选取规则、数据条、色阶和图标集 5 种条件格式，可以对表格中的数据按照指定的条件进行判断，并返回指定格式的数据，以突出显示表格中重要的数据。

（1）突出显示单元格规则：用于突出显示工作表中满足某个条件（如大于某个数据、小于某个数据、介于某两个数据之间、等于某个数据、文本包含某个数据等）的数据。

（2）项目选取规则：用于突出显示前几项、后几项、高于平均值或低于平均值的数据。

（3）数据条：用于标识单元格中的值的大小。数据条越长，单元格中的值越大；数据条越短，则值越小。

（4）色阶：将不同范围内的数据用不同的渐变颜色进行区分。

（5）图标集：以不同的形状或颜色表示数据的大小，可以按阈值将数据分为 3~5 个类别，每个图标代表一个数值范围。

（二）数据对比

核对多个报表的数据或查看数据较多的表格时，直接查看难免会出现失误，此时就可以通过 WPS 表格提供的数据对比功能对数据进行对比、标记，或者提取数据中相同或不同的数据。数据对比的方法是，选择数据区域，单击"数据"选项卡中的"数据对比"按钮 ，弹出的下拉列表中有"标记重复数据""提取重复数据""标记唯一数据""提取唯一数据"选项，选择需要的选项即可进行对比操作。

（1）标记重复数据：用指定颜色标记所选区域中的重复数据。

（2）提取重复数据：将所选区域中的重复数据提取到新工作表，并可根据需要提取数据标题和显示重复的次数。

（3）标记唯一数据：用指定的颜色标记所选数据区域中的唯一数据。

（4）提取唯一数据：将所选区域中的唯一数据提取到新工作表，并可根据需要确定是保留一条重复的数据还是全部删除。

二、任务实现

（一）设置高亮重复项

在 WPS 表格中可以高亮显示重复项，具体操作如下。

打开"特色农产品销售统计表.et"工作簿，选择 G3:G93 单元格区域，单击"数据"选项卡中的"重复项"按钮 ，在弹出的下拉列表中选择"设置高亮重复项"选项，打开"高亮显示重复值"对话框，确认数据区域后，单击"确定"按钮，如图 4-26 所示。返回工作表后，G3:G93 单元格区域中重复数据所在的单元格被标记成"橙色"背景。

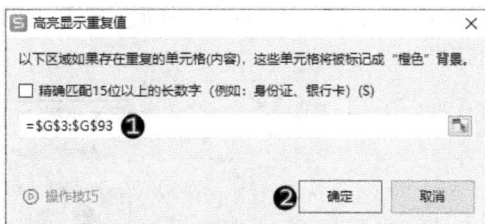

图 4-26　设置高亮显示重复值

> 知识扩展
>
> 　　选择单元格区域后，单击"数据"选项卡中的"重复项"按钮 ，在弹出的下拉列表中选择"拒绝录入重复项"选项，在所选单元格区域中输入数据时，如果输入了重复数据，系统会提示检查输入的数据的准确性；选择"删除重复项"选项，系统将删除重复数据，且只保留一项数据。

（二）突出显示符合条件的数据

当需要查看数据表中的某些数据时，可以使用突出显示单元格规则功能来突出显示符合条件的数据。下面将"特色农产品销售统计表"的"公司"列中包含"宜昌"文本的数据突出显示，具体操作如下。

（1）选择 C3:C93 单元格区域，单击"开始"选项卡中的"条件格式"按钮 ，在弹出的下拉列表中选择"突出显示单元格规则"选项，在弹出的子列表中选择"文本包含"选项。

（2）在打开的"文本包含"对话框的参数框中输入"宜昌"文本，在"设置为"下拉列表中选择"黄填充色深黄色文本"选项，然后单击"确定"按钮，如图 4-27 所示。返回工作表后，C3:C93 单元格区域中包含"宜昌"文本的单元格将突出显示。

图 4-27　设置条件格式

> **知识扩展**
>
> 　　单击"开始"选项卡中的"条件格式"按钮 $\boxed{}$，在弹出的下拉列表中选择"清除规则"选项，在弹出的子列表中选择"清除所选单元格的规则"选项，可清除当前所选单元格或单元格区域的条件格式；选择"清除整个工作表中的规则"选项，可清除整个工作表中的条件格式。

（三）突出显示前 5 项数据

　　当需要查看工作表中的前几项数据时，可以通过条件格式突出显示需要查看的数据。下面在"特色农产品销售统计表"中突出显示销售额在前 5 的数据，具体操作如下。

　　（1）选择 G3:G93 单元格区域，单击"开始"选项卡中的"条件格式"按钮 $\boxed{}$，在弹出的下拉列表中选择"项目选取规则"选项，在弹出的子列表中选择"前 10 项"选项。

　　（2）在打开的"前 10 项"对话框的数值框中输入"5"，在"设置为"下拉列表中选择"绿填充色深绿色文本"选项，然后单击"确定"按钮，如图 4-28 所示。返回工作表后，查看符合条件的单元格数据的效果。

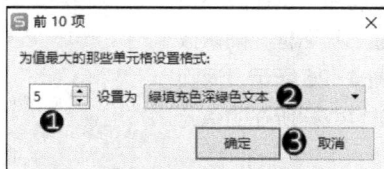

图 4-28　设置突出显示前 5 项数据

> **知识扩展**
>
> 　　突出显示工作表中的前几项或后几项数据时，若所选单元格区域中的数据有重复值，那么突出显示的项数可能会大于实际的项数。例如，设置突出显示前5项数据时，如果所选单元格区域的前5项数据有重复值，则突出显示的项数会大于5。

（四）新建条件格式

　　当内置的条件格式不能满足需要时，用户可以根据实际需求新建条件格式，具体操作如下。

　　（1）选择 E3:E93 单元格区域，单击"开始"选项卡中的"条件格式"按钮 $\boxed{}$，在弹出的下拉列表中选择"新建规则"选项。

　　（2）在打开的"新建格式规则"对话框的"选择规则类型"列表框中选择"使用公式确定要设置格式的单元格"选项，在"只为满足以下条件的单元格设置格式"参数框中输入公式"=$E3>50"，然后单击"格式"按钮，如图 4-29 所示。

图 4-29　新建格式规则

117

（3）在打开的"单元格格式"对话框中打开"图案"选项卡，在"颜色"栏中单击"红色"色块，然后单击"确定"按钮。返回工作表，查看突出显示单元格数据的效果。

> **知识扩展**
>
> 在"条件格式"下拉列表中选择"管理规则"选项，打开"条件格式规则管理器"对话框，在"显示其格式规则"下拉列表中选择"当前工作表"选项，系统将显示当前工作表中的所有条件格式；若单击"编辑规则"按钮，则可在"编辑规则"对话框中对选择的规则进行修改；在某规则对应的"应用于"参数框中可更改应用规则的单元格区域；单击"删除规则"按钮，可删除当前选择的规则。

（五）分类汇总数据

应用分类汇总功能可快速将相同类型的数据按照指定的汇总方式进行汇总，在汇总之前，还需要将相同的分类字段排列在一起，以便进行统计，具体操作如下。

（1）选择"特色农产品销售统计表"中的 A2:G93 单元格区域，单击"数据"选项卡中"排序"按钮下方的下拉按钮，在弹出的下拉列表中选择"自定义排序"选项，打开"排序"对话框。在"主要关键字"下拉列表中选择"产品编号~产品名称"选项，单击"确定"按钮。

（2）选择 A2:G93 单元格区域，单击"数据"选项卡中的"分类汇总"按钮，打开"分类汇总"对话框。在"分类字段"下拉列表中选择"产品编号~产品名称"选项，在"汇总方式"下拉列表中选择"求和"选项，在"选定汇总项"列表框中选中"销售数量（kg）"和"销售额（元）"复选框，然后单击"确定"按钮，如图 4-30 所示。返回工作表后，查看分类汇总后的效果。

（3）单击左侧的 1|2|3 图标，可显示 1、2、3 级数据。

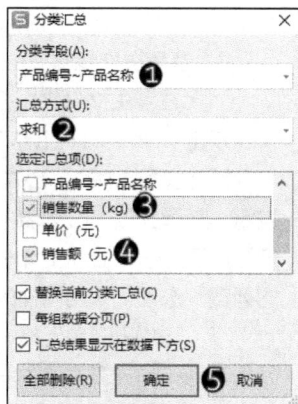

图 4-30　设置分类汇总方式

课后自主练习

1. 全国计算机等级考试模拟训练试题

打开考生文件夹下的"ET.xlsx"（.xlsx 为文件扩展名）工作簿，后续操作均基于此工作簿。

118

小鸣家里最近在装修，为了更好地控制费用，小鸣决定制作装修预算表，请你协助他完成表格的制作。

（1）在"Sheet1"工作表中完成以下操作。

将"Sheet1"工作表重命名为"装修预算表"；将 A1:H1 单元格区域合并并居中，行高设置为 30 磅；将 B 列、C 列和 J 列设置为最适合的列宽。

（2）在"装修预算表"工作表中完成以下计算。

在 H3:H32 单元格区域中计算"总计"[总计=数量×（材料+人工）]，并设置单元格格式为人民币货币，保留两位小数；在 K3:K9 单元格区域中使用 SUMIF 函数计算各个装修类型的费用；在 L3:L9 单元格区域中使用 IF/IFS 函数对各个装修类型的费用进行评估（费用<5000 为"便宜"，5000<=费用<10000 为"中等"，费用>=10000 为"贵"）。

（3）在"装修预算表"工作表中完成以下条件格式设置。

将材料费用列（F3:F32）中数据大于 1000 的单元格设置为浅红填充色深红色文本，数据小于 100 的单元格设置为巧克力黄，着色 2；使用条件格式在 H3:H32 单元格区域中设置渐变填充红色数据条。

（4）在"家具类别汇总"工作表中创建图表。

选择 A2:B5 单元格区域，创建簇状条形图，并将图表置于 A7:G20 单元格区域；设置图表标题为"家具类别汇总"，图表样式为样式 7，数据标签为数据标签内。

（5）在"家具清单"工作表中完成以下排序、分类汇总操作。

对数据区域进行排序，主要关键字为类别，升序排列；次要关键字为总计（元），降序排列；在 A 列左侧插入一列，在 A1 单元格中输入"序号"，在 A2:A31 单元格区域中填充序号 A01、A02、A03……A30；对 A1:G31 单元格区域进行分类汇总，分类字段为类别，汇总方式为求和，选定汇总项为总计（元），汇总结果显示在数据下方。

（6）对"家具清单"工作表进行打印页面设置。

将 A1:G35 单元格区域设置为打印区域；设置页边距为窄，设置表格在打印页面中水平和垂直居中。

2．参考操作步骤

（1）在考生文件夹中打开"ET.xlsx"工作簿。

双击"Sheet1"工作表标签，将工作表名称改为"装修预算表"。选中 A1:H1 单元格区域，单击"开始"选项卡中的"合并居中"按钮。选中合并后的单元格，单击"开始"选项卡中的"行和列"按钮，在弹出的下拉列表中选择"行高"选项，打开"行高"对话框，设置行高为 30 磅，单击"确定"按钮。选中 B 列，单击"开始"选项卡中的"行和列"按钮，在弹出的下拉列表中选择"最适合的列宽"选项。采用同样的方法设置 C 列和 J 列为最适合的列宽。

（2）选中 H3 单元格，输入公式"=E3*(F3+G3)"，按 Enter 键，双击 H3 单元格的智能填充柄完成其他行的计算。选中 H3:H32 单元格区域，在"开始"选项卡中单击"中文货币符号"按钮，在弹出的下拉列表中选择货币格式，单击"增加小数位数"或"减少小数位数"按钮，将小数位数调整为两位。选中 K3 单元格，输入公式"=SUMIF($B$3:$B$32,J3,$H$3:$H$32)"，按 Enter 键，双击 K3 单元格的智能填充柄完成其他行计算。选中 L3 单元格，输入公式"=IFS(K3<5000,"便宜",K3<10000,"中等",J3>=10000,"贵")"，按 Enter 键，双击 L3 单元格的智能填充柄完成其他行计算。

（3）选中 F3:F32 单元格区域，单击"开始"选项卡中的"条件格式"按钮，在弹出的下拉列表中选择"突出显示单元格规则"选项，在弹出的子列表中选择"大于"选项，打开"大于"对话框；在参数框中输入"1000"，在"设置为"下拉列表中选择"浅红填充色深红色文本"选项，单击"确定"按钮。选中 F3:F32 单元格区域，单击"开始"选项卡中的"条件格式"按钮，在弹出的下拉列表中选择"突出显示单元格规则"选项，在弹出的子列表中选择"小于"选项，打开"小于"对话框；在参数框中输入"100"，在"设置为"下拉列表中选择"自定义格式"选项，打开"单元格格式"对话框；在"字体"选项卡中设置颜色为"巧克力黄，着色 2"，单击"确定"按钮，再次单击"确定"按钮。选中 H3:H32 单元格区域，单击"开始"选项卡中的"条件格式"按钮，在弹出的下拉列表中选择"数据条"选项，在弹出的子列表中选择"渐变填充"栏中的"红色数据条"选项。

（4）选中"家具类别汇总"工作表，选中 A2:B5 单元格区域，单击"插入"选项卡中的"插入柱形图"按钮，在弹出的下拉列表中选择"簇状条形图"选项；拖动并缩放图表到 A7:G20 单元格区域内；删除图表标题原有内容，并输入"家具类别汇总"；在"图表工具"选项卡中选择"样式 7"；单击"图表工具"选项卡中的"添加元素"按钮，在弹出的下拉列表中选择"数据标签"选项，在弹出的子列表中选择"数据标签内"选项。

（5）选中"家具清单"工作表的数据区域，单击"数据"选项卡中的"排序"按钮下方的下拉按钮，在弹出的下拉列表中选择"自定义排序"选项，打开"排序"对话框；设置主要关键字为类别，次序为升序，单击"添加条件"按钮，设置次要关键字为总计（元），次序为降序，单击"确定"按钮。选中 A 列，单击"开始"选项卡中的"行和列"按钮，在弹出的下拉列表中选择"插入单元格"选项，在弹出的子列表中设置在左侧插入一列，单击√即可。在 A1 单元格中输入"序号"，A2 单元格中输入"A01"，A3 单元格中输入"A02"，选中 A2 和 A3 单元格，双击智能填充柄完成其他行填充。选中 A1:G31 单元格区域，单击"数据"选项卡中的"分类汇总"按钮，打开"分类汇总"对话框；设置分类字段为类别，汇总方式为求和，在"选定汇总项"列表框中选中"总计（元）"复选框，选中"汇总结果显示在数据下方"复选框，单击"确定"按钮。

（6）选中 A1:G35 单元格区域，单击"页面"选项卡中的"打印区域"按钮下方的下拉按钮，在弹出的下拉列表中选择"设置打印区域"选项。单击"页面"选项卡中的"页边距"按钮，在弹出的下拉列表中选择"窄"选项。单击"页面"选项卡中的"页面设置"按钮，打开"页面设置"对话框，在"页边距"选项卡中选中"水平"和"垂直"复选框，单击"确定"按钮。

保存并关闭"ET.xlsx"工作簿。

项目二　计算和分析 WPS 表格中的数据

项目介绍　　为了总结2023年远安特色农产品的推广销售成果，驻村工作队队员小李在前期收集整理销售数据的基础上，使用WPS表格对农产品销售数据进行计算，使用图表、数据透视表等对结果进行分析。

- **知识目标**

（1）学习WPS表格中公式和函数的使用方法。

（2）学习WPS表格中图表的使用方法。

（3）学习WPS表格中分析数据的方法。

- **技能目标**

（1）能够直接引用其他工作表的数据并完成数据计算。

（2）能够应用公式、函数计算表格中的数据。

（3）能够插入合适的图表，并对图表进行编辑、设置图表格式。

（4）能够根据数据源创建需要的数据透视表并对其进行设置。

（5）能够快速为数据透视表应用合适的样式并正确分析数据透视图中的数据。

项目介绍

- **素养目标**

（1）提高计算表格数据的效率。

（2）提升分析、统计数据的能力。

（3）培养科学严谨的工作作风。

（4）增强振兴乡村的责任感。

任务一　计算“农产品销售表”数据

小李通过WPS表格的公式、函数等对特色农产品销售结果进行计算，制作“农产品销售表”，如图4-31所示。

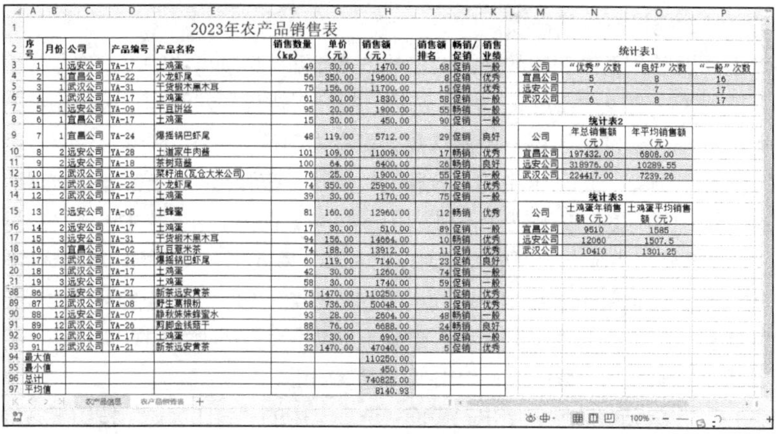

2023年农产品销售表

序号	月份	公司	产品编号	产品名称	销售数量（kg）	单价（元）	销售额（元）	销售额排名	畅销/促销	销售业绩
1	1	远安公司	YA-17	土鸡蛋	49	30.00	1470.00	68	促销	一般
2	1	宜昌公司	YA-22	小龙虾尾	56	350.00	19600.00	8	促销	优秀
3	1	武汉公司	YA-31	干货椴木黑木耳	75	156.00	11700.00	15	促销	优秀
4	1	武汉公司	YA-17	土鸡蛋	61	30.00	1830.00	58	促销	一般
5	1	远安公司	YA-09	干豆饼丝	95	20.00	1900.00	55	畅销	一般
6	1	宜昌公司	YA-17	土鸡蛋	15	30.00	450.00	90	促销	一般
7	1	宜昌公司	YA-24	爆摇锅巴虾尾	48	119.00	5712.00	29	促销	良好
8	2	远安公司	YA-28	土道家牛肉酱	101	109.00	11009.00	17	畅销	优秀
9	2	远安公司	YA-18	茶树菇酱	100	64.00	6400.00	26	畅销	良好
10	2	武汉公司	YA-19	菜籽油(瓦仓大米公司)	76	25.00	1900.00	55	促销	一般
11	2	武汉公司	YA-22	小龙虾尾	74	350.00	25900.00	7	促销	优秀
12	2	武汉公司	YA-17	土鸡蛋	39	30.00	1170.00	75	促销	一般
13	2	远安公司	YA-05	土蜂蜜	81	160.00	12960.00	12	畅销	优秀
14	2	远安公司	YA-17	土鸡蛋	17	30.00	510.00	89	促销	一般
15	3	远安公司	YA-31	干货椴木黑木耳	94	156.00	14664.00	10	畅销	优秀
16	3	宜昌公司	YA-02	红豆薏米茶	74	188.00	13912.00	11	促销	优秀
17	3	武汉公司	YA-24	爆摇锅巴虾尾	60	119.00	7140.00	23	促销	良好
18	3	武汉公司	YA-17	土鸡蛋	42	30.00	1260.00	74	促销	一般
19	3	远安公司	YA-17	土鸡蛋	58	30.00	1740.00	59	促销	一般
86	12	远安公司	YA-21	新茶远安黄茶	75	1470.00	110250.00	1	促销	优秀
87	12	武汉公司	YA-08	野生葛根粉	68	736.00	50048.00	3	促销	优秀
88	12	远安公司	YA-07	静秋姝妹蜂蜜水	93	28.00	2604.00	48	畅销	一般
89	12	武汉公司	YA-26	剪脚金钱菇干	88	76.00	6688.00	24	畅销	良好
90	12	武汉公司	YA-17	土鸡蛋	23	30.00	690.00	86	促销	一般
91	12	武汉公司	YA-21	新茶远安黄茶	32	1470.00	47040.00	5	促销	优秀
最大值							110250.00			
最小值							450.00			
总计							740825.00			
平均值							8140.93			

统计表1

公司	“优秀”次数	“良好”次数	“一般”次数
宜昌公司	5	8	16
远安公司	7	7	17
武汉公司	6	8	17

统计表2

公司	年总销售额（元）	年平均销售额（元）
宜昌公司	197432.00	6808.00
远安公司	318976.00	10289.55
武汉公司	224417.00	7239.26

统计表3

公司	土鸡蛋年销售额（元）	土鸡蛋平均销售额（元）
宜昌公司	9510	1585
远安公司	12060	1507.5
武汉公司	10410	1301.25

图4-31　“农产品销售表”

一、相关知识

在WPS表格中，要想灵活地使用公式和函数来计算数据，需要掌握公式和函数的相关知识。

（一）单元格引用

使用公式和函数计算数据时，需要引用数据所在的单元格。公式中常用的单元格引用包括相对引用、绝对引用和混合引用。

（1）相对引用：公式中的单元格地址会随存放计算结果的单元格位置的变化而自动变化，也就是说，将公式复制到其他单元格时，单元格中公式的引用地址会发生相应的变化，但引用的单元格与包含公式的单元格的相对位置不变。

（2）绝对引用：引用单元格的绝对地址，被引用单元格与引用单元格之间的关系是绝对的。在绝对引用中，单元格地址行号和列标前都有一个“$”符号，表示单元格的位置已固定，无论将公式复制到哪里，引用的单元格都不会发生任何变化。

（3）混合引用：相对引用与绝对引用同时存在于一个单元格引用中，包括绝对列和相对行（列标前有“$”符号）、绝对行和相对列（行号前有“$”符号）两种形式。在复制和填充公式时，绝对引用的部分始终保持绝对引用的性质，不会随单元格的变化而变化；相对引用的部分同样保持相对引用的性质，会随单元格的变化而变化。

知识扩展

引用同一工作簿的其他工作表中的单元格数据时，需要在单元格地址前加上工作表标签和半角的“!”符号，形式为“工作表标签!+单元格引用”；引用其他工作簿的工作表中的单元格数据时，需要在跨工作表引用的形式前加上工作簿名称，形式为“[工作簿名称]+工作表标签!+单元格引用”。

（二）运算符的优先级

根据运算类型的不同，WPS 表格中的运算符可分为引用运算符、算术运算符、文本运算符和比较运算符 4 种，不同的运算符有不同的计算顺序。当公式中有多个运算符时，系统将按照运算符的优先级依次进行计算，相同优先级的运算符将从左到右依次进行计算。

（1）引用运算符：用于确定公式或函数中参与计算的单元格区域，其返回的结果还是单元格引用，包括冒号（ : ）、空格和逗号（ , ）3 种，是第一计算的运算符。

（2）算术运算符：用于完成加、减、乘、除、百分比和乘幂等简单运算，包括加（ + ）、减（ − ）、乘（ * ）、除（ / ）、负号（ − ）、百分比（ % ）和乘幂（ ^ ）等运算符。计算时，公式或函数按照负号（ − ）、百分比（ % ）、乘幂（ ^ ）、乘（ * ）、除（ / ）、加（ + ）、减（ − ）的顺序进行，算术运算符是第二计算的运算符。

（3）文本运算符：用于连接一个或多个文本或数字，得到一个新的文本字符串或数字字符串。文本运算符只有"&"运算符，是第三计算的运算符。

（4）比较运算符：用于比较两个数的大小，返回的结果只能是逻辑值 TRUE 或 FALSE。若比较的两个数的等式成立，则返回 TRUE，不成立则返回 FALSE。比较运算符包括等于（ = ）、大于（ > ）、小于（ < ）、大于等于（ >= ）、小于等于（ <= ）和不等于（ <> ）等，是最后计算的运算符。

（三）两类函数参数

在 WPS 表格中，每一个函数都是一组特定的公式，主要由等号（ = ）、函数名、半角括号和函数参数等组成，而函数参数又分为必需参数和可选参数。

（1）必需参数：函数中必须存在的、不能省略的参数。一般来说，函数的第一个参数是必需参数，TODAY、NOW 等没有函数参数的函数除外。在使用这些函数时，必须在函数后面带上"( )"符号。

（2）可选参数：函数中可以省略的参数。当一个函数中有多个可选参数时，可以根据实际情况省略某一个或某几个参数。

（四）函数分类

WPS 表格根据函数的功能，将函数分为财务函数、逻辑函数、文本函数、日期和时间函数、查找与引用函数、数学和三角函数、统计函数、信息函数和工程函数 9 类。

（1）财务函数：用于帮助财务人员完成一般的财务计算与分析工作，如计算贷款的支付额、投资的未来值或净现值，以及债券或息票的价值等，常用的财务函数有 PV、FV、DB、PPMT、IPMT、CUMPRINC、NPER 等。

（2）逻辑函数：用于测试某个条件的逻辑关系，若条件成立则返回逻辑值 TRUE，不成立则返回逻辑值 FALSE，常用的逻辑函数有 IF、IFERROR、AND、OR 等。

（3）文本函数：用于处理文本字符串，既可以截取、查找或搜索文本中的某个特殊字符，或提取某些字符，也可以改变文本的状态（如文本字符串中字母的大小写转换等），常用的文本函数有 LEFT、RIGHT、SUBSTITUTE、FIND 等。

（4）日期和时间函数：用于处理日期和时间值，常用的日期和时间函数有 TODAY、DATE、EOMONTH、TIME、WEEKDAY、DAY 等。

（5）查找与引用函数：用于在数据区域中查找或引用满足条件的值，常用的查找与引用函数有 LOOKUP、VLOOKUP、INDEX、OFFSET 等。

（6）数学和三角函数：用于进行各种数学计算，如求和、求乘积、求乘积之和、四舍五入及求余等，常用的数学和三角函数有 SUM、SUMIF、SUMPRODUCT 等。

（7）统计函数：用于统计分析一定范围内的数据，如求平均值、最大值、最小值、个数等，常用的统计函数有 MAX、MIN、AVERAGEA、COUNTIF 等。

（8）信息函数：用于确定单元格中数据的类型，还可以使单元格在满足一定的条件时返回逻辑值。

（9）工程函数：主要用于工程应用，可以处理复杂的数字，在不同的记数体系和测量体系之间进行转换，如将二进制数转换为十进制数。

二、任务实现

（一）使用 VLOOKUP 函数

VLOOKUP 函数用于根据给定条件，在指定的区域中垂直查找与之匹配的数据，它的语法结构如下。

VLOOKUP(查找值,数据表,列序数,[匹配条件])

其中，"查找值"是必需参数，是希望在数据表中查找的值。"数据表"是必需参数，是包含查找值的区域或表。"列序数"是必需参数，返回值所在列的列标。"匹配条件"是可选参数，返回逻辑值，用于指定查找是精确匹配还是近似匹配。如果"匹配条件"为 FALSE 或 0，则进行精确匹配；如果为 TRUE 或 1，则进行近似匹配；如果省略，则默认进行近似匹配。

（1）打开"农产品销售表.et"工作簿，在"农产品销售表"中选择 G3 单元格，单击编辑栏左边的"插入函数"按钮 *fx*，打开"插入函数"对话框，在"选择函数"列表框中选择"VLOOKUP"选项，单击"确定"按钮，如图 4-32 所示。

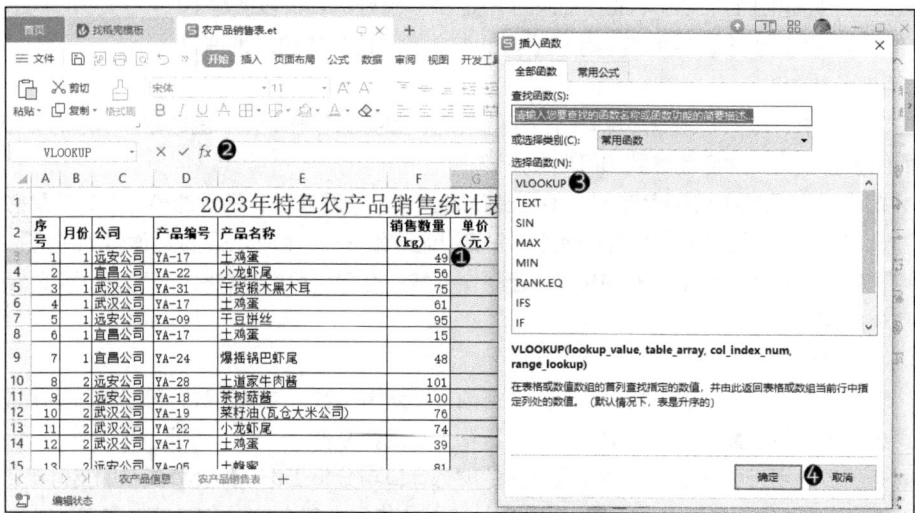

图 4-32　选择函数

（2）在打开的"函数参数"对话框中输入参数，单击"确定"按钮。如图 4-33 所示。

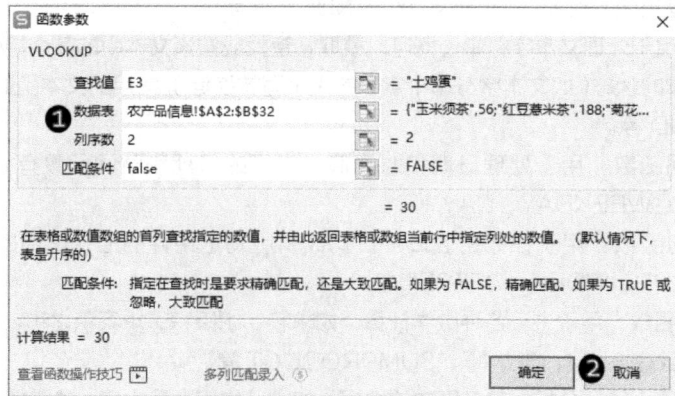

图 4-33　设置函数参数（1）

（3）拖动 G3 单元格右下角的填充柄至 G93 单元格。

> （1）使用函数时，如果"插入函数"对话框的"选择函数"列表框中没有想要使用的函数，可在"查找函数"文本框中输入相应函数。
>
> （2）使用函数时，可以直接在编辑栏中输入"=函数名（函数参数）"，按Enter键完成输入。

知识扩展

（二）使用公式

公式是指以等号（＝）开头，运用各种运算符号将常量或单元格引用连接起来形成的表达式，一般用于数据的简单运算。

（1）在"农产品销售表"中选择 H3 单元格，在编辑栏中输入公式"=F3*G3"，如图 4-34 所示。按 Enter 键确认，H3 单元格中会显示计算结果。

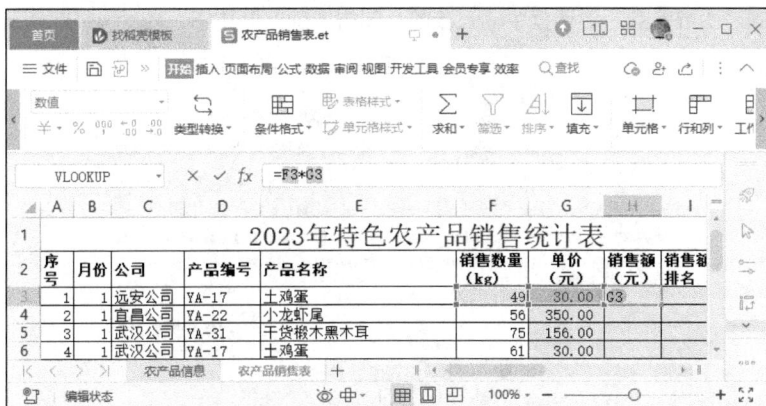

图 4-34 输入公式

（2）将该公式向下填充至 H93 单元格。

（三）使用 MAX、MIN 函数

MAX 函数和 MIN 函数分别用于求一组数据中的最大值和最小值。它的语法结构如下。

MAX（或 MIN）(number1,number2,...)

其中，number1、number2 等参数表示要比较大小的数据，若参数为单元格引用，则只会计算参数引用的数据。

（1）在"农产品销售表"中选择 H94 单元格，在编辑栏中输入公式"=MAX(H3:H93)"，按 Enter 键确认。

（2）在"农产品销售表"中选择 H95 单元格，在编辑栏中输入公式"=MIN(H3:H93)"，按 Enter 键确认。

（四）使用 SUM 函数、AVERAGE 函数

SUM 函数用于返回某一单元格区域中所有数据之和。它的语法结构如下。

SUM(number1,number2,...)

其中，number1、number2 等参数为需要求和的参数。若参数为单元格引用，则只会计算参数引用的数据。

AVERAGE 函数返回参数的平均值（算术平均值）。它的语法结构如下。

AVERAGE(number1,number2,...)

其中，number1、number2 等参数为需要计算平均值的参数。若参数为单元格引用，则只会计算参数引用的数据。

（1）在"农产品销售表"中选择 H96 单元格，在编辑栏中输入公式"=SUM(H3:H93)"，按 Enter

键确认。

（2）在"农产品销售表"中选择 H97 单元格，在编辑栏中输入公式"=AVERAGE(H3:H93)"，按 Enter 键确认。

（五）使用 RANK.EQ 函数

RANK.EQ 函数返回一列数据的排位，其大小与列表中的其他数据相关；如果多个数据具有相同的排位，则返回该组数据的最高排位。它的语法结构如下。

RANK.EQ(数值,引用,[排位方式])

其中，"数值"是必需参数，是要找到其排位的数据。"引用"是必需参数，可以是数据列表，也可以是对数据列表的引用。"排位方式"是可选参数，如果"排位方式"为 0 或省略，将使数据的排位按降序排列；如果"排位方式"不为 0，将使数据的排位按升序排列。

（1）在"农产品销售表"中选择 I3 单元格，单击编辑栏左边的"插入函数"按钮 fx，打开"插入函数"对话框，在"选择函数"列表框中选择"RANK.EQ"选项，单击"确定"按钮。

（2）在打开的"函数参数"对话框中输入参数，单击"确定"按钮，如图 4-35 所示。

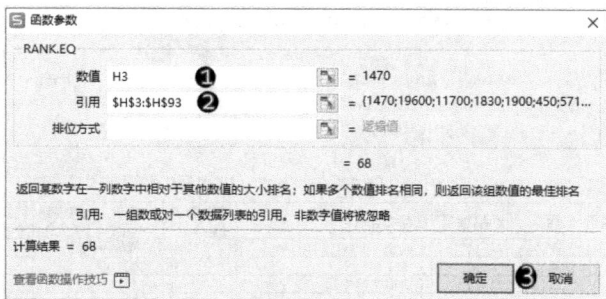

图 4-35 设置函数参数（2）

（3）拖动 I3 单元格右下角的填充柄至 I93 单元格。

（六）使用 IF 函数

IF 函数是一个判断函数，它可以对值和期待值进行逻辑比较，判断值是否满足给定条件。如果条件为真，函数返回一个值；如果条件为假，函数返回另一个值。它的语法结构如下。

IF(测试条件,真值,假值)

其中，"测试条件"是必需参数，表示要测试的条件。"真值"是必需参数，表示"测试条件"的结果为 TRUE 时返回的值。"假值"是可选参数，表示"测试条件"的结果为 FALSE 时返回的值。

（1）在"农产品销售表"中选择 J3 单元格，单击编辑栏左边的"插入函数"按钮 fx，打开"插入函数"对话框，在"选择函数"列表框中选择"IF"选项，单击"确定"按钮。

（2）在打开的"函数参数"对话框中输入参数，单击"确定"按钮，如图 4-36 所示。

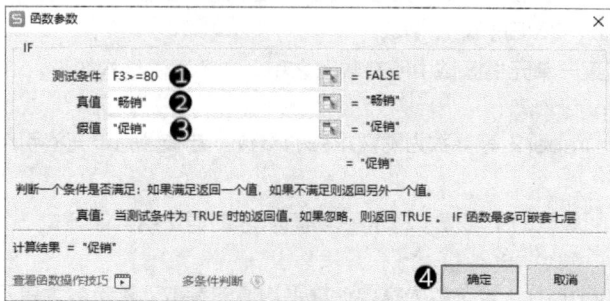

图 4-36 设置函数参数（3）

（3）拖动 J3 单元格右下角的填充柄至 J93 单元格。

（七）使用 IFS 函数

IFS 函数是一个判断函数，它可以对值和期待值进行逻辑比较，判断值是否满足一个或多个条件，并返回与"真值 1"对应的值。IFS 函数可以取代多个嵌套的 IF 函数。它的语法结构如下。

IFS(测试条件 1,真值 1,[测试条件 2,真值 2],[测试条件 3,真值 3],...)

其中，"测试条件 1"是必需参数，是计算结果为 TRUE 或 FALSE 时的表达式。"真值 1"是必需参数，表示当"测试条件 1"的计算结果为 TRUE 时返回的结果。"测试条件 2"～"测试条件 127"是可选参数，是计算结果为 TRUE 或 FALSE 的表达式。"真值 2"～"真值 127"是可选参数，表示当"测试条件 N"的计算结果为 TRUE 时返回的结果。每个"测试条件 N"对应一个"真值 N"。

（1）在"农产品销售表"中选择 K3 单元格，单击编辑栏左边的"插入函数"按钮 fx，打开"插入函数"对话框，在"选择函数"列表框中选择"IFS"选项，单击"确定"按钮。

（2）在打开的"函数参数"对话框中输入参数，单击"确定"按钮，如图 4-37 所示。

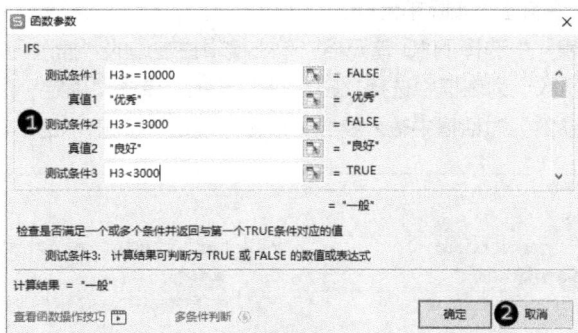

图 4-37　设置函数参数（4）

（3）拖动 K3 单元格右下角的填充柄至 K93 单元格。

（八）使用 COUNTIFS 函数

COUNTIFS 函数用于将条件应用于跨多个区域的单元格，并统计满足所有条件的单元格个数。它的语法结构如下。

COUNTIFS(区域 1,条件 1,[区域 2,条件 2],...)

其中，"区域 1"是必需参数，表示在其中计算关联条件的第一个区域。"条件 1"是必需参数，条件的形式为数字、表达式、单元格引用或文本，它定义了要计数的单元格范围。"区域 2,条件 2"等是可选参数，表示附加的区域及其关联条件。

（1）在"农产品销售表"中选择 N4 单元格，单击编辑栏左边的"插入函数"按钮 fx，打开"插入函数"对话框，在"选择函数"列表框中选择"COUNTIFS"选项，单击"确定"按钮。

（2）在打开的"函数参数"对话框中输入参数，单击"确定"按钮，如图 4-38 所示。

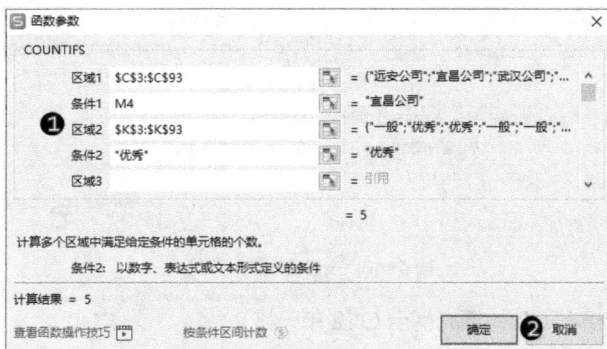

图 4-38　设置函数参数（5）

（3）拖动 N4 单元格右下角的填充柄至 N6 单元格。

（4）采用相同的方法计算 O4:P6 单元格区域的数据。

（九）使用 SUMIF 函数、AVERAGEIF 函数

SUMIF 函数用于根据指定条件对若干单元格的数据进行求和。它的语法结构如下。

SUMIF(区域,条件,求和区域)

其中，"区域"为进行条件判断的单元格区域，"条件"为确定哪些单元格将被相加求和的条件，"求和区域"是需要求和的实际单元格。

AVERAGEIF 函数用于返回某个区域内满足给定条件的所有单元格的平均值（算术平均值）。它的语法结构如下。

AVERAGEIF(区域,条件,求平均值区域)

其中，"区域"为进行条件判断的单元格区域，"条件"为确定哪些单元格将被相加求平均值的条件，"求平均值区域"是需要求平均值的实际单元格。

（1）在"农产品销售表"中选择 N10 单元格，单击编辑栏左边的"插入函数"按钮 fx，打开"插入函数"对话框，在"选择函数"列表框中选择"SUMIF"选项，单击"确定"按钮。

（2）在打开的"函数参数"对话框中输入参数，单击"确定"按钮，如图 4-39 所示。

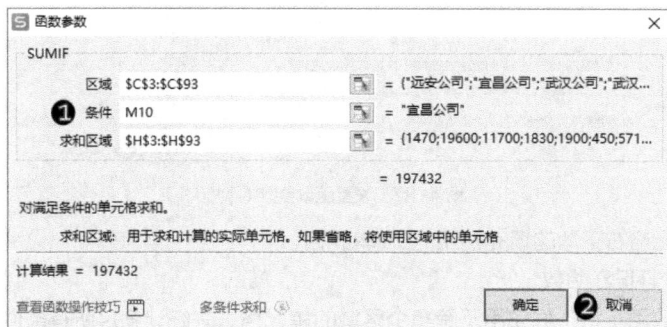

图 4-39　设置函数参数（6）

（3）拖动 N10 单元格右下角的填充柄至 N12 单元格。

（4）在"农产品销售表"中选择 O10 单元格，单击编辑栏左边的"插入函数"按钮 fx，打开"插入函数"对话框，在"选择函数"列表框中选择"AVERAGEIF"选项，单击"确定"按钮。

（5）在打开的"函数参数"对话框中输入参数，单击"确定"按钮，如图 4-40 所示。

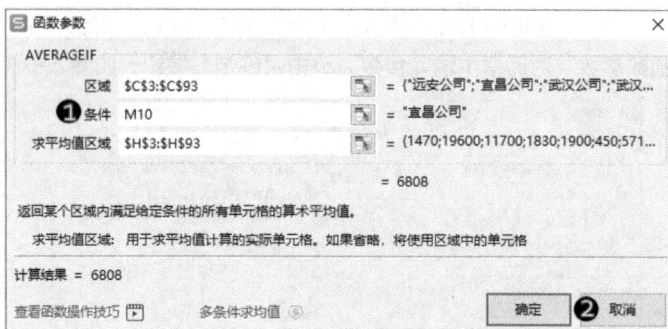

图 4-40　设置函数参数（7）

（6）拖动 O10 单元格右下角的填充柄至 O12 单元格。

（十）使用 SUMIFS 函数、AVERAGEIFS 函数

SUMIFS 函数用于计算满足多个条件的全部参数的总和。它的语法结构如下。

SUMIFS(求和区域,区域 1,条件 1,[区域 2,条件 2],...)

其中，"求和区域"是必需参数，表示要求和的单元格区域。"区域 1"是必需参数，表示使用"条件 1"进行条件判断的区域。"区域 1"和"条件 1"用于设置搜索某个区域是否符合特定条件的搜索对，一旦在该区域中找到了对应项，将计算"求和区域"中相应值的和。"条件 1"是必需参数，用于指定计算"区域 1"中的哪些单元格的和。"区域 2,条件 2"等是可选参数，表示附加的区域及其关联条件。

AVERAGEIFS 函数用于返回满足多个条件的所有单元格的平均值（算术平均值）。它的语法结构如下。

AVERAGEIFS(求平均值区域,区域 1,条件 1,[区域 2,条件 2],...)

其中，"求平均值区域"是必需参数，表示要求平均值的单元格区域。"区域 1"是必需参数，表示使用"条件 1"进行条件判断的区域。"区域 1"和"条件 1"用于设置搜索某个区域是否符合特定条件的搜索对，一旦在该区域中找到了对应项，将计算"求平均值区域"中相应值的平均值。"条件 1"是必需参数，用于指定计算"区域 1"中的哪些单元格的平均值。"区域 2,条件 2"等是可选参数，表示附加的区域及其关联条件。

（1）在"农产品销售表"中选择 N16 单元格，单击编辑栏左边的"插入函数"按钮 fx，打开"插入函数"对话框，在"选择函数"列表框中选择"SUMIFS"选项，单击"确定"按钮。

（2）在打开的"函数参数"对话框中输入参数，单击"确定"按钮，如图 4-41 所示。

图 4-41　设置函数参数（8）

（3）拖动 N16 单元格右下角的填充柄至 N18 单元格。

（4）在"农产品销售表"中选择 O16 单元格，单击编辑栏左边的"插入函数"按钮 fx，打开"插入函数"对话框，在"选择函数"列表框中选择"AVERAGEIFS"选项，单击"确定"按钮。

（5）在打开的"函数参数"对话框中输入参数，单击"确定"按钮，如图 4-42 所示。

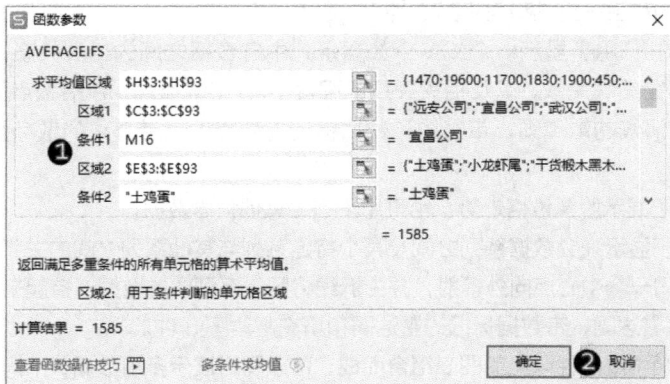

图 4-42　设置函数参数（9）

127

（6）拖动 O16 单元格右下角的填充柄至 O18 单元格。

任务二　使用图表分析"农产品销售表"数据

为了更直观地展示 2023 年远安特色农产品的销售成果，驻村工作队队员小李采用 WPS 图表对"农产品销售表"进行分析。本任务的参考效果如图 4-43 所示。

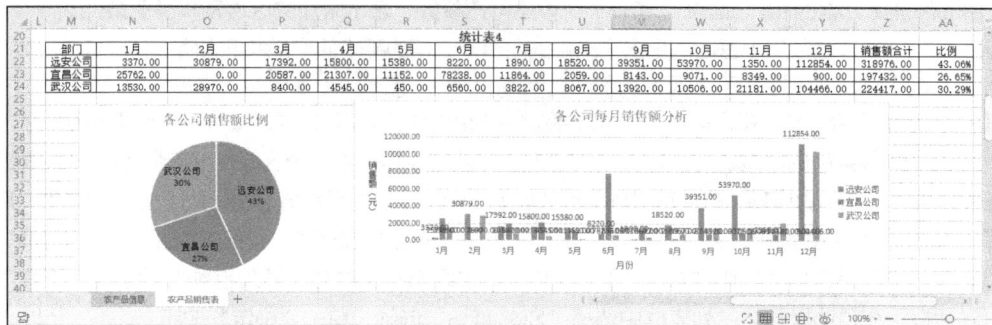

图 4-43 "农产品销售表"图表分析

一、相关知识

分析表格数据时，可以使用图表直观、形象地将表格中的数据展示出来。在使用图表分析数据时，需要掌握图表的相关知识，以选择合适的图表。

（一）认识图表类型

WPS 表格提供了柱形图、折线图、饼图、条形图、面积图、XY（散点图）、股价图、雷达图、组合图、玫瑰图和桑基图等图表类型，不同类型的图表有不同的意义和作用。

（1）柱形图：用于展示一段时间内的数据变化情况，或者展示不同类别数据的差异，还可以同时显示不同时期、不同类别的数据变化和差异，包括簇状柱形图、堆积柱形图和百分比堆积柱形图 3 种。

（2）折线图：用于按时间或类别显示数据的变化趋势，包括折线图、堆积折线图、百分比堆积折线图、带数据标记的折线图、带数据标记的堆积折线图和带数据标记的百分比堆积折线图 6 种。

（3）饼图：用于显示一个数据系列中各项占整体的比例，包括饼图、三维饼图、复合饼图、复合条饼图和圆环图 5 种。

（4）条形图：用于显示各项目之间的数据差异，它与柱形图具有相同的表现目的，不同的是柱形图是在水平方向上依次展示数据，而条形图是在垂直方向上依次展示数据。条形图包括簇状条形图、堆积条形图和百分比堆积条形图 3 种。

（5）面积图：除用于强调数量随时间的变化而变化以外，还可以用于展示部分和整体之间的关系，包括面积图、堆积面积图和百分比堆积面积图 3 种。

（6）XY（散点图）：用于显示一个或多个数据系列中各数据之间的相互关系，通过坐标点的分布来显示变量间是否存在关联关系，以及相关关系的强度。XY（散点图）包括散点图、带平滑线和数据标记的散点图、带平滑线的散点图、带直线和数据标记的散点图、带直线的散点图、气泡图和三维气泡图 7 种。

（7）股价图：用于展示股票价格走势，也可用于描绘其他科学数据。

（8）雷达图：用于显示独立数据系列之间及某个特定系列与其他系列之间的关系，每个分类都有自己的坐标轴，坐标轴从同一个中心点向外辐射，并由折线将同一系列中的数据连接起来，多用于分析多维数据（四维以上）；包括雷达图、带数据标记的雷达图和填充雷达图 3 种。

（9）组合图：由两种或两种以上的图表组合而成，可以同时展示多组数据，不同类型的图表可以拥有共同的横向坐标轴和多个不同的纵向坐标轴，以更好地区分不同类型的数据。

（10）玫瑰图：用圆弧的半径来表示数据的大小。玫瑰图中每个扇形的角度都是相等的，它强调的是数据大小的对比，而不是各部分数据的占比。

（11）桑基图：用于表示流量分布与结构对比。它是一种特定类型的流程图，图中延伸的分支宽度对应数据流量的大小，通常应用于能源、材料成分、金融等数据的可视化分析。

（二）了解图表组成部分

图表通常由绘图区、图表标题、坐标轴、轴标题、数据系列、数据标签、网格线和图例等部分组成。

（1）绘图区：由横向坐标轴和纵向坐标轴界定的矩形区域，用于显示图表数据系列、数据标签和网格线。

（2）图表标题：用于简要概述图表作用或目的的文本，可以位于绘图区上方，也可以在绘图区中。

（3）坐标轴：包括水平轴（又称 x 轴或横向坐标轴）和垂直轴（又称 y 轴或纵向坐标轴）两种，其中，水平轴用于显示类别标签，垂直轴用于显示刻度大小。

（4）轴标题：对坐标轴进行文字说明，包括横向轴标题和纵向轴标题。

（5）数据系列：根据用户指定的图表类型以系列的方式显示图表中的可视化数据。图表中可以有一组或多组数据系列，多组数据系列之间通常采用不同的图案、颜色或符号来区分。

（6）数据标签：用于标识数据系列所代表的数值大小，可位于数据系列外，也可以位于数据系列内。

（7）网格线：绘图区中的线条，可作为估算数据系列所代表的数值的标准。

（8）图例：用于指出图表中不同的数据系列采用的标记方式，通常列举不同数据系列在图表中应用的颜色。

（三）设置图表格式

在编辑和美化图表时，用户可以设置图表各部分的格式，使图表数据更加直观，以及使图表更加美观。设置图表各部分格式的方法如下。

（1）设置图表区格式：选择图表，单击鼠标右键，在弹出的快捷菜单中选择"设置图表区域格式"命令，打开"属性"任务窗格，在其中可对图表区的填充效果、线条、阴影效果、发光效果、柔化边缘效果、图表大小、文字属性和对齐方式等进行设置。

（2）设置绘图区格式：选择绘图区，单击鼠标右键，在弹出的快捷菜单中选择"设置绘图区格式"命令，在打开的"属性"任务窗格中可对绘图区的填充效果、线条、阴影效果、发光效果和柔化边缘效果等进行设置。

（3）设置图表标题格式：选择图表标题，单击鼠标右键，在弹出的快捷菜单中选择"设置图表标题格式"命令，打开"属性"任务窗格，在其中可对图表标题的填充效果、线条、阴影效果、发光效果、柔化边缘效果和对齐方式等进行设置。

（4）设置坐标轴格式：选择横向坐标轴或纵向坐标轴，单击鼠标右键，在弹出的快捷菜单中选择"设置坐标轴格式"命令，打开"属性"任务窗格，在其中可对坐标轴的边界、单位、显示位置、数字格式和刻度线标记等进行设置。

（5）设置轴标题格式：选择轴标题，单击鼠标右键，在弹出的快捷菜单中选择"设置坐标轴标题格式"命令，打开"属性"任务窗格，在其中可对轴标题的填充效果、线条、阴影效果、发光效果、柔化边缘效果和对齐方式等进行设置。

（6）设置数据系列格式：选择数据系列，单击鼠标右键，在弹出的快捷菜单中选择"设置数据系列格式"命令，打开"属性"任务窗格，在其中可对数据系列的填充效果、线条、阴影效果、发光效果、柔化边缘效果和位置等进行设置。

（7）设置数据标签格式：选择数据标签，单击鼠标右键，在弹出的快捷菜单中选择"设置数据标签格式"命令，打开"属性"任务窗格，在其中可对数据标签的内容、分隔符、位置、数字格式等进行设置。

（8）设置网格线格式：选择网格线，单击鼠标右键，在弹出的快捷菜单中选择"设置网格线格式"命令，打开"属性"任务窗格，在其中可对网格线的线条、阴影效果、发光效果和柔化边缘效果等进行设置。

（9）设置图例格式：选择图例，单击鼠标右键，在弹出的快捷菜单中选择"设置图例格式"命令，打开"属性"任务窗格，在其中可对图例的位置、填充效果等进行设置。

二、任务实现

图表可以直观地展示表格中的数据，用户需要根据数据的特点来选择合适的图表类型，具体操作如下。

（一）插入图表

（1）打开"农产品销售表（图表制作）.et"工作簿。

（2）按住 Ctrl 键的同时选择"农产品销售表"的 M21:M24 和 AA21:AA24 单元格区域，单击"插入"选项卡中的"插入饼图或圆环图"按钮 🌑·，在弹出的下拉列表中选择"二维饼图"栏中的"饼图"选项，如图 4-44 所示。

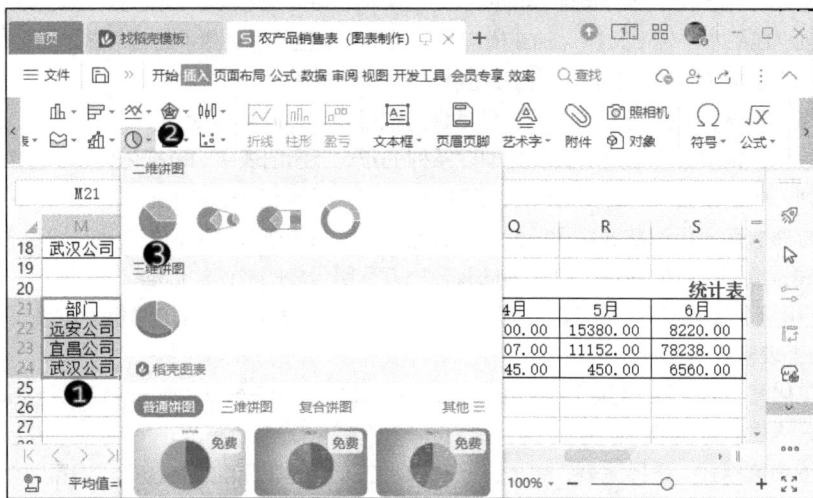

图 4-44　选择二维饼图

（3）将图表移动到所选数据区域下方，并将图表标题更改为"各公司销售额比例"，如图 4-45 所示。

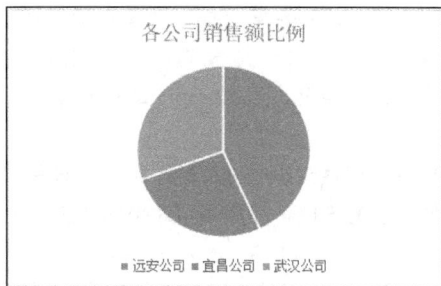

图 4-45　各公司销售额比例二维饼图

（4）选择 M21:Y24 单元格区域，单击"插入"选项卡中的"插入柱形图"按钮 ⅲ·，在弹出的下拉列表中选择"二维柱形图"栏中的"簇状柱形图"选项。将图表移动到饼图右侧，并将图表标题更改为"各公司每月销售额分析"。

知识扩展

　　若创建图表的数据区域有误，则可选择图表，单击"图表工具"选项卡中的"选择数据"按钮，打开"编辑数据源"对话框，在"图表数据区域"参数框中重新设置数据区域（数据区域既可以是一个连续的区域，也可以是多个不连续的区域）。

（二）调整图表布局

应用布局样式和添加图表元素可以更改图表的整体布局，具体操作如下。

（1）选择饼图，单击"图表工具"选项卡中的"快速布局"按钮，在弹出的下拉列表中选择"布局1"选项，如图 4-46 所示。

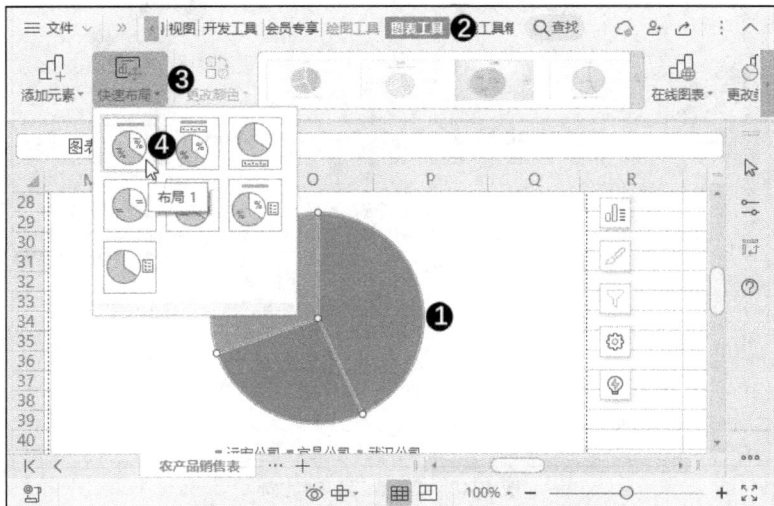

图 4-46　选择布局样式

（2）选择柱形图，单击"图表工具"选项卡中的"添加元素"按钮，在弹出的下拉列表中选择"轴标题"选项，在弹出的子列表中选择"主要横向坐标轴"选项，如图 4-47 所示。

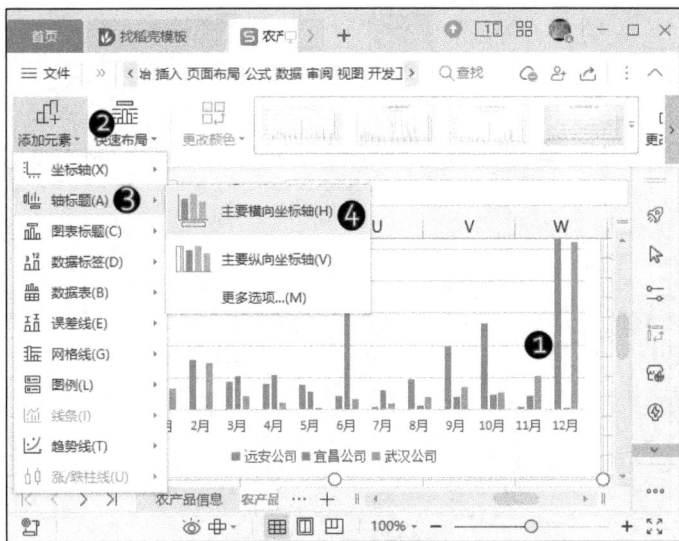

图 4-47　添加轴标题

（3）将横向轴标题修改为"月份"，然后使用相同的方法添加主要纵向坐标轴，并将纵向轴标题修改为"销售额（元）"。选择纵向轴标题，单击鼠标右键，在弹出的快捷菜单中选择"设置坐标轴标题格式"命令。

（4）在打开的"属性"任务窗格中打开"标题选项"选项卡，单击"大小与属性"按钮，在"文字方向"下拉列表中选择"竖排（从右向左）"选项，如图 4-48 所示。

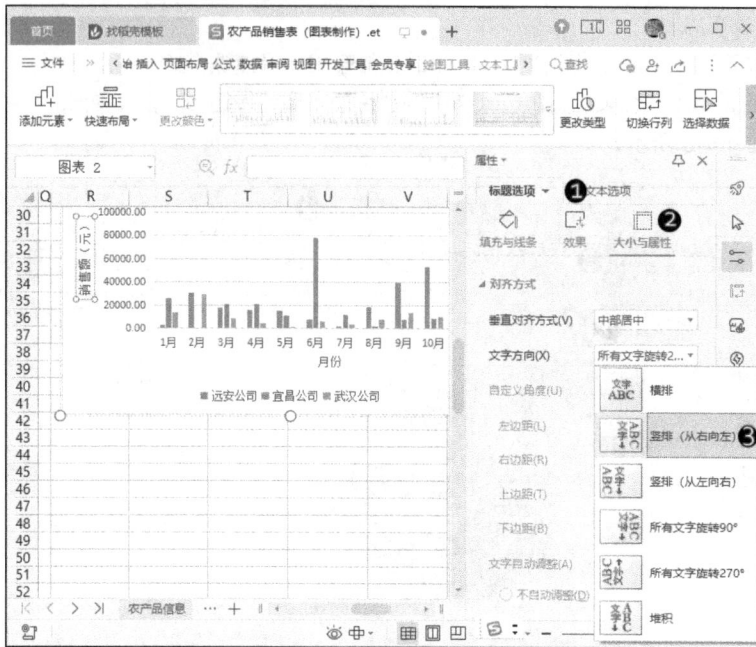

图 4-48　设置轴标题文字方向

（5）选择柱形图，单击"图表工具"选项卡中的"添加元素"按钮 _{添加元素▾}，在弹出的下拉列表中选择"数据标签"选项，在弹出的子列表中选择"数据标签外"选项，如图 4-49 所示。

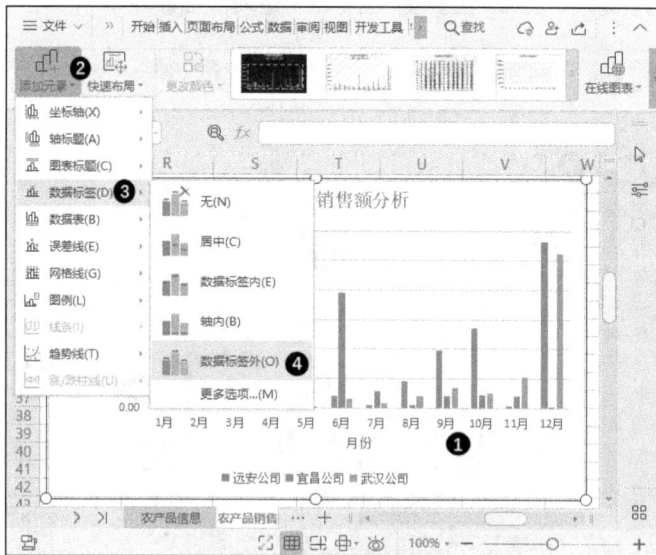

图 4-49　添加数据标签

（6）单击"图表工具"选项卡中的"添加元素"按钮 _{添加元素▾}，在弹出的下拉列表中选择"图例"选项，在弹出的子列表中选择"右侧"选项。

任务三　使用数据透视表和数据透视图分析"农产品销售表"数据

为了多角度地分析"农产品销售表"，驻村工作队队员小李用 WPS 表格制作了数据透视表和数据透视图，以对数据进行交互式分析。本任务的参考效果如图 4-50 所示。

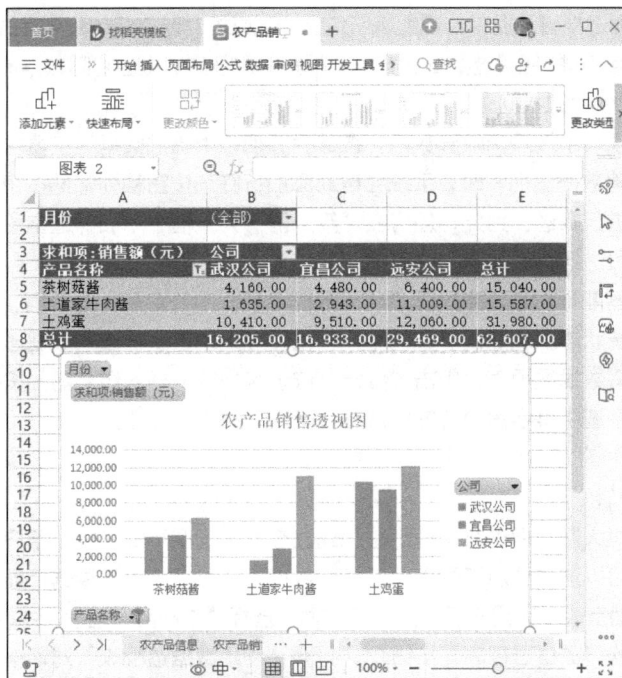

图4-50　使用数据透视表和数据透视图分析"农产品销售表"数据

一、相关知识

在使用数据透视表和数据透视图分析数据时，会用到数据透视表和数据透视图的相关知识，如数据透视表界面、普通图表与数据透视图的区别、如何筛选数据透视表中的数据等。

（一）数据透视表界面

在 WPS 表格中创建数据透视表后，进入数据透视表界面，该界面由数据源、数据透视表、字段列表、数据透视表区域几部分组成，其中数据透视表区域由"筛选器"区域、"列"区域、"行"区域、"值"区域组成。

各部分的作用如下。

（1）数据源：系统根据数据源提供的数据创建数据透视表，数据源既可以与数据透视表存放在同一张工作表中，也可以与数据透视表存放于不同的工作表或不同的工作簿中。

（2）数据透视表：显示创建的数据透视表，包含"筛选器""行字段""列字段"和"求值项"等。

（3）字段列表：用于显示数据源中的字段，在该列表框中选中或取消选中相应的复选框可以更改数据透视表中展示的字段。

（4）"筛选器"区域：移动到该区域中的字段即筛选字段。

（5）"列"区域：移动到该区域中的字段即列字段。

（6）"行"区域：移动到该区域中的字段即行字段。

（7）"值"区域：移动到该区域中的字段即值字段。

（二）普通图表与数据透视图的区别

数据透视图与普通图表的功能大致相同，但数据透视图可以灵活地更改布局，以及对数据进行排序和筛选等。普通图表与数据透视图的区别主要体现在以下3个方面。

（1）数据源：普通图表和数据透视图虽然都有数据源，但数据透视图的数据源存放于数据透视表中，它必须依附于数据透视表来创建。

（2）交互性：普通图表只能展示数据源中指定的一组或多组数据，且用户不能交互查看数据；而数据透视图能动态展示数据，方便用户以不同的方式查看数据。

（3）图表元素：数据透视图除拥有普通图表所包含的元素外，还包括字段和筛选按钮；另外，用户在数据透视图中可以直接使用筛选按钮筛选数据，数据透视图中展示的数据也将随数据透视表的变化而变化。

（三）筛选数据透视表中的数据

用户可以在数据透视表中按需求筛选数据，在数据透视表中筛选数据的工具主要有筛选器和切片器。

（1）筛选器：在创建数据透视表时，系统会自动添加行筛选按钮和列筛选按钮，单击某个筛选按钮即可在弹出的下拉列表中进行筛选。另外，还可在"筛选器"列表框中添加筛选字段，在数据透视表上方增加筛选区域，对筛选字段进行筛选。

（2）切片器：切片器能根据某个字段分段显示数据透视表中符合条件的数据，另外，切片器能提供详细信息以显示当前的筛选状态，从而便于其他用户轻松、准确地了解已选的数据透视表中显示的内容。插入切片器的方法是，选择数据透视表，单击"分析"选项卡中的"插入切片器"按钮 ，打开"插入切片器"对话框，在列表框中选中某字段对应的复选框，单击"确定"按钮。

二、任务实现

（一）创建数据透视表

数据透视表是一种对大量数据进行快速汇总和建立交叉表的交互式表格，用户可以转换行以查看数据源的不同汇总结果，也可以选择显示不同页面以筛选数据，还可以根据需要选择显示区域中的明细数据。

（1）打开"农产品销售表（透视分析）.et"工作簿，选择"农产品销售表"中的 A2:K93 单元格区域，单击"插入"选项卡中的"数据透视表"按钮 ，打开"创建数据透视表"对话框，保持默认设置，单击"确定"按钮，如图 4-51 所示。

图 4-51　创建数据透视表

（2）系统将新建一个名为"Sheet1"的工作表，并在工作表中插入空白数据透视表。将工作表重命名为"农产品销售表透视分析"，并将其移动至"农产品销售表"之后。

（3）在"数据透视表"任务窗格中将"将字段拖动至数据透视表区域"中的"公司"拖曳到"列"字段列表框中，将"产品名称"拖曳到"行"字段列表框中，将"销售额（元）"拖曳到"值"字段列表框中，将"月份"拖曳到"筛选器"字段列表框中，如图 4-52 所示。

图 4-52　添加数据透视表字段

（二）美化数据透视表

为了美化数据透视表，用户可以对数据透视表进行样式选择、值字段设置等操作，具体如下。

（1）选择数据透视表中的任意单元格，单击"设计"选项卡中的"其他"按钮 ，在弹出的下拉列表中打开"深色系"选项卡，在该选项卡中选择"数据透视表样式深色 3"选项，如图 4-53 所示。

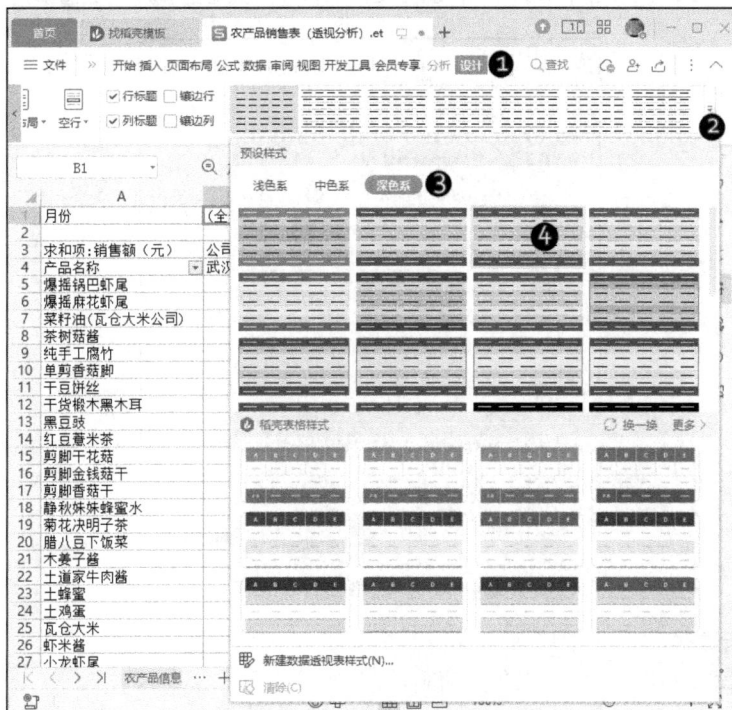

图 4-53　选择数据透视表样式

（2）在"设计"选项卡中选中"镶边列""镶边行"复选框，实现数据透视表中行、列的镶边效果。

（3）选择数据透视表的"求和项:销售额（元）"单元格，单击鼠标右键，在弹出的快捷菜单中选择"数字格式"命令，如图4-54所示，打开"单元格格式"对话框。

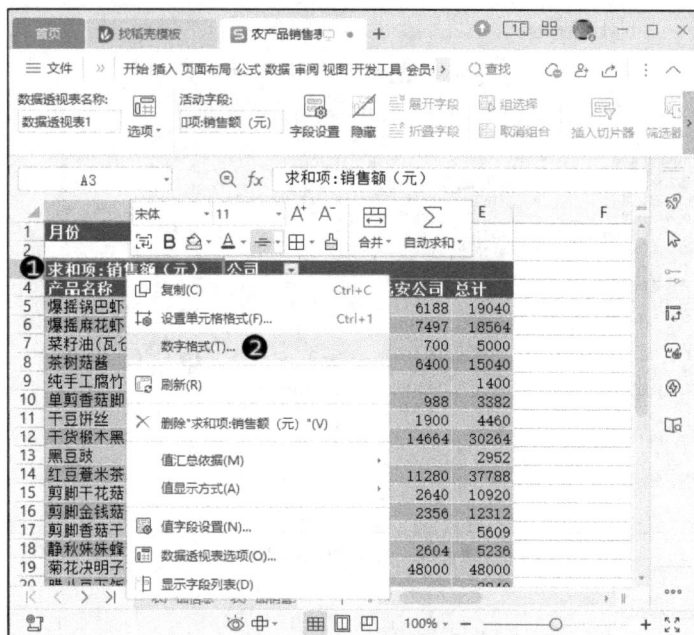

图4-54 选择"数字格式"命令

（4）在"数字"选项卡中选择"数值"选项，设置"小数位数"为"2"，选中"使用千位分隔符"复选框，单击"确定"按钮，如图4-55所示，返回工作表，完成数据透视表中数值单元格的格式设置。

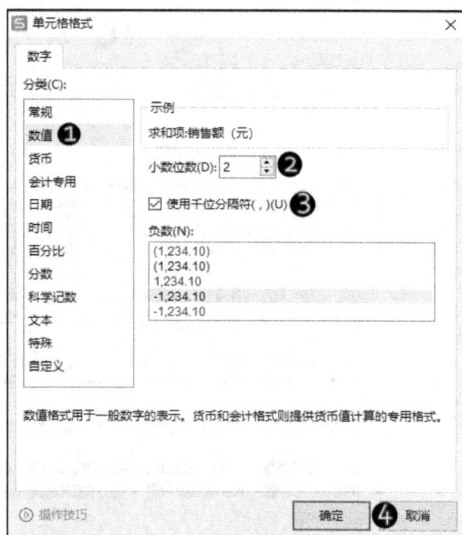

图4-55 "单元格格式"对话框

（三）透视分析数据

筛选出宜昌公司1月至3月土鸡蛋的销售额。

（1）单击数据透视表的"公司"单元格旁的下拉按钮▼，在弹出的下拉列表中取消选中"全部"复选框，选中"宜昌公司"复选框。

（2）采用同样的方法，在"月份"下拉列表中选中"1""2""3"复选框，在"产品名称"下拉列表中选中"土鸡蛋"复选框。

> **知识扩展** 通过筛选器分析数据时，可以根据需要显示报表筛选页。具体方法为单击"分析"选项卡中的"选项"按钮▥，在弹出的下拉列表中选择"显示报表筛选页"选项。

（四）创建并编辑数据透视图

在 WPS 表格中，数据透视表中的数据可以通过数据透视图直观、形象地展示出来，用户还可以根据需要对创建的数据透视图进行相关的编辑操作，具体如下。

（1）选择数据透视表中的任意单元格，单击"分析"选项卡中的"数据透视图"按钮▥，打开"图表"对话框，选择"簇状柱形图"。

（2）为数据透视图添加标题"农产品销售透视图"。

课后自主练习

1. 全国计算机等级考试模拟训练试题

打开考生文件夹下的"ET.xlsx"工作簿，后续操作均基于此工作簿。

凯恩科技有限公司的人事须对公司员工的工资、各部门员工人数等基本情况进行统计分析，完成下列操作并保存文档。

（1）将 A1:G1 单元格合并居中，文字格式设置为 24 号、黑体。

（2）将 A2:G2 列标题居中，文字格式设置为 12 号、加粗。

（3）员工的总酬金每年都以 4%的增长率递增，计算各员工的总酬金，保留两位小数点（注：入职年限为 1 的即当年入职员工，其总酬金不递增）。

（4）在 G54 单元格中计算公司员工的酬金平均值（保留 0 位小数）。

（5）在 G55 单元格中计算公司员工的总酬金（保留 0 位小数）。

（6）在 J8 单元格中使用数据透视表计算公司各部门的员工人数。

（7）在 J17:P34 单元格区域中，根据数据透视表统计出的各部门员工人数，使用饼图来展示各部门员工所占百分比。图表标题在绘图区上方，标题名称为"凯恩公司各部门员工百分比汇总图"，数据标签以百分比形式显示在数据系列内，图例显示在右边。

注：完成后的局部效果参照"ET 样张.JPG"。

2. 参考操作步骤

（1）在考生文件夹中打开"ET.xlsx"工作簿。

选中 A1:G1 单元格区域，单击"开始"选项卡中的"合并"按钮；选中合并后的单元格，在"开始"选项卡中设置字号为 24，字体为黑体。

（2）选中 A2:G2 单元格区域，在"开始"选项卡中设置字号为 12，单击"加粗"按钮B。

（3）选中 G3 单元格，输入公式"=F3*POWER((1+4%),(E3−1))"后按 Enter 键，双击智能

填充柄，完成其他行的填充。选中 G3:G52 单元格区域，单击"开始"选项卡中的"减少小数位数"按钮，将小数位数调整为两位。

（4）选中 G54 单元格，输入公式"=AVERAGE(G3:G52)"，单击"开始"选项卡中的"减少小数位数"按钮，将小数位数调整为 0 位。

（5）选中 G55 单元格，输入公式"=SUM(G3:G52)"，单击"开始"选项卡中的"减少小数位数"按钮，将小数位数调整为 0 位。

（6）选中 J8 单元格，单击"插入"选项卡中的"数据透视表"按钮，打开"创建数据透视表"对话框，在"请选择单元格区域"参数框中输入"员工酬金统计!$A$2:$G$52"，单击"确定"按钮。在"数据透视表"任务窗格中把"将字段拖动至数据透视表区域"中的"部门"字段拖动到"行"字段列表框中，拖动"部门"字段到"值"字段列表框中，单击任务窗格的"关闭"按钮。

（7）选中 J8:K14 单元格区域，单击"插入"选项卡中的"插入饼图或圆环图"按钮，在弹出的下拉列表中选择"饼图"图表样式。单击"图表工具"选项卡中的"添加元素"按钮，在弹出的下拉列表中选择"图表标题"选项，在弹出的子列表中选择"图表上方"选项，将图表标题内容改为"凯恩公司各部门员工百分比汇总图"。单击"图表工具"选项卡中的"添加元素"按钮，在弹出的下拉列表中选择"数据标签"选项，在弹出的子列表中选择"数据标签内"选项。单击"图表工具"选项卡中的"添加元素"按钮，在弹出的下拉列表中选择"数据标签"选项，在弹出的子列表中选择"更多选项"选项，打开"属性"任务窗格；选中标签选项中的"百分比"复选框，单击任务窗格的"关闭"按钮。单击"图表工具"选项卡中的"添加元素"按钮，在弹出的下拉列表中选择"图例"选项，在弹出的子列表中选择"右侧"选项。拖动并缩放图表，使其恰好覆盖 J17:P34 单元格区域。

保存并关闭"ET.xlsx"工作簿。

模块5
WPS演示操作与应用

项目一　制作并编辑 WPS 演示文稿

项目介绍　我国传统节日端午节马上就要到了，为了增进居民之间的互动和交流，让居民更加了解与端午节相关的传统文化，社区决定组织端午节活动。工作人员李强决定用WPS演示来制作演示文稿，通过生动形象的幻灯片来展示活动方案和介绍端午节的相关知识。

- **知识目标**
  - （1）学习WPS演示文稿的创建和保存方法。
  - （2）学习WPS演示文稿中文本框、图片、智能图形、形状、表格等对象的添加方法。
  - （3）学习WPS演示文稿母版的制作。
- **技能目标**
  - （1）能够新建演示文稿，并对演示文稿中的幻灯片进行基本操作。
  - （2）能够通过设计幻灯片母版快速统一演示文稿的整体风格。
  - （3）能够为演示文稿添加文本框、图片、形状、表格等对象。
- **素养目标**
  - （1）培养对制作演示文稿的兴趣。
  - （2）提升演示文稿的配色、排版布局等方面的美学素养。
  - （3）传承弘扬中华优秀传统文化。

任务一　制作"端午节活动方案.dps"演示文稿

为了让端午节活动方案简洁明了、生动形象，社区工作人员李强决定使用 WPS 演示来制作活动方案演示文稿。本任务的参考效果如图 5-1 所示。

一、相关知识

在制作演示文稿时，需要了解 WPS 演示的操作界面，同时还要了解图片裁剪、形状合并等相关知识，下面分别进行介绍。

（一）认识 WPS 演示的操作界面

WPS 演示的操作界面除有与 WPS 文字、WPS 表格相似的快速访问工具栏、标题栏、选项卡、状态栏等部分外，还包括大纲/幻灯片浏览窗格、幻灯片编辑区和备注窗格等，如图 5-2 所示。

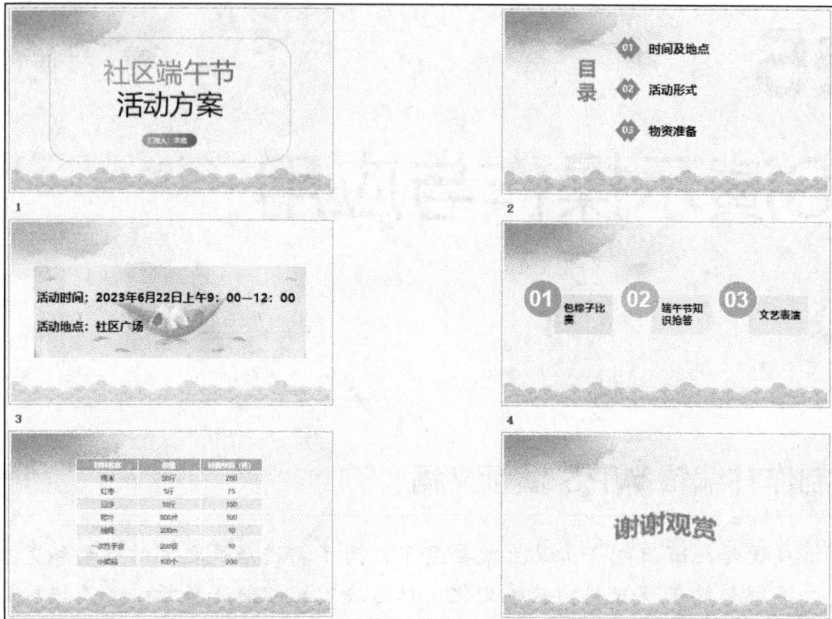

图 5-1 "端午节活动方案.dps"演示文稿效果

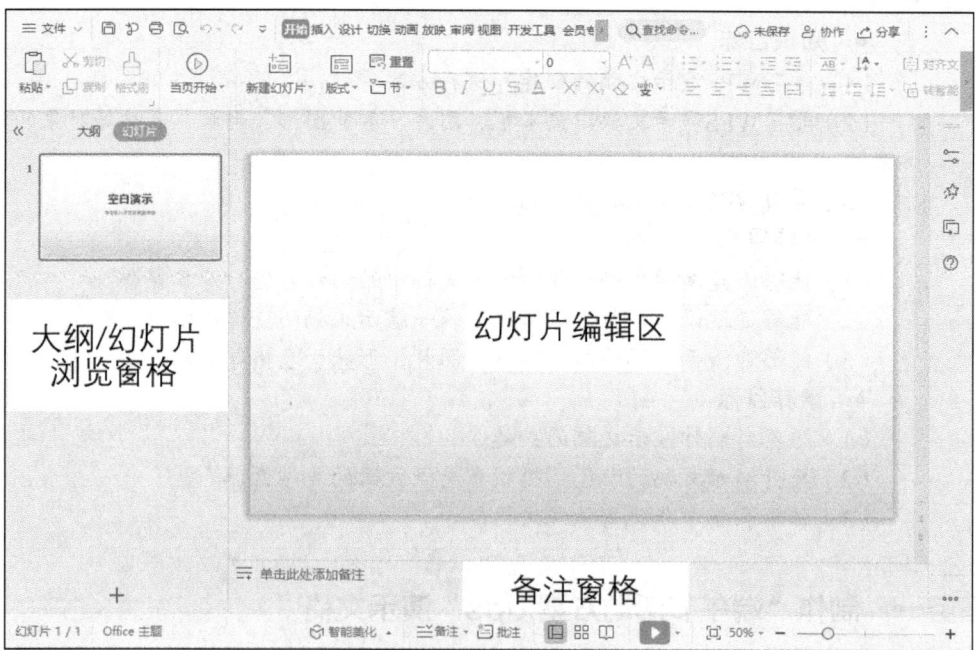

图 5-2 WPS 演示的操作界面

（1）大纲/幻灯片浏览窗格：用于显示当前演示文稿所包含的幻灯片，并且可在其中对幻灯片执行选择、新建、删除、复制、移动等基本操作，但不能对其中的内容进行编辑。

（2）幻灯片编辑区：用于显示或编辑幻灯片中的文本、图片、图形等内容，是制作幻灯片的主要区域。

（3）备注窗格：用于为幻灯片添加解释说明等备注信息，便于演讲者在演示幻灯片时查看。在下方的状态栏中，单击"备注"按钮，可隐藏备注窗格；隐藏后，单击"备注"按钮，则可重新显示备注窗格。

（二）图片裁剪

WPS 演示共提供了 4 种图片裁剪方法，分别是直接裁剪、形状裁剪、比例裁剪和创意裁剪。在幻灯片中插入图片后，用户可以根据需要选择合适的裁剪方法来裁剪图片。

（1）直接裁剪：根据需要对图片的上、下、左、右 4 条边进行裁剪。其方法是选择图片，单击"图片工具"选项卡中的"裁剪"按钮⊿，图片的 4 条边上将出现控制点，将鼠标指针移至任意控制点上，按住鼠标左键拖曳鼠标以选取裁剪的范围。调整完成后，在幻灯片其他区域单击，退出图片裁剪状态。

（2）形状裁剪：将图片裁剪为指定的形状。其方法是选择图片，单击"图片工具"选项卡中"裁剪"按钮⊿下方的下拉按钮▾，在弹出的下拉列表中选择"裁剪"选项，在弹出的子列表中打开"按形状裁剪"选项卡，在其下方选择需要的裁剪形状。

（3）比例裁剪：根据指定的比例裁剪图片。其方法是选择图片，单击"图片工具"选项卡中"裁剪"按钮⊿下方的下拉按钮▾，在弹出的下拉列表中选择"裁剪"选项，在弹出的子列表中打开"按比例裁剪"选项卡，在其下方选择需要的裁剪比例。

（4）创意裁剪：将图片裁剪为创意十足的图案或形状，以增强图片的视觉效果。其方法是登录 WPS 账号后，选择图片，单击"图片工具"选项卡中"裁剪"按钮⊿下方的下拉按钮▾，在弹出的下拉列表中选择"创意剪裁"选项，在弹出的子列表中选择需要的裁剪方式。

（三）形状合并

使用 WPS 演示"绘图工具"选项卡中的合并形状功能，可以将两个或两个以上的形状组成一个新的形状。WPS 演示共有 5 种形状合并方式，分别是结合、组合、拆分、相交和剪除。

（1）结合：将多个相互重叠或分离的形状结合，生成一个新的形状。

（2）组合：将多个相互重叠或分离的形状结合，生成一个新的形状，但形状的重合部分将被剪除。

（3）拆分：将多个形状重合和未重合的部分拆分为多个形状，并且每个形状的大小、位置和填充效果等可自由调整。

（4）相交：将多个形状未重叠的部分剪除，保留重叠的部分。

（5）剪除：将形状被其他对象覆盖的部分除掉，生成一个新的形状。

二、任务实现

（一）新建并保存演示文稿

在制作演示文稿前，用户需要先将其保存在计算机中，以免发生意外而导致演示文稿丢失。下面新建"端午节活动方案"演示文稿，并将其以 WPS 演示特有的格式保存在计算机中，具体操作如下。

（1）启动 WPS Office，单击"新建"按钮+，进入"新建"选项卡，在下方选择"新建演示"选项，在右侧选择"以【白色】为背景色新建空白演示"选项，如图 5-3 所示，系统将创建以"演示文稿 1"为名的空白演示文稿。

图 5-3　新建演示文稿

（2）按 Ctrl+S 快捷键，打开"另存文件"对话框，在其中设置好文件的保存位置后，在"文件名"下拉列表框中输入"端午节活动方案"文本，在"文件类型"下拉列表中选择"WPS 演示 文件（*.dps）"选项，最后单击"保存"按钮进行保存，如图 5-4 所示。

图 5-4　保存演示文稿

（二）设置背景

为了不让演示文稿显得单调，用户可为其设置背景，并将背景应用到所有幻灯片中。下面设置"端午节活动方案.dps"演示文稿中的背景，具体操作如下。

（1）单击"设计"选项卡中的"背景"按钮，打开"对象属性"任务窗格，在"填充"栏中选中"图片或纹理填充"单选项，在"图片填充"下拉列表中选择"本地文件"选项，如图 5-5 所示。

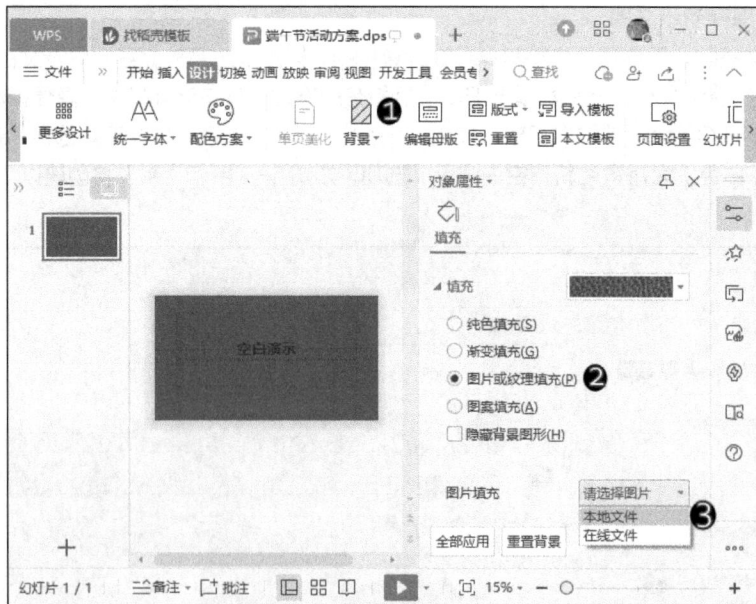

图 5-5　选择"本地文件"选项

（2）在打开的"选择纹理"对话框中选择"端午节活动方案背景.jpg"图片，然后单击"打开"按钮，如图 5-6 所示。

图 5-6 选择图片

（3）返回演示文稿后单击"对象属性"任务窗格中的"全部应用"按钮，将该背景应用到演示文稿的所有幻灯片中。

（三）插入并编辑形状

在制作演示文稿时，形状是比较常用的元素之一，它既可以用来突出演示文稿的重点内容，又能美化幻灯片。下面在"端午节活动方案.dps"演示文稿中插入并编辑形状，具体操作如下。

（1）打开"端午节活动方案.dps"演示文稿，选择第 1 张幻灯片，删除其中的标题占位符和副标题占位符，单击"插入"选项卡中的"形状"按钮，在弹出的下拉列表中选择"矩形"栏中的"圆角矩形"选项。

（2）当鼠标指针变成十形状时，按住鼠标左键拖曳鼠标，在幻灯片编辑区中绘制一个圆角矩形，并将其调整为合适的大小。

（3）选择形状，单击"绘图工具"选项卡中"填充"按钮下方的下拉按钮，在弹出的下拉列表中选择"更多设置"选项，打开"对象属性"任务窗格。在其中打开"形状选项"选项卡，在"填充与线条"下方的"填充"栏中选中"幻灯片背景填充"单选项，如图 5-7 所示。

图 5-7 设置形状填充

（4）在"线条"栏中选中"实线"单选项，在"颜色"下拉列表中选择"更多颜色"选项，打开"颜色"对话框。在该对话框中打开"自定义"选项卡，在"颜色模式"下拉列表中选择"RGB"选项，在"红色""绿色""蓝色"数值框中分别输入"100""250""50"，然后单击"确定"按钮，如图 5-8 所示。

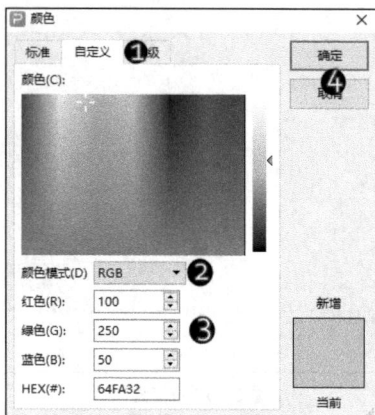

图 5-8　自定义线条颜色

（5）在"线条"栏中的"宽度"数值框中输入"1.5 磅"。

（6）单击"形状选项"选项卡中的"效果"按钮，在"阴影"下拉列表中选择"外部"栏中的"右下斜偏移"选项，接着设置"透明度"为"70%"，"大小"为"100%"，"模糊"为"32 磅"，"距离"为"0磅"，"角度"为"135.0°"，如图 5-9 所示。

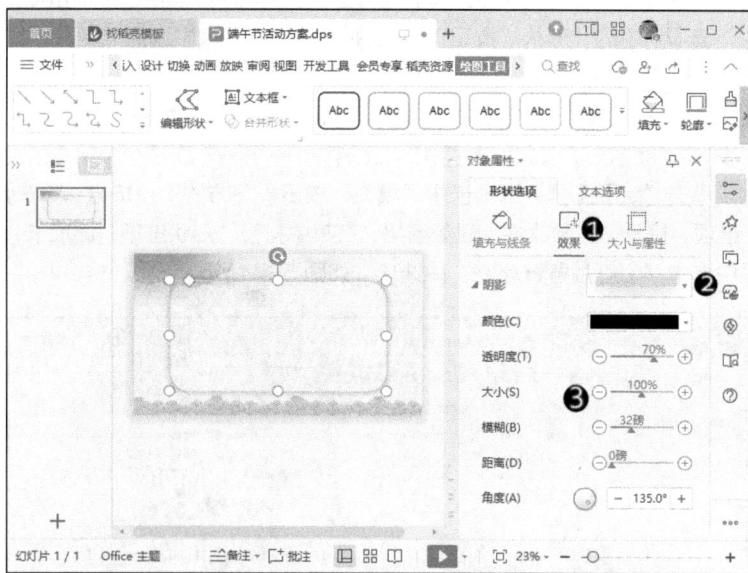

图 5-9　设置形状效果

（7）选择形状，单击"绘图工具"选项卡中"对齐"按钮右侧的下拉按钮，在弹出的下拉列表中分别选择"水平居中"选项和"垂直居中"选项。

（四）插入并编辑文本框

文本框是用户在幻灯片中输入文本的一种方式，它不受页面大小的限制，可以放置在页面的任何位置。下面在"端午节活动方案.dps"演示文稿中插入并编辑文本框，具体操作如下。

（1）单击"插入"选项卡中的"文本框"按钮，当鼠标指针变成十形状时，按住鼠标左键拖曳鼠标，在圆角矩形中绘制文本框。

（2）在文本框中输入"社区端午节活动方案"文本，并设置其文字格式为微软雅黑、80、居中，然后将文本插入点定位至"活动方案"文本前，按 Enter 键换行，并适当调整文本框的大小。通过"绘图工具"选项卡中的"对齐"下拉列表设置文本框水平居中，适当调整文本框的垂直位置。

（3）选择"社区端午节"文本，单击"文本工具"选项卡中"文本填充"按钮 右侧的下拉按钮 ，在弹出的下拉列表中选择"渐变填充"栏中的"中海洋绿-森林绿渐变"选项，如图 5-10 所示。

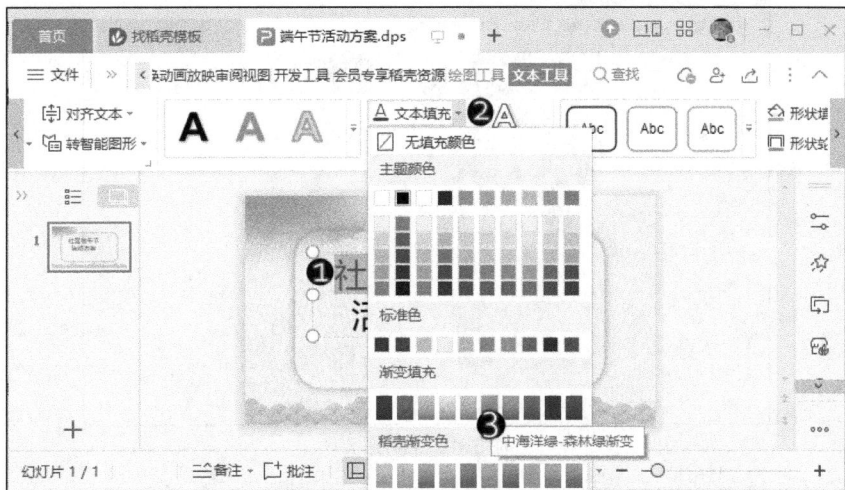

图 5-10　设置文本填充效果

（4）在"活动方案"文本下方绘制一个文本框，在其中输入"汇报人：李强"文本，并设置其文字格式为微软雅黑、20、居中，文字颜色为白色，背景 1。

（5）选择文本框，单击"绘图工具"选项卡中"填充"按钮 下方的下拉按钮 ，在弹出的下拉列表中选择"渐变填充"栏中的"中海洋绿-森林绿渐变"选项，如图 5-11 所示。

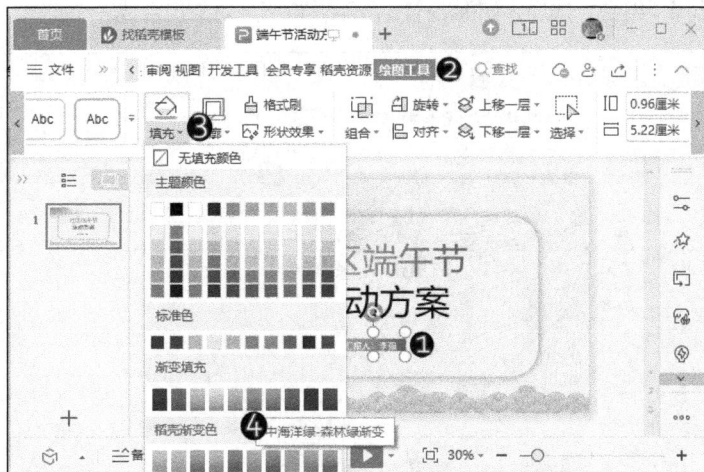

图 5-11　设置文本框填充效果

（6）保持文本框的选择状态，单击"绘图工具"选项卡中的"编辑形状"按钮 编辑形状 ，在打开的下拉列表中选择"更改形状"选项，在弹出的子列表中选择"流程图"栏中的"流程图：终止"选项。

（7）适当调整文本框的大小和位置。

（五）合并形状及组合对象

（1）在大纲/幻灯片浏览窗格中选择第 1 张幻灯片，按 Enter 键，新建一张幻灯片。删除其中的标题占位符和文本占位符后，在其中插入一个菱形，复制此形状，将两个形状重叠一部分，接着在按住 Ctrl 键的同时选择两个形状，单击"绘图工具"选项卡中的"合并形状"按钮 右侧的下拉按钮 ，在弹出的下拉列表中选择"结合"选项，如图 5-12 所示，两个形状将组合成一个新形状。

图 5-12　合并形状

（2）设置填充颜色和轮廓颜色均为"中宝石碧绿，着色 3，深色 25%"。

（3）选择形状，在其中输入"01"文本，并设置其文字格式为微软雅黑、28、白色、背景 1、加粗，再适当调整形状的大小和位置。

（4）在形状右边插入一个文本框，输入文本"时间及地点"，并设置其文字格式为微软雅黑、36、黑色-文本 1、加粗，再适当调整文本框的大小和位置。

（5）按住 Ctrl 键的同时选择组合形状和文本框，单击"绘图工具"选项卡中的"组合"按钮 ，在弹出的下拉列表中选择"组合"选项，如图 5-13 所示，将所选对象组合成一个整体。

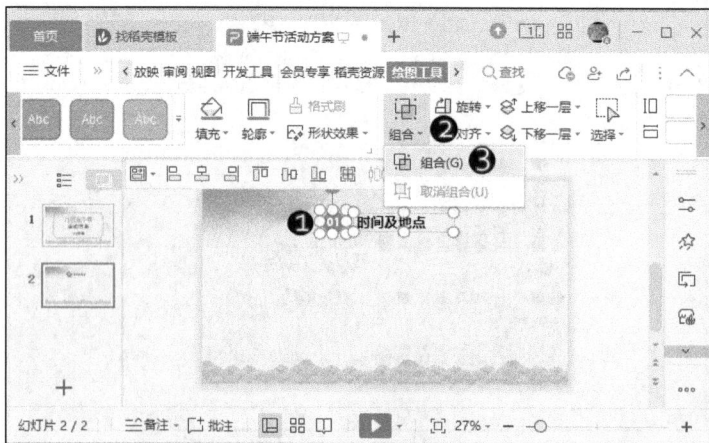

图 5-13　组合对象

（6）复制两次组合的对象，修改其中的内容。

（7）选择 3 个对象，单击"绘图工具"选项卡中"对齐"按钮 右侧的下拉按钮 ，在弹出的下拉列表中选择"水平居中"选项，如图 5-14 所示。重复以上操作，选择"纵向分布"选项，调整 3 个对象的位置。

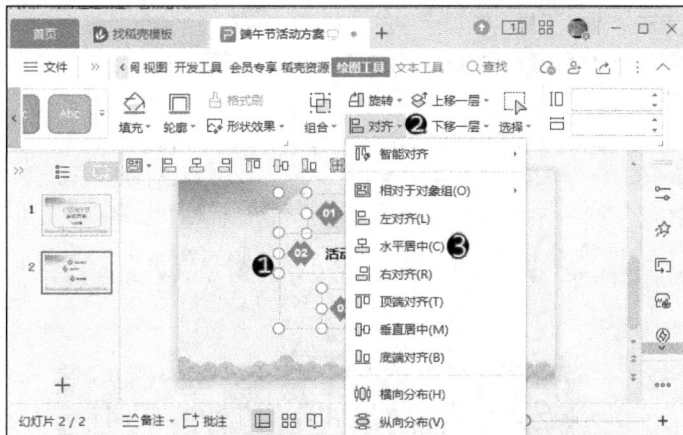

图 5-14　设置对齐方式

（8）在幻灯片左侧插入文本框，输入文本"目录"，并设置其文字格式为微软雅黑、60、标准色-绿色、加粗，再适当调整文本框的位置。

> 知识扩展
>
> 　　WPS演示默认开启"形状对齐时显示智能导向"功能，用户在设置对象的对齐方式时，对象周围会根据参照对象的位置显示相应的智能参考线。

（六）插入并编辑图片

为了帮助观众更好地理解文字内容，提升演示文稿的观赏效果，用户可以在部分幻灯片中插入并编辑图片。下面在"端午节活动方案.dps"演示文稿中插入并编辑图片，具体操作如下。

（1）新建一张幻灯片，删除其中的标题占位符和内容占位符。

（2）单击"插入"选项卡中的"图片"按钮，打开"插入图片"对话框，在"素材"文件夹中选择"端午节图片.png"图片，单击"打开"按钮，如图 5-15 所示。

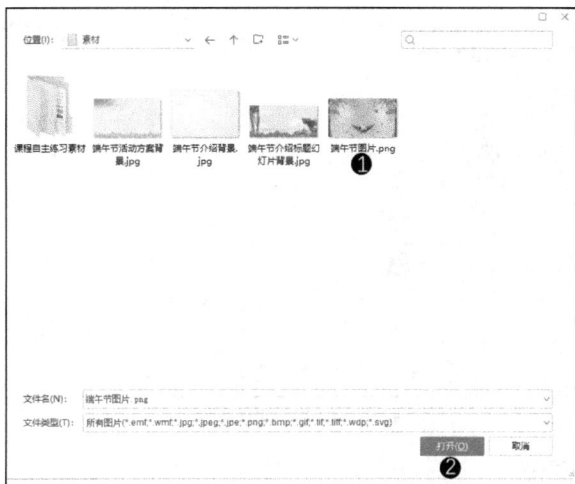

图 5-15　插入图片

（3）选择图片，单击"图片工具"选项卡中的"裁剪"按钮⌷，当图片四周出现黑色的控制点时，向下拖曳图片上方的控制点至合适位置，去掉图片的多余部分，如图 5-16 所示。单击"图片工具"选项卡中的"裁剪"按钮⌷完成裁剪。

图 5-16　裁剪图片

（4）选择图片，单击"图片工具"选项卡中"对齐"按钮冒右侧的下拉按钮┬，在弹出的下拉列表中分别选择"水平居中"选项和"垂直居中"选项。

（5）双击图片，打开"对象属性"任务窗格，单击"图片"按钮🖼，在"图片透明度"栏中设置"透明度"为"50%"，如图 5-17 所示。

（6）在幻灯片的合适位置插入文本框，输入相关文本内容并进行格式设置。

图 5-17　设置图片透明度

（七）插入并编辑智能图形

在制作演示文稿时，用户可能需要在某些幻灯片中插入组织结构图、流程图等。如果通过组合矩形等形状绘制，实在是既费时又费力，WPS 演示提供了智能图形功能，用户使用该功能可快速插入流程图等智能图形，以提高工作效率。下面在"端午节活动方案.dps"演示文稿中插入并编辑智能图形，具体操作如下。

（1）新建一张幻灯片，删除其中的标题占位符和内容占位符。

（2）单击"插入"选项卡中的"智能图形"按钮，打开"智能图形"对话框，在"列表"选项卡中选择"堆叠列表"选项，单击"确定"按钮，效果如图 5-18 所示。

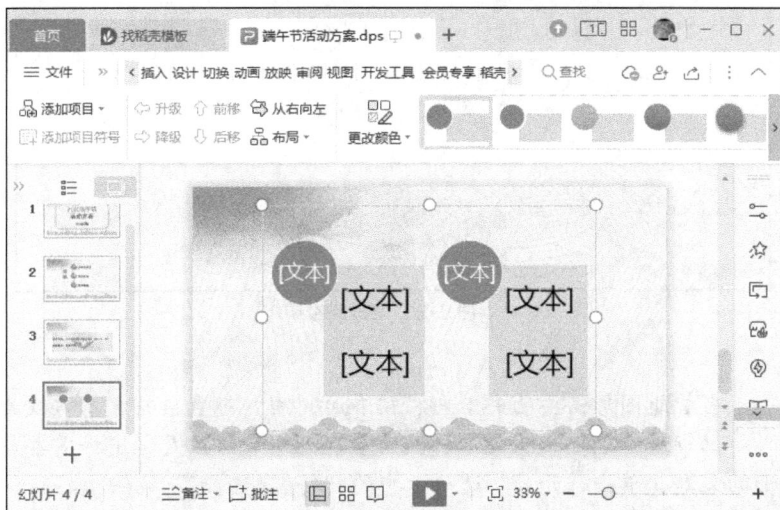

图 5-18 插入智能图形

（3）在插入的智能图形中输入与端午节活动形式相关的文本，然后选择第 1 个图形下方的形状，按 Delete 键将其删除，再将文本插入点定位至第 2 个图形下方的形状中，单击"设计"选项卡中的"升级"按钮，如图 5-19 所示，使其上升一个级别。

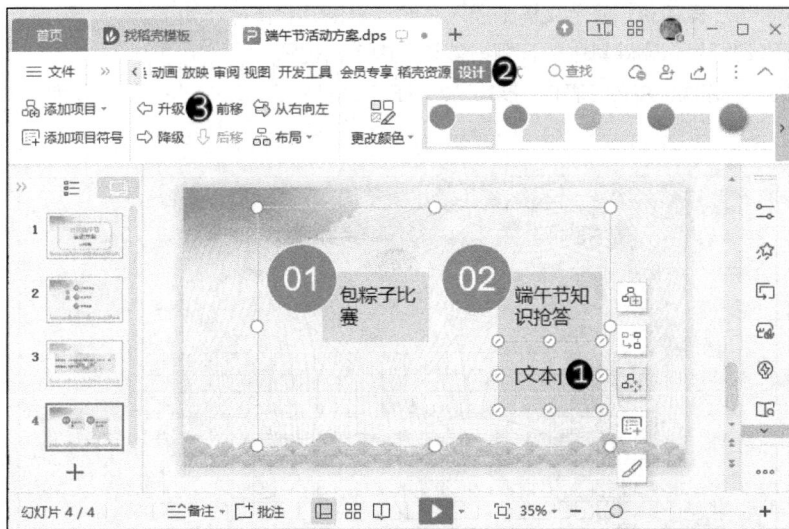

图 5-19 升级形状

（4）在升级后的形状中输入相应的文本后，单击"设计"选项卡中的"更改颜色"按钮，在弹出的下拉列表中选择"彩色"栏中的第 2 个选项，如图 5-20 所示。

（5）对智能图形中文本字体、字号进行设置，再调整智能图形的大小并使其水平居中。

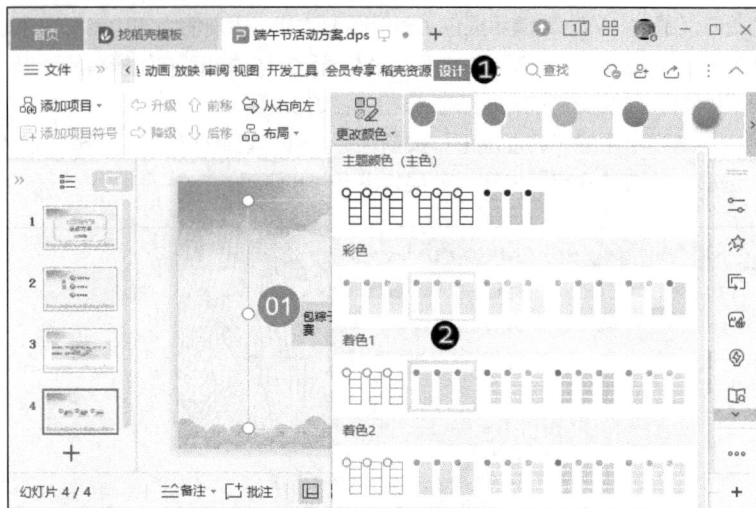

图 5-20　更改颜色

知识扩展　　　　当智能图形需要的文本内容较多时，用户可直接将文本转换为智能图形，再对细节进行调整。将文本转换为智能图形的方法是，选择需要转换为智能图形的文本，单击"开始"选项卡中的"转智能图形"按钮 ⌷转智能图形▾，在弹出的下拉列表中选择智能图形的样式。

（八）插入并编辑表格

对于幻灯片中的数据信息，用户可以通过表格来进行直观的展示，以便观众查看和快速获取有效信息。下面在"端午节活动方案.dps"演示文稿中插入并编辑表格，具体操作如下。

（1）新建一张幻灯片，删除其中的标题占位符和内容占位符。

（2）单击"插入"选项卡中的"表格"按钮 ⌷表格，在弹出的下拉列表中选择 8 行 3 列的表格，如图 5-21 所示。

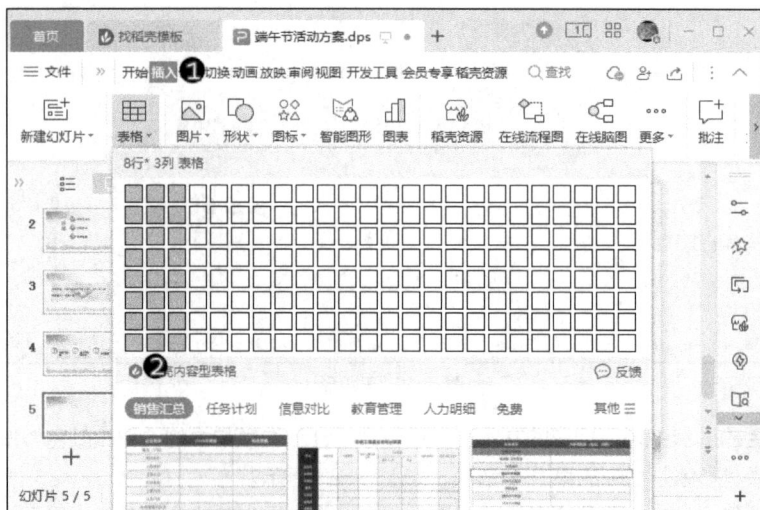

图 5-21　插入表格

（3）在表格中输入相应文本，设置文字格式为微软雅黑、20、加粗。

（4）选择表格，单击"表格工具"选项卡中的"居中对齐"按钮┋和"水平居中"按钮┿，如图 5-22 所示。

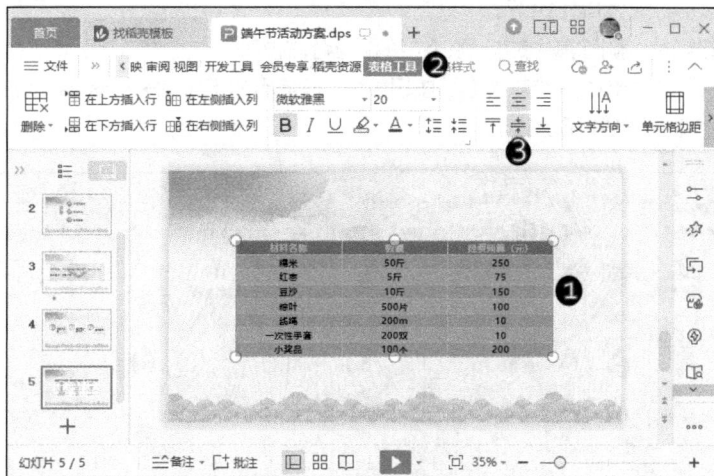

图 5-22　设置对齐方式

（5）全选表格，单击"表格样式"选项卡中预设样式列表框右侧的按钮▾，在弹出的下拉列表中打开"中色系"选项卡，在下方的列表框中选择"中度样式 2-强调 3"选项，如图 5-23 所示。

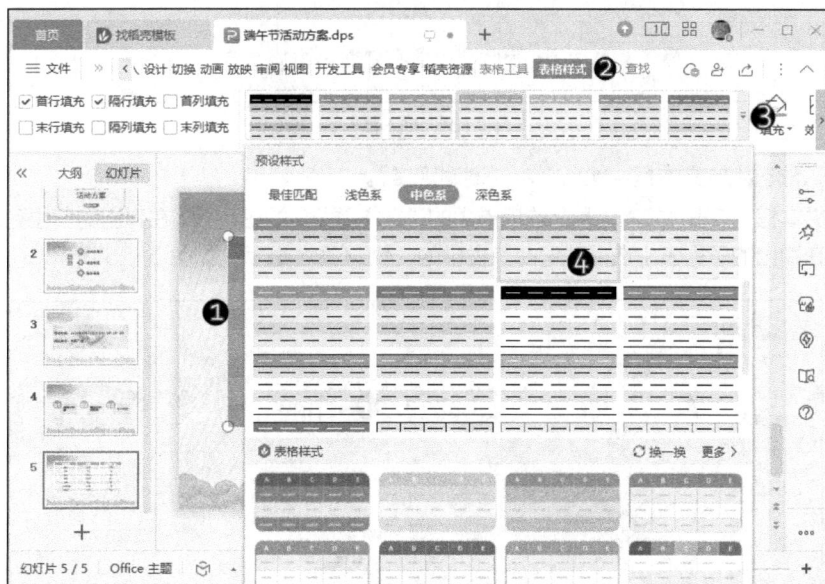

图 5-23　选择表格样式

（6）调整表格的大小并使其居中。

📖 知识扩展

　　选择表格的多行，单击"表格工具"选项卡中的"平均分布各行"按钮▦，可使所选行的高度相等。选择表格的多列，单击"平均分布各列"按钮▥，可使所选列的宽度相等。

（九）插入艺术字

在设计演示文稿时，为了使幻灯片更加美观，常常需要用到艺术字。下面在"端午节活动方案.dps"演示文稿中插入艺术字，具体操作如下。

（1）新建一张幻灯片，删除其中的标题占位符和内容占位符。

（2）单击"插入"选项卡中的"艺术字"按钮 ，在弹出的下拉列表中选择"填充-中宝石碧绿，着色3，粗糙"选项，如图5-24所示。

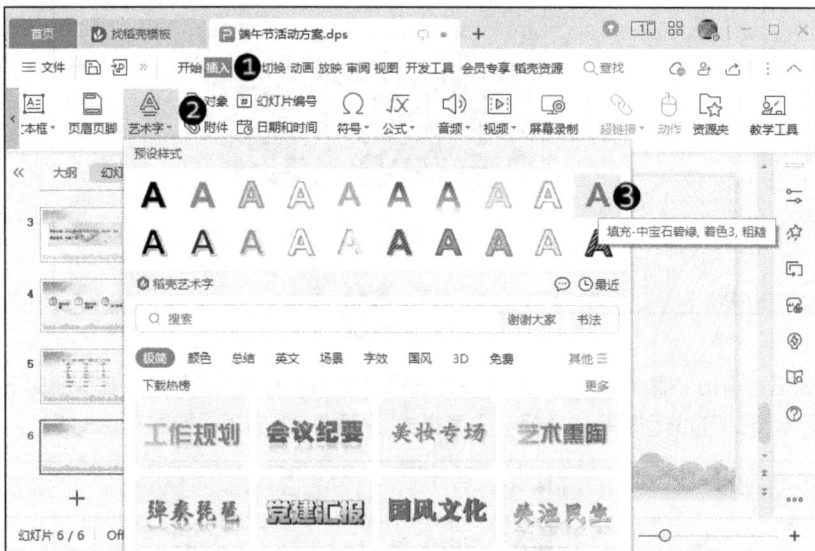

图5-24　插入艺术字

（3）在插入的艺术字文本框中输入文本"谢谢观赏"。

（4）选择文本框，单击"文本工具"选项卡中的"文本效果"按钮 ，在弹出的下拉列表中选择"转换"选项，再在弹出的子列表中选择"弯曲"栏中的"倒∨形"选项，如图5-25所示。

图5-25　设置艺术字效果

任务二　制作"端午节介绍.dps"演示文稿母版

为了快速制作演示文稿，统一相同版式幻灯片的结构，社区工作人员李强在制作介绍端午节的演示文稿时，先制作了演示文稿母版。本任务的参考效果如图 5-26 所示。

图 5-26　"端午节介绍.dps"演示文稿母版效果

一、相关知识

幻灯片母版用于定义演示文稿中标题幻灯片及正文幻灯片的布局样式，如标志、背景、占位符格式和各级标题文本的格式等。制作幻灯片母版实际上就是在母版视图下设置占位符格式、项目符号、背景、页眉、页脚等，并将其应用到全部的幻灯片中。因此，在设计幻灯片母版前，用户需要熟悉幻灯片母版视图，以及了解母版的应用。

（一）幻灯片母版视图

幻灯片母版视图中有母版幻灯片、标题幻灯片和版式幻灯片 3 类幻灯片，如图 5-27 所示，不同的类型有不同的呈现结果，下面分别进行介绍。

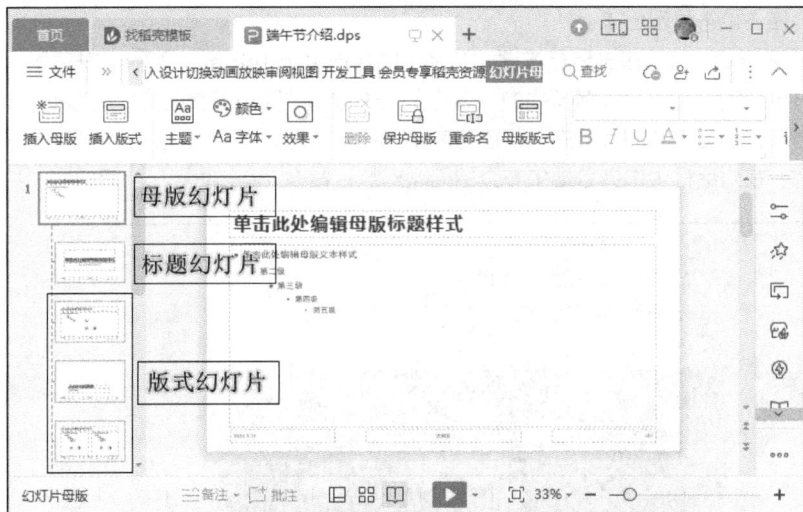

图 5-27　幻灯片母版视图

（1）母版幻灯片：默认为第 1 张幻灯片，也称为通用幻灯片，在其中设置的效果将应用到下方的所有幻灯片中。

（2）标题幻灯片：默认为第 2 张幻灯片，用于设置演示文稿中标题幻灯片的布局、结构、格式等。

（3）版式幻灯片：版式幻灯片的设置只对应用该版式的幻灯片有效，如设置"标题和内容"版式幻灯片，则只对应用该版式的幻灯片起作用。

（二）母版的应用

除幻灯片母版外，WPS 演示还提供了另外两种母版，分别是备注母版和讲义母版，不同的母版有不同的设计方法和作用，下面分别进行介绍。

（1）幻灯片母版：幻灯片母版能够存储幻灯片中的所有信息，包括背景、颜色、文字格式、段落格式、形状、图片、文本框、智能图形、表格、切换效果、动画等，当幻灯片母版发生变化时，与幻灯片母版对应的幻灯片也会随之发生相同的变化。另外，通过幻灯片母版添加的对象、动画、页眉、页脚等只能在幻灯片母版中更改，不能在普通视图中更改。

（2）备注母版：当演讲者需要为演示文稿输入提示内容，且需要将这些提示内容打印到纸张上时，就可以通过备注母版对备注内容、备注页方向、幻灯片大小，以及页眉、页脚、日期、正文、幻灯片图形等进行设置。

（3）讲义母版：为了使演讲者在演示过程中能通过纸稿快速了解每张幻灯片的内容，可以通过讲义母版对幻灯片在纸稿上的显示方式进行设置，包括每页纸上显示的幻灯片数量、幻灯片大小、讲义方向，以及页眉、页脚、日期、页码等信息。

二、任务实现

（一）设置母版背景

若要为所有幻灯片应用统一的背景，可在幻灯片母版视图中进行相应的设置。

下面设置"端午节介绍.dps"演示文稿的背景，具体操作如下。

（1）新建并保存"端午节介绍.dps"演示文稿，单击"视图"选项卡中的"幻灯片母版"按钮 ，进入幻灯片母版视图。

（2）选择第 1 张幻灯片，单击"插入"选项卡中的"图片"按钮 ，打开"插入图片"对话框，选择"端午节介绍背景.jpg"图片后，单击"打开"按钮。

（3）选择图片，调整图片大小，使其覆盖整个幻灯片，单击鼠标右键，在弹出的快捷菜单中选择"置于底层"命令，使占位符显示出来。

（4）选择第 2 张幻灯片，单击鼠标右键，在弹出的快捷菜单中选择"设置背景格式"命令。

（5）在打开的"对象属性"任务窗格的"填充"栏中选中"隐藏背景图形"复选框，再选中"图片或纹理填充"单选项，接着在"图片填充"下拉列表中选择"本地文件"选项，如图 5-28 所示，打开"选择纹理"对话框。在对话框中选择"端午节介绍标题幻灯片背景.jpg"图片，然后单击"打开"按钮。

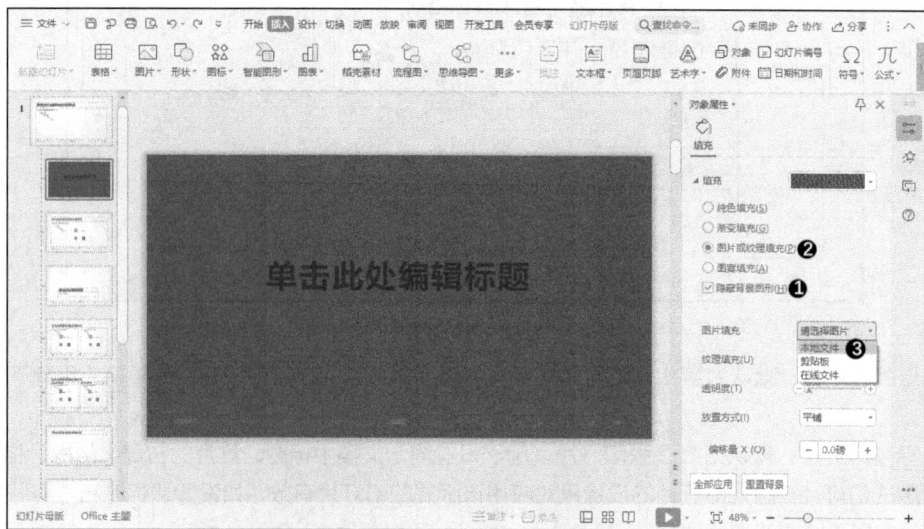

图 5-28　设置标题幻灯片背景

（6）返回幻灯片后，可看到第 2 张幻灯片的背景变了，而其他幻灯片的背景保持不变。

（二）设置文本占位符的文字格式

演示文稿中各张幻灯片的占位符是固定的，可以在幻灯片母版中预先设置好占位符的位置、大小、字体和颜色等格式，使幻灯片中的占位符自动应用相应格式。下面在幻灯片母版视图中设置"端午节介绍.dps"演示文稿中文本占位符的文字格式，具体操作如下。

（1）选择第 1 张幻灯片中的文本占位符，将字体设置为"微软雅黑"，再设置"单击此处编辑母版文本样式"的字号为"20"，下方的各级文本的字号为"18"。

（2）再次选择第 1 张幻灯片中的文本占位符，单击"文本工具"选项卡中"插入项目符号"按钮 右侧的下拉按钮 ，在弹出的下拉列表中选择"其他项目符号"选项。

（3）在打开的"项目符号与编号"对话框的"项目符号"选项卡中选择第 2 排的第 3 个样式，在"颜色"下拉列表中选择"矢车菊蓝，着色 1，浅色 40%"选项，然后单击"确定"按钮，如图 5-29 所示。

图 5-29　设置文本占位符中的项目符号

（4）选择第 2 张幻灯片，设置标题占位符文本的颜色为"矢车菊蓝，着色 1"，副标题占位符文本的颜色为"标准色-红色"。

（三）设置页眉和页脚

演示文稿中的页眉和页脚可以用于显示附加信息，如日期、时间、当前幻灯片编号等，使演示文稿看起来更加专业。下面在幻灯片母版视图中设置"端午节介绍.dps"演示文稿中的页眉和页脚，具体操作如下。

（1）选择第 1 张幻灯片，单击"插入"选项卡中的"页眉页脚"按钮 ，打开"页眉和页脚"对话框。

（2）在"幻灯片"选项卡的"幻灯片包含内容"栏中选中"日期和时间""幻灯片编号""页脚"复选框，在"页脚"复选框下方的文本框中输入"传承传统文化"文本，然后选中"标题幻灯片不显示"复选框，单击"全部应用"按钮，如图 5-30 所示。

（3）同时选择时间文本框、页脚文本框和编号文本框，设置文本颜色为"橙色，着色 4"。

（4）单击"幻灯片母版"选项卡中的"关闭"按钮 ，退出幻灯片母版视图。

图 5-30　设置页眉和页脚

课后自主练习

1. 全国计算机等级考试模拟训练试题

打开考生文件夹下的"WPP.pptx"（.pptx 为文件扩展名）演示文稿，后续操作均基于此演示文稿。

李奇制作了介绍海棠的演示文稿，但还需要对演示文稿进行调整。请按要求帮他完成相应操作，调整过程中不要新增或删减幻灯片，也不要更改幻灯片的顺序。

（1）将第 2 张幻灯片的版式修改为"图片与标题"，在左侧图片区插入"海棠 1.jpg"图片，并对该图片进行以下调整。

在锁定纵横比的前提下，将图片的缩放高度设置为 85%；设置图片位置相对于左上角，水平位置为 2.0 厘米，垂直位置为 4.80 厘米。

（2）对"标题幻灯片"版式之外的其他版式进行调整，将"标题样式"占位符的文字格式设置为隶书、44 号，"文本样式"占位符的文字格式设置为楷体、28 号。

（3）对第 5 张幻灯片中的表格进行以下调整。

将行高统一调整为 2 厘米，第 1 列的列宽调整为 6 厘米，第 2 列的列宽调整为 18 厘米；设置表格中文字的字号为 24，且中文字体为仿宋，西文字体为 Times New Roman；设置表格位置相对于左上角，水平位置为 5.0 厘米，垂直位置为 4.20 厘米。

（4）设置以下动画效果。

为第 2 张幻灯片中的图片设置扇形展开进入动画，且速度为慢速（3 秒）；为第 5 张幻灯片中的表格设置圆形扩展进入动画，且速度为非常慢（5 秒）。

（5）将"海棠 2.jpg"图片设置为所有幻灯片的背景，且透明度为 70%。

2. 参考操作步骤

（1）在考生文件夹中打开"WPP.pptx"演示文稿。

选中第 2 张幻灯片，在"开始"选项卡中单击"版式"按钮，在弹出的下拉列表中选择"图片与标题"版式。单击左侧图片区中的"插入图片"按钮，打开"插入图片"对话框，在对话框中选中"海棠 1.jpg"图片，单击"打开"按钮。选中图片，单击"图片工具"选项卡中的"大小"按钮，打开"对象属性"任务窗格；在"大小"栏中选中"锁定纵横比"复选框，设置缩放高度为 85%；在"位置"栏中设置水平位置为 2.00 厘米、相对于左上角，设置垂直位置为 4.80 厘米、相对于左上角，关闭任务窗格。

（2）单击"视图"选项卡中的"幻灯片母版"按钮，进入幻灯片母版视图；选中"标题和内容"

版式中的"标题样式"占位符，在"文本工具"选项卡中设置字体为隶书，字号为 44；选中"标题和内容"版式中的"文本样式"占位符，在"文本工具"选项卡中设置字体为楷体，字号为 28；选中"图片与标题"版式中的"标题样式"占位符，在"文本工具"选项卡中设置字体为隶书，字号为 44；选中"图片与标题"版式中的"文本样式"占位符，在"文本工具"选项卡中设置字体为楷体，字号为 28；单击"幻灯片母版"选项卡中的"关闭"按钮。

（3）选中第 5 张幻灯片中的表格，在"表格工具"选项卡中设置行高为 2 厘米；选中表格第 1 列，在"表格工具"选项卡中设置列宽为 6 厘米；选中表格第 2 列，在"表格工具"选项卡中设置列宽为 18 厘米。选中整个表格，单击"表格工具"选项卡中的"字体"按钮 」，打开"字体"对话框；在"字体"选项卡中设置中文字体为仿宋，西文字体为 Times New Roman，字号为 24，单击"确定"按钮。在表格上单击鼠标右键，在弹出的快捷菜单中选择"设置对象格式"命令，打开"对象属性"任务窗格；在"大小与属性"选项卡下的"位置"栏中设置水平位置为 5.00 厘米、相对于左上角，设置垂直位置为 4.20 厘米、相对于左上角，关闭任务窗格。

（4）选中第 2 张幻灯片中的图片，单击"动画"选项卡中的下拉按钮 ，在弹出的下拉列表中选择"扇形展开"进入动画；单击"动画"选项卡中"动画"按钮，打开"扇形展开"对话框，在"计时"选项卡中设置速度为慢速（3秒），单击"确定"按钮。选中第 5 张幻灯片中的表格，单击"动画"选项卡中的下拉按钮 ，在弹出的下拉列表中选择"圆形扩展"进入动画；单击"动画"选项卡"动画窗格"按钮，打开"圆形扩展"对话框，在"计时"选项卡中设置速度为非常慢（5秒），单击"确定"按钮。

（5）单击"设计"选项卡中的"背景"下拉按钮，在弹出的下拉列表中选择"背景填充"选项，打开"对象属性"任务窗格；选中"填充"栏中的"图片或纹理填充"单选项，在"图片填充"下拉列表中选择"本地文件"选项，打开"选择纹理"对话框；在对话框中选中"海棠 2.jpg"图片，单击"打开"按钮，设置透明度为 70%；单击"全部应用"按钮，关闭任务窗格。

保存并关闭"WPP.pptx"演示文稿。

项目二　演示文稿多媒体设计与放映演示文稿

项目介绍

　　为了弘扬中华优秀传统文化，社区工作人员李强通过WPS演示制作了"端午节介绍演示.dps"演示文稿。为了增强演示文稿的播放效果，他决定在演示文稿中插入音频、视频等多媒体素材，并为幻灯片添加动画效果。

● **知识目标**

（1）学习在幻灯片中添加多媒体素材的方法。

（2）学习幻灯片切换效果的设置方法。

（3）学习为幻灯片对象添加超链接的方法。

● **技能目标**

（1）能够插入超链接、切换放映的幻灯片。

（2）能够插入音频或视频文件并设置播放选项。

（3）能够给幻灯片中的对象添加动画。

（4）能够设置幻灯片的播放顺序、播放方法和排练计时等。

● **素养目标**

（1）提升职业技能和职业素养。

（2）培养符合时代要求的信息化办公能力。

（3）弘扬中华优秀传统文化。

157

制作、播放和打包"端午节介绍演示.dps"演示文稿

社区工作人员李强要通过演示文稿介绍端午节的相关知识，前期他收集了一些音频、视频等多媒体素材，制作演示文稿时，他决定将这些多媒体素材应用到幻灯片中，并为幻灯片添加动画效果，将演示文稿在社区自动播放。本任务的参考效果如图 5-31 所示。

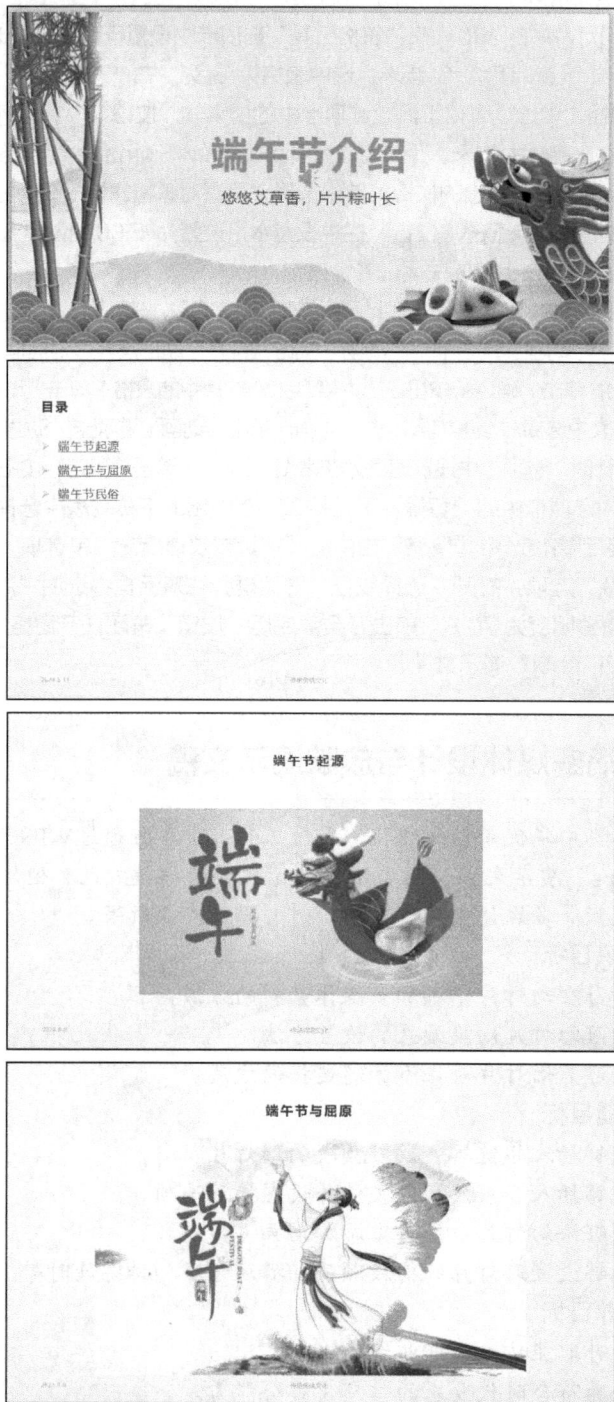

图 5-31 "端午节介绍演示.dps"演示文稿效果

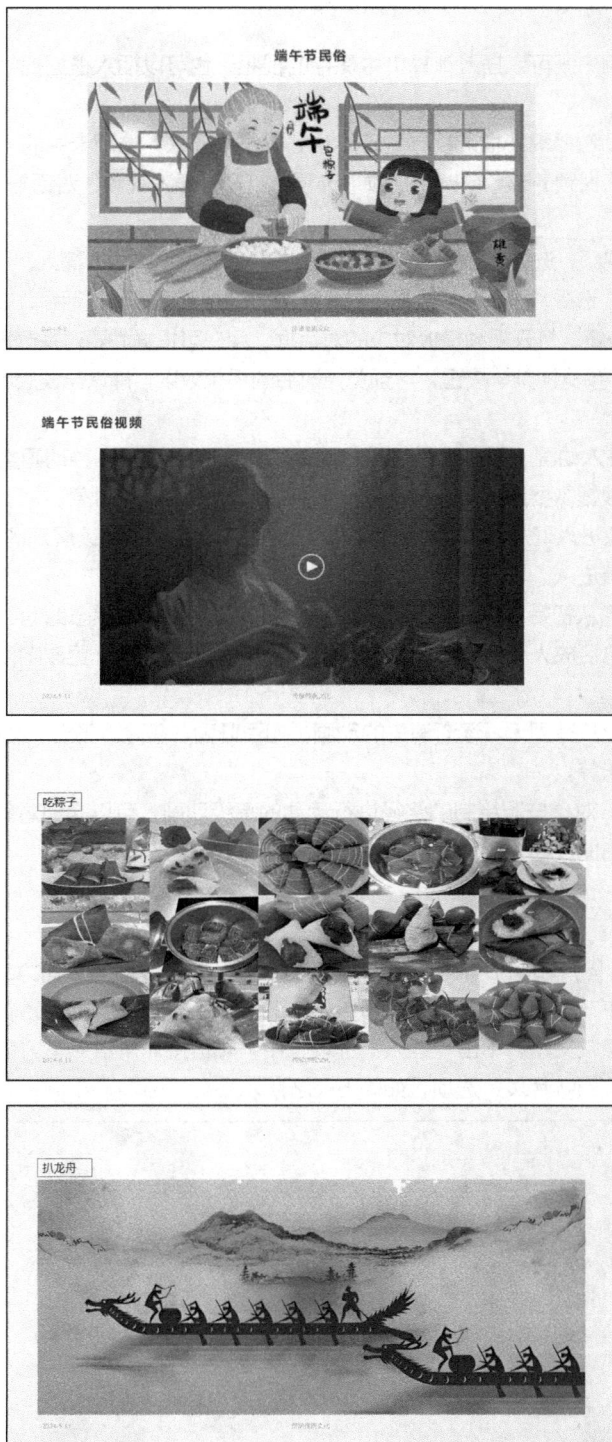

图 5-31　"端午节介绍演示.dps"演示文稿效果（续）

一、相关知识

通过 WPS 演示动态展示演示文稿的内容通常需要借助视频、动画等，下面介绍插入视频、动画类型等基础知识。

（一）插入视频

在 WPS 演示中，用户既可以插入计算机中保存的视频，也可以插入根据视频模板制作的开场动画视频，插入方法如下。

（1）插入本地视频：选择需要插入视频的幻灯片，单击"插入"选项卡中的"视频"按钮 ，在弹出的下拉列表中选择"嵌入视频"或"链接到视频"选项，打开"插入视频"对话框，选择需要的视频文件，单击"打开"按钮。

（2）插入开场动画视频：选择需要插入开场动画视频的幻灯片，单击"插入"选项卡中的"视频"按钮 ，在弹出的下拉列表中选择"开场动画视频"选项，打开"视频模板"对话框；在其中选择所需的视频模板，单击"立即制作"按钮，打开视频模板对应的对话框，用户可根据需要对视频模板中的图片或文字进行更改。修改完成后单击"预览视频"按钮，可预览更改后的视频效果，确认无误后单击"生成视频"按钮。

（二）动画类型

WPS 演示提供了进入动画、强调动画、退出动画和动作路径动画 4 种动画类型，每种动画类型又包含多种动画，用户可以根据需要选择合适的动画，并将其应用于幻灯片对象。

（1）进入动画：对象进入幻灯片的动画，可以实现对象从无到有、陆续展现的效果，如百叶窗、擦除、出现、飞入、盒状、缓慢进入、轮子、劈裂、盘、切入等。

（2）强调动画：对象从初始状态变化到另一个状态后，再回到初始状态的动画，主要用于对重要的内容进行强调。强调动画包括放大/缩小、更改填充、更改线条、更改字号、更改字体、更改字体颜色、更改字形、透明、陀螺旋等。

（3）退出动画：对象从有到无、逐渐消失的动画，如百叶窗、擦除、飞出、缓慢移出、阶梯状、菱形、轮子、劈裂、棋盘、切出等。

（4）动作路径动画：对象按照绘制的路径进行运动的高级动画，可以实现对象的灵活变化，如直线、曲线、任意多边形、自由曲线等。用户还可以根据需要自行绘制动作路径。

二、任务实现

（一）插入超链接

为幻灯片中的文本、图片和图形等对象添加超链接后，可以在放映幻灯片时实现交互，具体操作如下。

（1）打开根据"端午节介绍.dps"幻灯片母版制作的"端午节介绍演示.dps"演示文稿，选择第 2 张幻灯片中的"端午节起源"文本，单击"插入"选项卡中"超链接"按钮 下方的下拉按钮 ，在弹出的下拉列表中选择"本文档幻灯片页"选项，如图 5-32 所示。

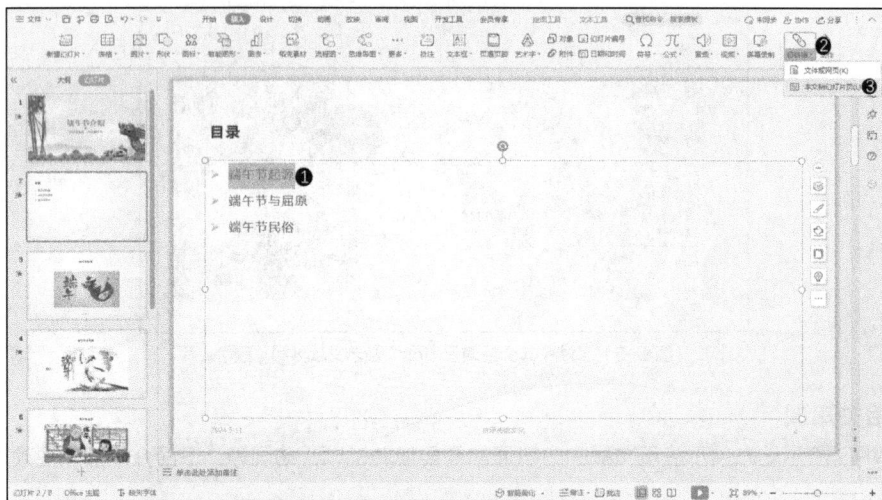

图 5-32　插入超链接

（2）在打开的"插入超链接"对话框的"链接到"列表框中选择"本文档中的位置"选项，在"请选择文档中的位置"列表框中选择"3.端午节起源"选项，然后单击"确定"按钮，如图 5-33 所示。

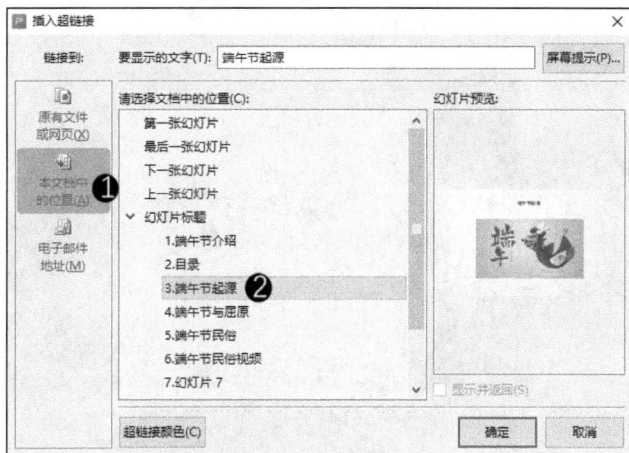

图 5-33 设置超链接

（3）添加了超链接的文本下方将增加下画线，按 Shift+F5 快捷键放映当前幻灯片。

（4）单击幻灯片中的超链接文本可切换到链接的幻灯片，按 Esc 键退出幻灯片放映状态，并继续为幻灯片中的其他文本添加超链接。

> **知识扩展**
>
> （1）在"插入超链接"对话框中选择"原有文件或网页"选项，可设置链接到当前演示文稿和指定的网页；选择"电子邮件地址"选项，可设置链接到某个电子邮件地址；选择"链接附件"选项，可设置链接到指定的附件。
>
> （2）选择需要添加动作的对象，单击"插入"选项卡中的"动作"按钮，打开"动作设置"对话框，在"鼠标单击"选项卡中选中"超链接到"单选项，在下方的下拉列表中选择动作链接的对象，然后单击"确定"按钮。若在"超链接到"下拉列表中选择"其他文件"选项，系统将打开"超链接到其他文件"对话框，在其中选择需要链接的文件后，单击"打开"按钮，即可在放映幻灯片时通过单击对象打开链接的文件。

（二）插入音频并设置播放选项

在幻灯片中插入音频可以起到烘托气氛的作用，具体操作如下。

（1）选择第 1 张幻灯片，单击"插入"选项卡中的"音频"按钮，在弹出的下拉列表中选择"嵌入音频"选项，打开"插入音频"对话框，选择"端午节介绍音乐.mp3"音频，单击"打开"按钮，将音频插入当前幻灯片。

（2）选择音频图标，在"音频工具"选项卡中选中"跨幻灯片播放"单选项（数值设为 2）和"放映时隐藏""循环播放，直至停止""播放完返回开头"复选框，如图 5-34 所示。

> **知识扩展**
>
> 选择幻灯片中的音频图标，单击"音频工具"选项卡中的"裁剪音频"按钮，打开"裁剪音频"对话框，在"开始时间"和"结束时间"数值框中输入音频开始播放时间和结束播放时间，单击"确定"按钮。

图5-34　设置音频播放选项

（三）插入并编辑视频

在幻灯片中插入视频可以增强视觉效果，也方便观众理解信息，具体操作如下。

（1）选择第6张幻灯片，单击"插入"选项卡中的"视频"按钮，在弹出的下拉列表中选择"嵌入本地视频"选项，如图5-35所示。

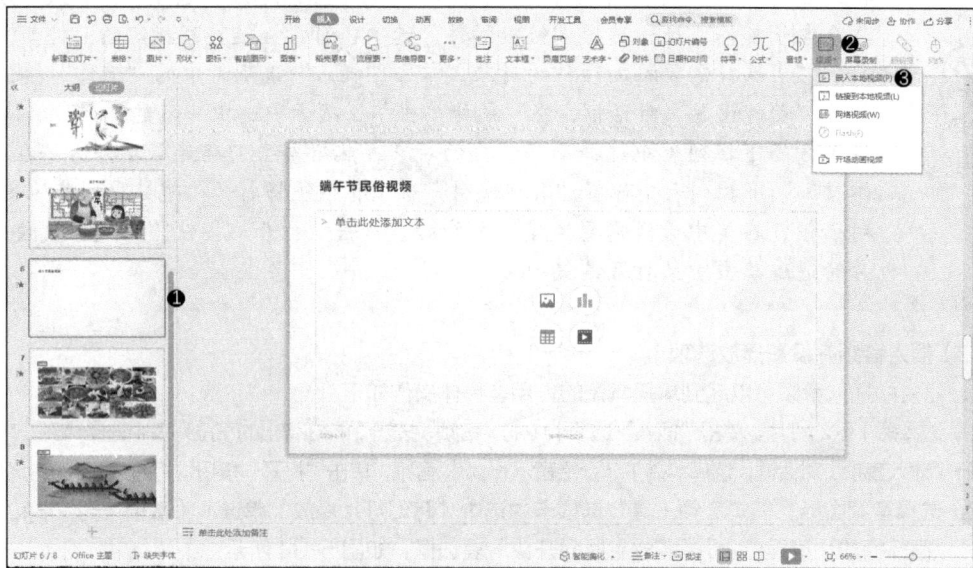

图5-35　选择"嵌入本地视频"选项

（2）在打开的"插入视频"对话框中选择"端午节介绍演示视频.mp4"视频文件，然后单击"打开"按钮。

（3）选择视频图标，单击"视频工具"选项卡中的"裁剪视频"按钮，打开"裁剪视频"对话框，在"开始时间"和"结束时间"数值框中输入视频开始播放时间和结束播放时间，单击"确定"按钮。

（4）保持视频图标的选择状态，在"视频工具"选项卡中选中"全屏播放"复选框，如图 5-36 所示。

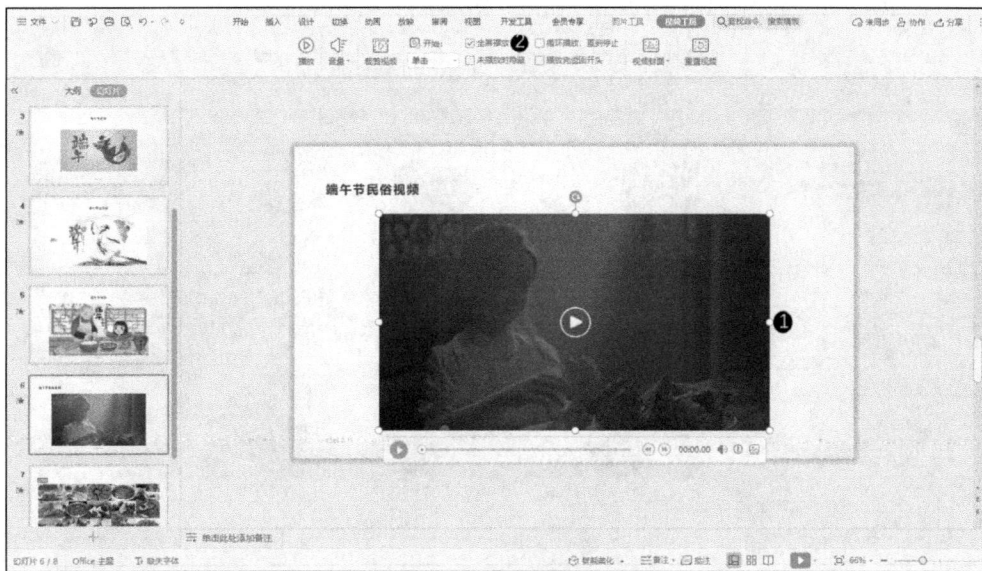

图 5-36　设置视频播放选项

（四）添加和设置切换效果

切换效果是指在幻灯片放映过程中从一张幻灯片切换到下一张幻灯片的动画效果。添加和设置切换效果的具体操作如下。

（1）选择第 1 张幻灯片，在"切换"选项卡的切换效果列表框右侧单击 ▾ 按钮，在弹出的下拉列表中选择"百叶窗"选项，如图 5-37 所示。

图 5-37　选择切换效果

（2）单击"切换"选项卡中的"效果选项"按钮 ，在弹出的下拉列表中选择"水平"选项。

（3）单击"切换"选项卡中的"声音"下拉按钮 ▾ ，在弹出的下拉列表中选择"风铃"选项。

（4）在"切换"选项卡的"速度"数值框中输入"01.50"，然后单击"应用到全部"按钮 ，如图 5-38

所示，将当前幻灯片的切换效果应用到演示文稿中的所有幻灯片。

图 5-38　设置切换选项

（五）添加和设置动画

在 WPS 演示中，用户既可以为幻灯片中的对象添加内置的动画，又可以添加智能动画，具体操作如下。

（1）选择第 1 张幻灯片中的"端午节介绍"文本框，单击"动画"选项卡中动画效果列表框右侧的按钮，如图 5-39 所示。

图 5-39　设置动画效果

（2）在弹出的下拉列表，选择"强调"栏中的"更改字体颜色"选项，如图 5-40 所示，所选动画将应用于文本框。

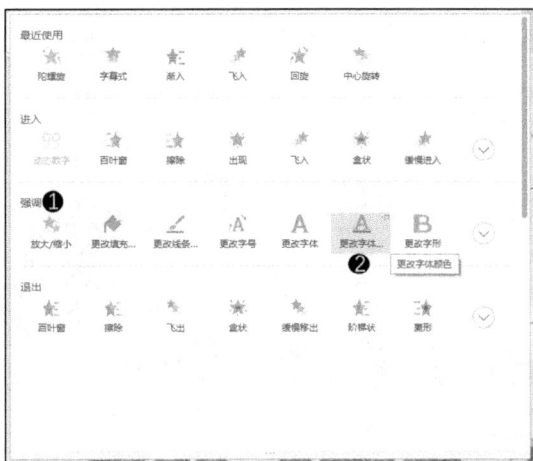

图 5-40　选择动画

（3）保持文本框的选择状态，单击"动画"选项卡中的"自定义动画"按钮，在打开的"自定义动画"窗格中单击"字体颜色"选项旁边的下拉按钮，选择最后一个颜色，如图 5-41 所示。

图 5-41　设置文字颜色

（4）选择"悠悠艾草香，片片粽叶长"文本框，在"动画"选项卡的动画效果下拉列表中选择"进入"栏中的"百叶窗"选项。

（5）保持文本框的选择状态，单击"动画"选项卡中的"自定义动画"按钮，打开"自定义动画"窗格，在"开始"下拉列表中选择"之后"选项，在"方向"下拉列表中选择"垂直"选项，在"速度"下拉列表中选择"慢速"选项，如图 5-42 所示。

图 5-42　设置动画播放效果

（6）使用相同的方法为其他幻灯片对象添加内置动画。

> （1）为幻灯片中的对象添加动画时，可以为同一对象添加多个动画。为同一对象添加多个动画的方法是，添加第1个动画时，直接通过智能动画或"动画"选项卡中的动画效果下拉列表添加；从添加第2个动画起，通过"动画窗格"任务窗格中的 ✎ 添加效果 · 按钮添加。
>
> 知识扩展
>
> （2）选择幻灯片中已经设置好动画的对象，单击"动画"选项卡中的"动画刷"按钮 ✎，单击需要应用同一动画的对象，即可为所选对象应用相同的动画。

（六）添加自定义动作路径动画

自定义动作路径动画是指根据需要自行绘制路径，使对象按照路径进行运动。下面为第 7 张幻灯片中的图片添加自定义动作路径动画，具体操作如下。

（1）选择第 5 张幻灯片中的图片，在"动画"选项卡的动画效果下拉列表中选择"绘制自定义路径"栏中的"自由曲线"选项，如图 5-43 所示。

（2）当鼠标指针变成✐形状时，按住鼠标左键拖曳鼠标绘制动作路径。其中，绿色三角形表示动画开始位置，红色三角形表示动画结束位置。向右拖曳绿色三角形，调整动画开始位置。

（七）放映设置

WPS 演示提供的演示文稿放映类型有演讲者放映（全屏幕）和展台自动循环放映（全屏幕）两种，用户可以根据需要进行选择。

演讲者放映（全屏幕）以全屏形式放映幻灯片，且演讲者有完全的控制权，如在放映过程中可单击切换幻灯片和标注重点内容等。

展台自动循环放映（全屏幕）以全屏幕形式自动循环放映幻灯片，演讲者不能通过单击切换幻灯片，但可以单击超链接或动作按钮切换幻灯片。

（1）打开"端午节介绍演示.dps"演示文稿，单击"放映"选项卡中"放映设置"按钮 ⚙ 下方的下

拉按钮 ✔ ，在弹出的下拉列表中选择"放映设置"选项。

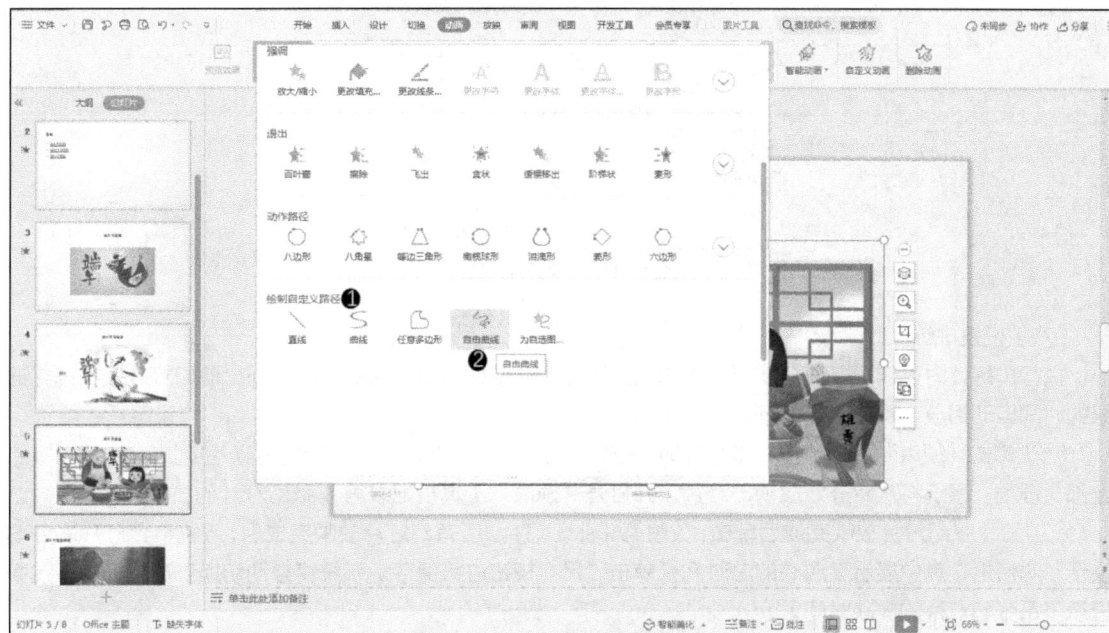

图 5-43 选择"自由曲线"选项

（2）在打开的"设置放映方式"对话框的"换片方式"栏中选中"如果存在排练时间，则使用它"单选项，然后单击"确定"按钮，如图 5-44 所示。

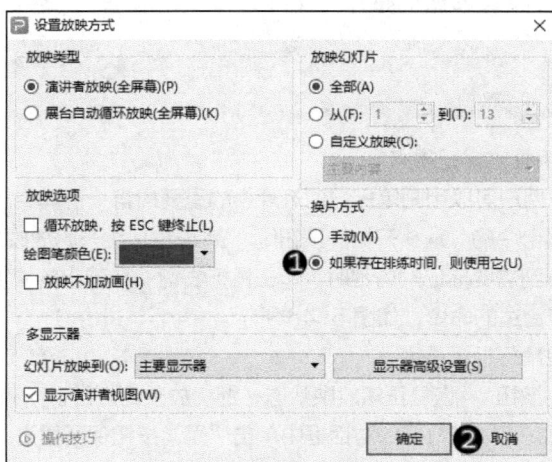

图 5-44 设置放映方式

（3）单击"放映"选项卡中的"自定义放映"按钮🗐，打开"自定义放映"对话框，单击"新建"按钮，打开"定义自定义放映"对话框。在"幻灯片放映名称"文本框中输入"主要内容"，按住 Ctrl 键在"在演示文稿中的幻灯片"列表框中依次选择第 3 至第 8 张幻灯片，然后单击"添加"按钮，如图 5-45 所示，将其添加到"在自定义放映中的幻灯片"列表框中。

（4）单击"确定"按钮，返回"自定义放映"对话框，"自定义放映"列表框中将显示自定义放映的名称，单击"关闭"按钮。

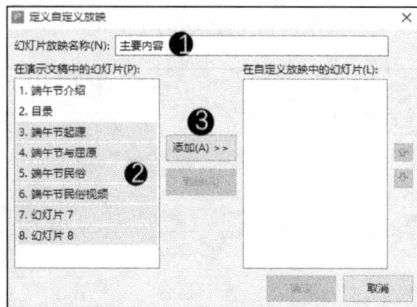

图5-45　定义自定义放映

（八）设置排练计时

执行排练计时操作可以模拟演示文稿的放映过程，记录每张幻灯片的放映时间，使幻灯片根据排练记录的时间自动播放，具体操作如下。

（1）单击"放映"选项卡中"排练计时"按钮🕐下方的下拉按钮▼，在弹出的下拉列表中选择"排练全部"选项。系统将从头开始放映幻灯片，并打开"预演"工具栏记录第1张幻灯片的放映时间。

（2）第1张幻灯片放映完成后单击，放映第2张幻灯片。所有幻灯片放映完成后，系统将会打开"WPS演示"对话框，其中显示了放映的总时间，单击"是"按钮进行保存。系统将自动切换到浏览视图，其中显示了每张幻灯片的放映时间。

> **知识扩展**
>
> 　　若要删除排练计时，可取消选中"切换"选项卡中的"自动换片"复选框，并删除其后的数值框中的排练计时数据。

（九）在放映过程中使用画笔标记重点

在幻灯片放映过程中，用户可以用画笔标记幻灯片中的重要内容，使其突出显示，具体操作如下。

（1）单击"放映"选项卡中的"从头开始"按钮▷，系统将从头开始放映幻灯片。

（2）在放映过程中，遇到需要标记的内容时，单击鼠标右键，在弹出的快捷菜单中选择"墨迹画笔"命令，并在其子菜单中选择合适的命令，如图5-46所示。

（3）按住鼠标左键拖曳鼠标标记重点。

（4）再次单击"箭头"按钮↖，恢复正常放映状态，继续放映幻灯片。所有幻灯片放映完成后按Esc键退出放映状态，如果需要，可以在打开的对话框中单击"是"按钮保留墨迹。

（十）将演示文稿打包成压缩文件

用户可以根据需要将制作好的演示文稿打包成压缩文件，使演示文稿便于传送，具体操作如下。

（1）单击"文件"按钮 ≡ 文件，在弹出的下拉列表中选择"文件打包"选项，在弹出的子列表中选择"打包成压缩文件"选项。

（2）在打开的"演示文件打包"对话框的"压缩文件名"文本框中输入"端午节介绍演示"，在"位置"文本框中选择文件保存位置，然后单击"确定"按钮开始打包。打包完成后将打开"已完成打包"对话框，在其中单击"打开压缩文件"按钮，系统将打开压缩文件所在的文件夹，其中显示了已打包的压缩文件。

图 5-46　选择画笔

课后自主练习

1. 全国计算机等级考试模拟训练试题

打开考生文件夹下的"WPP.pptx"演示文稿，后续操作均基于此演示文稿。

请制作一份科普咖啡因相关知识的演示文稿，演示文稿共包含 7 张幻灯片，制作过程中请不要新增、删减幻灯片，或更改幻灯片的顺序。

（1）在幻灯片母版视图中设置主题为"角度"，并对幻灯片母版进行以下设置。

标题占位符字体为微软雅黑，字号为 40 号，加粗，文字颜色为茶色，着色 5，深色 50%；内容占位符文字颜色为茶色，着色 5，深色 25%，其他不进行修改；插入"咖啡杯.png"图片，设置其水平位置为 25.0 厘米，垂直位置为 10.0 厘米，均相对于左上角。

（2）设置幻灯片页面背景和页眉页脚。

将全部幻灯片背景设置为"编织"纹理填充，透明度为 90%；为除标题幻灯片以外的所有幻灯片添加幻灯片编号和自动更新的日期。

（3）将第 5 张幻灯片的版式改为"两栏内容"并进行以下设置。

在右侧占位符中插入"咖啡豆.jpg"图片，将图片裁剪为圆角矩形，使其相对于幻灯片水平和垂直居中对齐；在图片下方插入样式为填充-茶色，着色 5，轮廓-背景 1，清晰阴影-着色 5 的艺术字，内容为咖啡豆，设置字号为 40，文本效果为紧密倒影，接触。

（4）为第 3 张幻灯片中的图片添加"翻转式由远及近"动画，开始方式为之前，速度为非常快（0.5 秒）。

（5）为所有幻灯片添加"擦除"切换效果，效果选项为向左，启用自动换片并设置自动换片时间为 5 秒。

（6）设置幻灯片放映类型为展台自动循环放映（全屏幕）。

2．参考操作步骤

（1）在考生文件夹中打开"WPP.pptx"演示文稿。

单击"视图"选项卡中的"幻灯片母版"按钮，进入幻灯片母版视图；在"幻灯片母版"选项卡中单击"主题"按钮，在弹出的下拉列表中选择"角度"主题。选中母版主题中的标题占位符，在"文本工具"选项卡中设置字体为微软雅黑，字号为40，单击"加粗"按钮B，在文字颜色下拉列表中选择茶色，着色5，深色50%选项。选中母版主题中的内容占位符，在"文本工具"选项卡中设置文字颜色为茶色，着色5，深色25%。单击"插入"选项卡中的"图片"按钮，在弹出的下拉列表中选择"本地图片"选项，打开"插入图片"对话框，在其中选中"咖啡杯.png"图片，单击"打开"按钮。选中图片，单击"图片工具"选项卡中的"大小"按钮，打开"对象属性"任务窗格；在"位置"栏中设置水平位置为25.00厘米、相对于左上角，设置垂直位置为10.00厘米、相对于"左上角"，关闭任务窗格。单击"幻灯片母版"选项卡中的"关闭"按钮。

（2）单击"设计"选项卡中的"背景"按钮下方的下拉按钮，在弹出的下拉列表中选择"背景填充"选项，打开"对象属性"任务窗格；在"填充"栏中选中"图片或纹理填充"单选项，在"纹理填充"下拉列表中选择"编织"纹理，拖动"透明度"滑块到90%；单击"对象属性"任务窗格左下角的"全部应用"按钮，关闭任务窗格。单击"插入"选项卡中的"页眉页脚"按钮下方的下拉按钮，在弹出的下拉列表中选择"幻灯片编号"选项，打开"页眉和页脚"对话框；选中"日期和时间"复选框，然后选中"自动更新"单选项，选中"幻灯片编号"和"标题幻灯片不显示"复选框，单击"全部应用"按钮。

（3）选中第5张幻灯片，单击"开始"选项卡中的"版式"按钮，在弹出的下拉列表中选择"两栏内容"版式。单击右侧占位符中的"插入图片"按钮，打开"插入图片"对话框，在其中选中"咖啡豆.jpg"图片，单击"打开"按钮。选中插入的图片，单击"图片工具"选项卡中的"裁剪"按钮下方的下拉按钮，在弹出的下拉列表的"裁剪"子列表中选择"圆角矩形"选项。选中图片，在"图片工具"选项卡中单击"对齐"按钮，在弹出的下拉列表分别选择"水平居中"和"垂直居中"选项。单击"插入"选项卡中的"艺术字"按钮，在弹出的下拉列表中选择填充-茶色，着色5，轮廓-背景1，清晰阴影-着色5艺术字样式，在艺术字文本框中输入"咖啡豆"。选中艺术字，在"文本工具"选项卡中设置字号为40；单击"文本工具"选项卡中的"文本效果"按钮，在弹出的下拉列表中选择"倒影"子列表中的"紧密倒影，接触"选项。

（4）选中第3张幻灯片中的图片，单击"动画"选项卡中的下拉按钮，在弹出的下拉列表中选择"翻转式由远及近"动画；单击"动画"选项卡中的"动画"按钮，打开"翻转式由远及近"对话框，在"计时"选项卡中设置开始为之前，速度为非常快（0.5秒），单击"确定"按钮。

（5）单击"切换"选项卡切换效果列表框中的下拉按钮，在弹出的下拉列表中选择"擦除"效果，单击"效果选项"按钮，在弹出的下拉列表中选择"向左"选项；选中"切换"选项卡中的"自动换片"复选框，设置时间为00:05，单击"应用到全部"按钮。

（6）单击"放映"选项卡中的"放映设置"按钮下方的下拉按钮，在弹出的下拉列表中选择"放映设置"选项，打开"设置放映方式"对话框；选中"展台自动循环放映（全屏幕）"单选项，单击"确定"按钮。

保存并关闭"WPP.pptx"演示文稿。

模块6
应用互联网与认识新一代信息技术

项目　互联网应用与新一代信息技术

项目介绍

　　小李是远安县驻村工作队队员，在工作中他指导当地村民使用计算机，推进信息化建设工作。在有一定的基础后，小李决定帮助村民了解互联网应用和新一代信息技术。

- ● **知识目标**
（1）学习互联网应用的相关知识。
（2）学习新一代信息技术的相关知识。
- ● **技能目标**
（1）能够通过互联网搜索信息。
（2）能够收发邮件。
（3）了解新一代信息技术在当地产业中的应用。
- ● **素养目标**
（1）提升信息素养和创新意识。
（2）树立科技发展是第一生产力的理念。
（3）树立网络安全意识。

任务一　搜索信息和收发邮件

互联网正改变着人们的工作、学习和生活方式，我们应学会在信息海洋中遨游，从网上获取各种资源，利用网络进行学习和交流。

一、相关知识

（一）认识计算机网络

计算机网络是计算机技术和通信技术相结合的产物，是利用通信线路和通信设备，将分布在不同地理位置的具有独立功能的若干台计算机连接起来形成的计算机集合。建立计算机网络的主要目的是实现资源共享和数据通信。

1. 计算机网络的组成

计算机网络一般包括计算机、网络操作系统、传输介质（包括有形介质和无形介质，如无线网络的传输介质就是空气）、应用软件4部分。

2. 计算机网络的分类

虽然网络类型的划分标准多种多样，但是从地理范围划分是一种公认的通用网络划分标准。按这种标准可以把计算机网络划分为局域网、城域网和广域网 3 种。

（1）局域网（Local Area Network，LAN）：这是一种十分常见、应用极广的网络。局域网随着计算机网络技术的发展得到了充分的应用和普及，几乎每个单位都有自己的局域网，甚至有的家庭都有自己的小型局域网。很明显，所谓局域网就是在局部地区范围内的网络，它所覆盖的地区范围较小。局域网在计算机数量配置上没有太多的限制，少的可以只有两台，多的可达几百台。一般来说，在企业局域网中，计算机的数量在几十到两百台左右。局域网的覆盖范围一般为几米至 10 千米左右。局域网一般位于一个建筑物或一个单位内，不存在寻址问题，不包括网络层的应用。局域网的特点是连接范围小、用户数少、配置容易、连接速率高。电气电子工程师学会（Institute of Electrical and Electronics Engineers，IEEE）的 802 标准委员会定义了多种主要的局域网：以太网（Ethernet）、令牌环网（Token-Ring Network）、光纤分布式数据接口（Fiber Distributed Data Interface，FDDI）、异步传输模式（Asynchronous Transfer Mode，ATM），以及无线局域网（Wireless LAN，WLAN）。

（2）城域网（Metropolitan Area Network，MAN）：城域网一般来说是指由在一个城市，但不在同一小区范围内的计算机组成的网络。这种网络的连接距离在 10 千米～100 千米，它采用的是 IEEE 802.6 标准。城域网与局域网相比，扩展的距离更长，连接的计算机数量更多，在地理范围上可以说是局域网的延伸。在一个大城市，一个城域网通常连接着多个局域网，如连接政府机构的局域网、医院的局域网、电信的局域网、公司企业的局域网等。由于光纤连接的引入，城域网中高速的局域网互联成为可能。城域网多采用 ATM 技术。ATM 是一个用于数据、语音、视频，以及多媒体应用程序的高速网络传输方法。ATM 包括一个接口和一个协议，该协议能够在常规的传输信道上，在不变的比特率及变化的通信量之间进行切换。ATM 也包括硬件、软件，以及与 ATM 协议标准一致的介质。ATM 提供可伸缩的主干基础设施，以适应不同规模、速度，以及寻址技术的网络。ATM 的最大缺点是成本太高，所以一般在政府机构的局域网中应用。

（3）广域网（Wide Area Network，WAN）：广域网也称为远程网，所覆盖的范围比城域网更广，它一般是指在不同城市之间的局域网或者城域网互联形成的网络，地理范围可从几百千米到几千千米。因为距离较远，信息衰减比较严重，所以这种网络一般要租用专线，通过接口消息处理器（Interface Message Processor，IMP）协议和线路连接起来，构成网状结构，解决寻址问题。因为广域网的用户多，总出口带宽有限，所以用户的终端连接速率一般较低，通常为 9.6Kbit/s～45Mbit/s。常见的广域网有中国公用计算机互联网（ChinaNet）、中国公用分组交换数据网（China Public Packet Switched Data Network，ChinaPAC）和中国公用数字数据网（China Digital Data Network，ChinaDDN）等。

3. 计算机与网络信息安全

计算机与网络信息安全是指为数据处理系统提供技术和管理方面的安全保护，保护计算机硬件、软件、数据不因偶然的或恶意的原因而遭到破坏、更改或显露。

计算机与网络信息安全的内容主要有以下几个方面。

（1）硬件安全：计算机与网络硬件和存储媒体的安全。硬件安全是指保护硬件设施不受损害，能够正常工作。

（2）软件安全：计算机及其网络的各种软件不被篡改或破坏，不被非法操作或误操作，功能不会失效，不被非法复制。

（3）运行服务安全：计算机与网络中的各个信息系统能够正常运行并能正常地通过网络交流信息。运行服务安全是指通过对网络系统中各种设备运行状况的监测，发现不安全因素，及时报警并采取措施以改变不安全状态，保障网络系统正常运行。

（4）数据安全：计算机与网络中存在的流通数据的安全。数据安全是指要保护网络中的数据不被篡改、非法增删、复制、解密、显示、使用等，它是保障网络安全最根本的目的。

（二）认识与应用互联网

Internet 是世界上规模最大、覆盖范围最广的计算机网络，通常称为"互联网"。Internet 是将全世界不同国家、不同地区、不同部门的计算机通过网络互联设备连接在一起构成的国际性资源网络。Internet 就像是在计算机与计算机之间架起的信息高速公路，各种信息在上面传输，使人们得以在全世界范围内共享资源和交换信息。

1. 认识 Internet 服务

Internet 服务是指通过互联网为用户提供的各类服务，用户通过 Internet 服务可以进行互联网访问，获取需要的信息。Internet 服务采用传输控制协议/互联网协议（Transmission Control Protocol / Internet Protocol，TCP/IP）。

2. 认识 Internet 地址

为了实现 Internet 中不同计算机之间的通信，每台计算机都必须有唯一的地址，称为 Internet 地址。Internet 地址有两种表示形式，分别为 IP 地址和域名地址，用数字表示的地址称为 IP 地址，用字符表示的地址称为域名地址。

Internet 地址由网络号和主机号构成，其中网络号用于标识某个网络，主机号用于标识网络中的某台计算机。

（1）IP 地址：IP 地址包含 4 个字节，即 32 个二进制位。为了书写方便，通常每个字节使用 0～255 的十进制数字表示，每个十进制数字之间使用点号（.）分隔，这种表示方法称为"点分十进制"表示法。如"192.168.1.18"表示某个网络上某台主机的 IP 地址。

（2）域名地址：域名地址是使用字符表示的 Internet 地址，并由域名系统（Domain Name System，DNS）解释成 IP 地址。例如 www.baidu.com 是百度的域名地址，它和 IP 地址相对应。

（3）DNS 服务：DNS 服务是将域名转换为对应的 IP 地址的网络服务，让用户在访问网站时，不再需要输入冗长难记的 IP 地址，只需输入域名。DNS 协议使用 TCP 和 UDP（User Datagram Protocol，用户数据报协议）的 53 端口。

3. 认识 TCP/IP

TCP/IP 是 Internet 使用的通信协议，是 Internet 上计算机之间进行通信所必须遵守的规则集合。其中 TCP 提供传输层服务，负责管理数据包的传递过程，并保证数据传输的正确性；IP 提供网络层服务，负责将需要传输的数据分割成许多数据包，并将这些数据包发往目的地，数据包中包含部分要传输的数据和传输目的地的地址等重要信息。

4. 认识浏览器

浏览器是用来检索、展示和传递 Web 信息资源的应用程序，用户可以借助超链接（Hyperlink），通过浏览器浏览互相关联的信息，进行信息搜索、网页浏览、电子邮件收发等操作。Web 信息资源由统一资源标识符（Uniform Resource Identifier，URI）标识，它可以是一个网页、一张图片、一段视频或者任何在 Web 上呈现的内容。

主流的浏览器包括 IE（Internet Explorer）浏览器、Google Chrome 浏览器、火狐（Firefox）浏览器、Safari 浏览器等，其中 IE 浏览器是微软公司开发的 Web 浏览器。

5. 认识搜索引擎

搜索引擎是指 Internet 中的信息搜索工具，目前比较著名的搜索引擎有百度、搜狐、谷歌等。当用户想访问某网站时，可以在搜索引擎的搜索框中输入要查找的关键词，提交后搜索引擎就会在数据库中检索，并将检索结果返回页面。

6. 认识电子邮件

电子邮件（E-mail）是指在 Internet 中用于通信的电子形式的信件。E-mail 具有速度快、信息形式多样、收发方便、交流范围广等优点，目前已成为人们常用的通信方式。

使用 Internet 提供的电子邮件服务时，首先要申请电子邮箱，每个电子邮箱都有唯一的标识，该标识也就是我们常说的 E-mail 地址，其格式为"用户名@域名"。其中"用户名"是用户申请的账号，"域名"是电子邮件服务器域名，例如"good@163.com"表示一个 E-mail 地址。

信息技术基础项目化教程

二、任务实现

（一）使用百度网站搜索信息

（1）在 Google Chrome 浏览器的地址栏中输入网址"www.baidu.com"，打开百度首页。

（2）搜索"区块链的定义"。

在百度首页的搜索框中输入"区块链的定义"，然后单击"百度一下"按钮，即可获取搜索结果。单击搜索结果中的超链接，打开"区块链-百度百科"对应的网页，将所需内容复制到计算机的文档中即可。

（3）搜索"宜昌市景点图片"。

在百度首页的搜索框中输入"宜昌市景点图片"，然后单击"百度一下"按钮，即可获取搜索结果。单击"图片"导航按钮，切换到图片页面，找到所需的景点图片，将其保存至计算机中即可。

（4）搜索"三峡旅游宣传片"。

在百度首页单击"视频"导航按钮，切换到视频页面，然后在搜索框中输入"三峡旅游宣传片"，单击"百度一下"按钮，即可获取搜索结果。选择所需的视频在线观看或下载到计算机中。

（5）将中文短句翻译为英文。

打开百度首页，在顶部单击"更多"超链接，进入"百度产品大全"页面。在"搜索服务"区域中单击"百度翻译"超链接，进入"百度翻译"页面，在左侧文本框中输入"纸上得来终觉浅，绝知此事要躬行"，右侧的文本框中会自动显示对应英文。

（二）使用电子邮箱收发电子邮件

（1）打开网易邮箱的注册页面。

打开浏览器，在地址栏中输入"mail.163.com"，按 Enter 键，进入"163 网易免费邮"页面，单击页面右下方的"注册新帐号"超链接，切换到网易邮箱的注册页面。

（2）创建账号。

选择"普通注册"，在网易邮箱的注册页面中输入邮箱地址、密码、手机号码等用户信息，如图 6-1 所示。

图 6-1　注册邮箱

注意，如果输入的邮箱地址已经被他人占用，就会弹出提示信息，要求用户重新输入邮箱地址。

接下来根据提示用手机扫描二维码，快速发送短信进行验证，单击"立即注册"按钮，显示图 6-2 所示的注册成功的提示信息。

邮箱注册成功后，单击"进入邮箱"按钮，即可直接进入网易邮箱的首页。

（3）登录网易邮箱。

打开浏览器，在地址栏中输入地址"mail.163.com"，按 Enter 键，进入网易邮箱的登录页面。在网易邮箱的登录页面中输入用户名和密码，如图 6-3 所示，然后单击"登录"按钮。

图 6-2　注册成功的提示信息

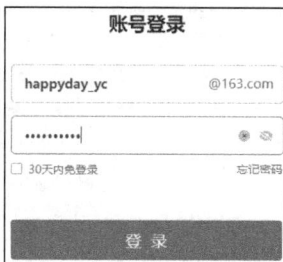

图 6-3　网易邮箱登录页面

登录成功后进入网易邮箱的首页，如图 6-4 所示。

图 6-4　网易邮箱首页

（4）撰写和发送邮件。

单击左侧的"写信"按钮，进入邮件撰写页面。在"收件人"文本框中填写收件人的邮箱地址，在"主题"文本框中输入主题文字，在邮件正文文本框中输入邮件正文内容。单击"添加附件"超链接，打开"打开"对话框，在该对话框中选择要上传的文件，然后单击"打开"按钮，完成添加附件操作。附件文件可以添加多个，如果要删除添加的附件文件，单击附件文件名称后面的"删除"按钮即可。

邮件撰写完成后的页面如图 6-5 所示。

图 6-5　邮件撰写完成后的页面

（5）发送邮件或存草稿箱。

邮件撰写完成后，可以直接单击"发送"按钮发送邮件，也可以单击"存草稿"按钮将写好的邮件保存到草稿箱，以后再发送邮件。

（6）查看收件箱中的邮件。

邮件系统会自动收取邮件，收到的邮件会存放在收件箱中，如果有未读的邮件，页面中会显示提示信息。单击网易邮箱首页左侧导航栏中的"收件箱"按钮即可查看收件箱中的邮件，如图6-6所示。

图6-6　查看收件箱中的邮件

（7）阅读邮件内容。

如果需要阅读邮件的内容，在收件箱的邮件列表中单击邮件主题即可。

任务二　新一代信息技术与其应用

新一代信息技术主要包括云计算、大数据、人工智能、物联网、虚拟现实、增强现实、元宇宙等。党的二十大报告提出，"推动战略性新兴产业融合集群发展，构建新一代信息技术、人工智能、生物技术、新能源、新材料、高端装备、绿色环保等一批新的增长引擎。"我国正抓住全球信息技术和产业新一轮分化和重组的重大机遇，全力打造核心技术产业链，推动经济发展迈上新台阶。

一、相关知识

（一）云计算的概念及特点

云计算（Cloud Computing）的概念起源于大规模分布式计算技术，云计算又称网络计算。如今，各种云计算技术在网络服务中随处可见，例如搜索引擎、网络信箱等，用户只要输入简单的指令就能得到大量的信息。

"云"实质上是网络，狭义的云计算是指提供资源的网络，用户可以随时获取"云"上的资源，按需求量使用，按使用量付费，并且可以将资源看成是无限扩展的。"云"就像自来水厂一样，我们可以随时接水，并且水不限量，按照用水量付费给自来水厂即可。从广义上说，云计算是与信息技术、软件、互联网相关的服务，这种计算资源共享池叫作"云"。云计算把许多计算资源集合起来，通过软件实现自动化管理，只需要很少的人参与，就能快速提供资源。也就是说，计算能力作为一种商品，可以在互联网上流通，就像水、电、天然气一样，可以方便地取用，且价格较为低廉。总之，云计算不是一种全新的网络技术，而是一种全新的网络应用概念，云计算的核心就是以互联网为中心，为网站提供快速且安全的计算与数据存储服务，让每一个使用互联网的人都可以使用网络上的丰富计算资源。

云计算是一种基于并高度依赖Internet的计算资源交付模型，集合了大量服务器、应用程序、数据和其他资源，通过Internet以服务的形式向用户提供这些资源，并且采用按使用量付费的模式。云计算将用户与实际服务提供的计算资源分离，并向用户屏蔽底层差异的分布式处理架构。用户可以根据需要从诸如Amazon Web Services（AWS）之类的云服务提供商处获得技术支持，例如数据计算、存储和数据库，而无须购买和维护物理数据中心及服务器。

云计算是分布式计算技术的一种，其工作原理是通过网络"云"将庞大的计算处理程序自动拆分成无数个较小的子程序，再交由多台服务器所组成的庞大系统搜寻、计算、分析，然后将处理结果回传给用户。通过这项技术，网络服务提供者可以在很短的时间内（数秒之内）完成对数以千万计（甚至亿计）的数据的处理，提供和"超级计算机"同样强大的网络服务。现阶段所说的云服务已经不单单是分布式计算，而是分布式计算、效用计算、负载均衡、并行计算、网络存储、热备份冗杂和虚拟化等计算机技术混合演进的结果。

云计算与传统的网络应用模式相比，具有以下优势与特点。

（1）虚拟化。

虚拟化突破了时间、空间的界限，是云计算最为显著的特点。虚拟化包括应用虚拟和资源虚拟两种。物理平台与应用部署的环境在空间上没有任何联系，云计算通过虚拟平台对相应终端的操作进行数据备份、迁移和扩展等。

（2）动态可扩展。

云计算具有强大的运算能力，在原有服务器的基础上增加云计算功能能够使计算速度迅速提高，最终实现动态扩展虚拟化，达到对应用进行扩展的目的。

用户可以利用应用软件的快速部署条件来更简单、快捷地对已有业务进行扩展。例如，云计算系统中出现设备的故障，这对用户来说，无论是在计算机层面上，还是在具体应用上都不会受到阻碍，可以利用云计算具有的动态可扩展功能来对其他服务器进行有效扩展，以确保任务有序完成。对虚拟化资源进行动态扩展能够高效扩展应用，提高云计算的操作水平。

（3）按需部署。

计算机包含许多应用、程序软件等，不同的应用对应的数据资源库不同，所以用户运行不同的应用时需要较强的计算能力对资源进行部署，而云计算平台能够根据用户的需求快速部署计算能力及资源。

（4）兼容性好。

目前市场上大多数信息技术资源、软件、硬件都支持虚拟化，例如存储网络、操作系统和开发软件、硬件等。虚拟化要素统一放在虚拟资源池中进行管理，可见云计算的兼容性非常好，可以兼容低配置计算机、不同厂商的硬件产品，并具有更强大的计算能力。

（5）可靠性高。

即使云计算出现服务器故障也不会影响应用的正常运行，因为如果单点服务器出现故障，可以通过虚拟化技术对分布在不同物理服务器上的应用进行恢复，或利用动态可扩展功能部署新的服务器进行计算。

（6）性价比高。

将资源放在虚拟资源池中统一管理的方式在一定程度上优化了物理资源，用户不再需要价格昂贵、存储空间大的主机，而可以选择相对廉价的计算机组成"云"，这样既减少了费用，也不会降低计算性能。

（二）认识大数据技术

随着计算机技术的发展与互联网的普及，信息不断积累，信息的增长速度也在不断提高。随着互联网、物联网建设的加快，信息开始爆炸式增长，收集、检索、统计这些信息越发困难，必须使用新的技术来解决这些问题。

大数据本身是一个抽象的概念。从一般意义上讲，大数据指无法在一定时间范围内用常规软件工具进行获取、存储、管理和处理的数据集合，需要新处理模式才能具有更强的决策力、洞察力和流程优化能力。

大数据技术是指一系列用于处理和分析大规模数据集的技术。适用于大数据的技术包括大规模并行处理（Massively Parallel Processing，MPP）数据库、数据挖掘电网、分布式文件系统、分布式数据库、云计算平台、互联网和可扩展的存储系统等。

高德纳集团于 2012 年修改了对大数据的定义：大数据是大量、高速及/或多变的信息资产，它需要新型的处理方式才能具有更强的决策能力、洞察力与最优化处理能力。目前，业界对大数据还没有一个统一的定义，但是大家普遍认为，大数据具备 Volume（规模性）、Velocity（高速性）、Variety（多样性）和

Value（价值性）4个特性，简称"4V"，即数据体量巨大、数据输入输出速度快、数据类型繁多和数据价值密度低，如图6-7所示。

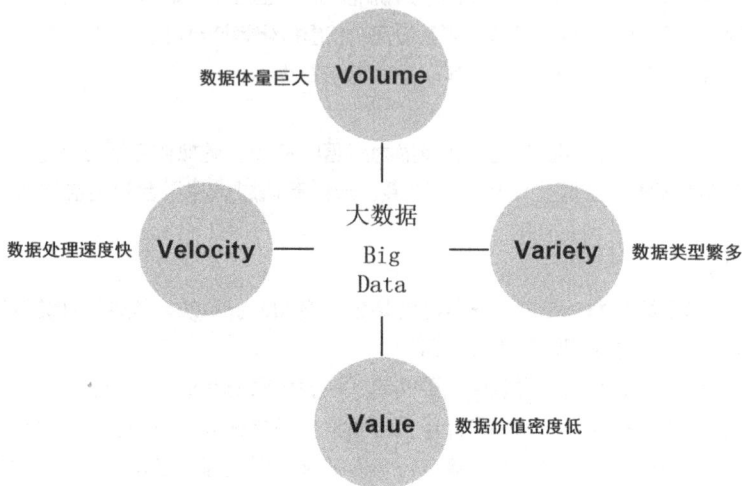

图6-7　大数据的"4V"特性

（1）Volume。

大数据的数据体量巨大。数据集合的规模不断扩大，已经从GB级增加到TB级，再增加到PB级，近年来，数据量甚至开始以EB和ZB来计数。

例如，一个中型城市的视频监控信息的数据量一天就能达到几十TB。百度首页导航每天需要提供的数据超过1.5PB（1PB=1024TB），如果将这些数据打印出来，需要使用超过5千亿张A4纸。有资料证实，到目前为止，人类生产的所有印刷材料的数据量仅为200PB。

（2）Velocity。

大数据的产生、处理和分析速度在持续加快。加速的原因在于数据的实时性特点，以及将流数据结合到业务流程和决策过程中的需求。由于数据处理速度快，处理模式已经开始从批处理转向流处理。

大数据需要在一定的时间内得到及时处理，业界将大数据的处理能力称为"1秒定律"，即可以在秒级时间内给出响应结果。大数据的快速处理能力充分体现出它与传统数据处理技术的本质区别。

（3）Variety。

大数据的数据类型、格式和形态繁多。传统IT产业产生和处理的数据类型较为单一，大部分是结构化数据。随着传感器、智能设备、社交网络、物联网、移动计算、在线广告等新渠道和技术的不断涌现，产生的数据类型数不胜数。

现在的数据不再只是格式化数据，更多的是半结构化数据或者非结构化数据，例如XML、邮件、博客、即时消息、视频、音频、图片、点击流、日志文件、地理位置等多类型的数据。企业需要整合、存储和分析来自传统和非传统信息源的数据，包括企业内部和外部的数据。

（4）Value。

大数据的数据价值密度低。虽然大数据体量不断增加，单位数据的价值密度不断降低，但数据的整体价值在提高，大数据的挖掘和利用将带来巨大的商业价值。以监控视频为例，在1小时不间断的监控视频中，有用的数据可能只有一两秒，却非常重要。

大数据来自信息通信技术，但它对社会、经济、生活产生的影响绝不限于技术层面。从本质上看，它为我们看待世界提供了一种全新的方法，即决策行为将日益基于数据分析，而不是像过去那样更多凭借经验和直觉。

（三）人工智能的概念

人工智能是计算机科学的一个分支，在 20 世纪 70 年代被称为世界三大尖端技术（空间技术、能源技术、人工智能）之一，也被认为是 21 世纪三大尖端技术（基因工程、纳米科学、人工智能）之一。近几十年，人工智能迅速发展，在很多学科领域都获得了广泛应用，并取得了丰硕的成果，它已成为一个独立的分支，在理论和实践上都已自成系统。

人工智能是研究、开发用于模拟、延伸和扩展人的智能的理论、方法、技术及应用系统的一门技术科学。

人工智能较早的定义是由麻省理工学院的约翰·麦卡锡（John Mccarthy）在 1956 年的达特茅斯会议上提出的：人工智能就是要让机器的行为看起来就像是人所表现出的智能行为一样。美国斯坦福国际咨询研究所人工智能中心主任 N.J.尼尔森（N. J. Nilsson）博士对人工智能下了这样的定义：人工智能是关于知识的学科——怎样表示知识以及怎样获得知识并使用知识的学科。而美国麻省理工学院的温斯顿（Winston）教授认为：人工智能就是研究如何使计算机去做过去只有人才能做的智能工作。这些说法反映出了人工智能学科的基本思想和基本内容，即人工智能是研究人类智能活动的规律，构造具有一定智能的人工系统，研究如何让计算机完成以往需要人的智力才能胜任的工作，也就是研究如何使用计算机的软硬件来模拟人类某些智能行为的基本理论、方法和技术。总体来讲，目前人工智能的定义大致可划分为 4 类，即机器"像人一样思考""像人一样行动""理性地思考""理性地行动"。这里的"行动"应广义地理解为采取行动，或制定行动的决策，而不是肢体动作。

人工智能是研究如何使用计算机来模拟人的思维过程和智能行为（例如学习、推理、思考、规划等）的学科，主要包括计算机实现智能的原理、制造类似人脑智能的计算机，使计算机实现更高层次的应用。人工智能涉及计算机科学、心理学、哲学和语言学等学科，几乎涵盖自然科学和社会科学的所有学科，其范围已远远超出计算机科学的范畴。人工智能与思维科学的关系是实践和理论的关系，人工智能处于思维科学的技术应用层面，是它的一个应用分支。从思维观点看，人工智能不仅限于逻辑思维，还要考虑形象思维、灵感思维才能进行突破性发展。数学常被认为是多种学科的基础，不仅在标准逻辑、模糊数学等领域发挥作用，还可促进人工智能学科的发展。

人工智能企图了解智能的实质，并生产出能以与人类智能相似的方式做出反应的智能机器，该领域的研究包括机器人、语言识别、图像识别、自然语言处理和专家系统等。人工智能从诞生以来，理论和技术日益成熟，应用领域也不断扩大，可以设想，未来人工智能带来的科技产品将会是人类智慧的"容器"。

人工智能的研究具有高技术性和专业性，各分支领域相互独立，因而涉及的范围极广。人工智能学科研究的主要内容包括知识表示、自动推理、智能搜索、机器学习、知识获取、知识处理系统、自然语言处理、智能机器人、计算机视觉等，主要应用领域有智能控制、专家系统、语言和图像理解、遗传编程机器人、自动程序设计等。人工智能学科研究的部分主要内容如下所示。

（1）知识表示。

知识表示是人工智能的基本应用之一，推理和搜索都与知识表示方法密切相关。常用的知识表示方法有逻辑表示法、产生式表示法、语义网络表示法和框架表示法等。

（2）自动推理。

逻辑推理是人工智能研究最久的领域之一，问题求解中的自动推理是指知识的使用过程，由于有多种知识表示方法，相应地也有多种推理方法。推理过程一般分为演绎推理和非演绎推理，谓词逻辑是演绎推理的基础，结构化表示下的继承性能推理是非演绎性的。由于知识处理的需要，近年来提出了多种非演绎的推理方法，例如连接机制推理、类比推理、基于示例的推理、反绎推理和受限推理等。

（3）智能搜索。

信息获取和精化技术已成为当代计算机科学与技术中迫切需要研究的课题，将人工智能技术应用于这一领域的研究是人工智能获得广泛实际应用的契机与突破口。智能搜索是人工智能的一种问题求解方法，搜索策略决定问题求解的推理步骤中知识被使用的优先关系，可分为无信息导引的盲目搜索和利用经验知识导引的启发式搜索。启发式知识常用启发式函数表示，启发式知识利用得越充分，求解问题的搜索空间就越小。典型的启发式搜索方法包括 A*、AO*算法等。近几年搜索方法的研究开始关注具有百万节点的超大规模的搜索问题。

（4）机器学习。

机器学习是人工智能的一个重要课题。机器学习是指在一定的知识表示意义下计算机获取新知识的过程，按照学习机制的不同，可分为归纳学习、分析学习、连接机制学习和遗传学习等。

（5）知识处理系统。

知识处理系统主要由知识库和推理机组成。当知识库存储系统所需的知识量较大且又有多种表示方法时，知识的组织与管理就显得尤为重要。推理机在求解问题时，规定使用知识的基本方法和策略，推理过程中为记录结果或通信需要使用数据库或采用黑板机制。如果知识库中存储的是某一领域（如医疗诊断）的专家知识，则这样的知识系统称为专家系统。为满足复杂问题的求解需要，单一的专家系统开始向多主体的分布式人工智能系统发展，在这一过程中，知识共享、主体间的协作、矛盾的出现和处理将是研究的关键。

专家系统是目前人工智能中最活跃、最有成效的一个研究领域，它是一种具有特定领域的大量知识与经验的程序系统。近年来，在专家系统或知识工程的研究中已出现成功和有效应用人工智能技术的趋势。人类专家具有丰富的知识，因此拥有强大的解决问题的能力。如果计算机程序能体现和应用这些知识，也应该能解决人类专家所能解决的问题，并帮助人类专家发现推理过程中出现的差错。现在这一点已被证实，例如在矿物勘测、化学分析、规划和医学诊断方面，专家系统已经达到人类专家的水平。

（6）自然语言处理。

自然语言处理是人工智能技术在实际领域的典型应用，经过专家、学者等多年的艰苦努力，这一领域已获得大量令人瞩目的成果。目前该领域的主要课题是计算机系统如何以主题和对话情境为基础，生成和理解自然语言。这是一个极其复杂的编码和解码问题。

（四）认识物联网技术

通过在物品上嵌入电子标签、条形码等能够存储物品信息的标识，以无线网络的方式将物品的即时信息发送到后台信息处理系统，而各大信息处理系统可互联形成一个庞大的网络，从而达到对物品进行实时跟踪、监控等智能化管理的目的。这个网络就是物联网。通俗来讲，物联网可以实现人与物之间的信息沟通。

国际电信联盟 2005 年的一份报告描绘了物联网时代的图景：当司机出现操作失误时汽车会自动报警，公文包会提醒主人忘带了什么东西，衣服会"告诉"洗衣机对水温的要求等。物联网把新一代 IT 技术应用到各行各业之中，具体地说，就是把感应器嵌入电网、铁路、桥梁、隧道、公路、建筑、供水系统、大坝、油气管道等物体中，然后将物联网与现有的互联网整合起来，实现人类社会与物理系统的整合。这个整合的网络中存在能力超级强大的中心计算机群，能够对整合网络内的人员、计算机、设备和基础设施进行实时的管理和控制。在此基础上，人类可以用更加精细和动态的方式管理生产和生活，达到"智慧"状态，从而提高资源利用率和生产力水平，改善人与自然之间的关系。毫无疑问，如果物联网时代来临，人们的日常生活将发生翻天覆地的变化。

物联网的定义是在 1999 年提出的，物联网早期的定义很简单：把所有物品通过射频识别（Radio Frequency Identification，RFID）等信息传感设备与互联网连接起来，实现智能化识别和管理。物联网被视为互联网的应用拓展，应用创新是物联网发展的核心，以用户体验为核心的创新 2.0 是物联网发展的灵魂。物联网是指通过信息传感设备，按约定的协议将物品与互联网相连接进行信息交换和通信，以实现智能化识别、定位、跟踪、监控和管理的网络。物联网主要解决物品与物品、人与物品、人与人之间的互联问题。

物联网是在计算机互联网的基础上，利用 RFID、无线数据通信等技术构造的覆盖世界上万事万物的网络。在这个网络中，物品（商品）能够彼此进行"交流"，而无须人的干预。其实质是利用 RFID 技术，通过计算机互联网实现物品（商品）的自动识别和信息的共享。

RFID 是一种能够让物品"开口说话"的技术。在物联网的构想中，RFID 标签中存储着规范且具有互用性的信息，通过无线数据通信网络把它们自动采集到中央信息系统，实现物品（商品）的识别，进而通过开放性计算机网络实现信息交换和共享，以及对物品（商品）的"透明"管理。

物联网概念的问世，打破了之前的传统思维。过去的思路一直是将物理基础设施和 IT 基础设施分开：一方面是机场、公路、建筑物，而另一方面是数据中心，包括个人计算机、宽带等。而在物联网时代，钢筋混凝土、电缆将与芯片、宽带融合为统一的基础设施，在此意义上，基础设施更像是一块新的"地球工地"，世界的运转就在它上面进行，其中包括经济管理、生产运行、社会管理乃至个人生活。

物联网具有以下主要特征。

（1）全面感知：利用 RFID、传感器、二维码等随时随地获取物品的信息。

（2）可靠传递：通过各种电信网络与互联网的融合，将物品的信息实时、准确地传递出去。

（3）智能处理：利用云计算、模糊识别等智能计算技术，对海量的数据和信息进行分析和处理，对物品实施智能化控制。

目前，物联网还没有一个被广泛认同的体系结构，但是我们可以根据物联网对信息的感知、传输、处理过程将其划分为 3 层结构，即感知层、网络层和应用层。

（1）感知层：主要用于对物理世界中的各类物理量、标识、音频、视频等数据进行采集与感知。数据采集主要涉及传感器、RFID、二维码等技术。

（2）网络层：主要用于实现更广泛、更快速的网络互联，从而对感知到的数据信息进行可靠、安全的传输。目前能够用于物联网的通信网络主要有互联网、无线通信网、卫星通信网与有线电视网。

（3）应用层：主要包含应用支撑平台子层和应用服务子层。应用实现平台子层用于实现跨行业、跨应用、跨系统之间的信息协同、共享和互通。应用服务子层包括智能交通、智能家居、智能物流、智能医疗、智能电力、数字环保、数字农业、数字林业等领域。

（五）认识虚拟现实、增强现实与元宇宙

（1）虚拟现实的概念及特点。

虚拟现实（Virtual Reality，VR）顾名思义，就是虚拟和现实相结合。从理论上讲，虚拟现实技术通过计算机技术创造出逼真的虚拟三维空间环境，模拟各种感官的感受，使用户仿佛处在现实世界中一样，能够进行自然交互。

虚拟现实技术得到了越来越多人的认可，其模拟的环境与现实世界几乎一模一样，使用户可以在虚拟现实世界中体验到真实的感受。一个完善、良好的虚拟现实系统应具有以下特点。

沉浸性：沉浸性是指让用户感觉自己是计算机系统所模拟的环境中的一部分，当用户感觉到虚拟世界的刺激时，便会产生共鸣、沉浸其中，如同置身于真实世界中。

交互性：交互性是指用户对模拟环境内物体的可操作程度和从环境得到反馈的自然程度，即用户在真实世界中的任何动作都可以在虚拟环境中得到体现。

多感知性：多感知性是指计算机技术应该拥有多种感知方式，如听觉、触觉、嗅觉等，理想的虚拟现实技术应该具有人所具有的所有感知方式。

构想性：构想性也称想象性，用户在虚拟世界中可以与周围物体进行互动，拓宽认知范围，体验现实世界不存在的场景。

自主性：自主性是指虚拟世界中物体依据物理定律运动的程度。如当受到力的作用时，物体会顺着力的方向移动，或翻倒，或从桌面落到地面等。

（2）增强现实的概念及特点。

增强现实（Augmented Reality, AR）技术是一种将虚拟信息与真实世界巧妙融合的技术，运用了多媒体、三维建模实时跟踪及注册、智能交互、传感等多种技术手段，将计算机生成的文字、图像、三维模型、音乐、视频等虚拟信息模拟仿真后应用到真实世界中，使两种信息互为补充，从而实现对真实世界的"增强"。与虚拟现实技术不同的是，增强现实是将虚拟信息叠加在真实环境中，实现虚实结合。此外，增强现实不需要借助太多外部设备，只需要一个智能手机、平板计算机即可实现 3D 场景还原。

（3）元宇宙的概念及特征。

2022 年 9 月 13 日，全国科学技术名词审定委员会举行元宇宙及核心术语概念研讨会，与会专家学者经过深入研讨，对"元宇宙"等 3 个核心概念的名称、释义形成共识——"元宇宙"英文对照名为"Metaverse"，释义为"人类运用数字技术构建的，由现实世界映射或超越现实世界，可与现实世界交互的虚拟世界"。

元宇宙作为下一代互联网集大成者，充分融合了 AR/VR 等新一代交互技术和 5G、区块链、边缘计算、人工智能等新一代信息技术，为用户提供充满无限可能性的虚拟平行宇宙，也为产业界提供良好的发展机遇。

未来元宇宙的三大特征为与现实世界平行、反作用于现实世界、多种高技术综合。元宇宙将给人们的生活和社会经济发展带来以下变化：在技术创新和协作方式上，进一步提高社会生产效率；催生出一系列新技术、新业态、新模式，促进传统产业变革；推动文创产业跨界衍生，极大刺激信息消费；重构工作和生活方式，大量工作和生活将转移到虚拟世界中；推动智慧城市建设，创新社会治理模式。

（六）认识区块链

区块链从本质上讲是分布式的、去中心化的共享数据库，通过密码学方式保证数据不可篡改、不可伪造、可追溯的一串块链式数据结构来管理和操作数据。可以将其理解为按照时间顺序，将数据区块以顶字相连的方式组合成的链式数据结构，是以密码学方式保证的不可篡改和不可伪造的分布式账本。

区块链具有以下特征。

（1）去中心化。

区块链不依赖于单一的中心化的管理机构或服务器来存储和验证数据。数据由网络中的多个节点共同维护，任何单一节点的故障都不会影响整个网络的运行。

（2）安全性。

区块链通过复杂的加密算法和共识机制来确保数据的安全性和完整性。

（3）不可篡改性。

一旦数据被记录在区块链上，就很难被篡改或删除。每个新区块都包含了前一个区块的哈希值（一种数字指纹），形成了一条链，任何对数据的修改都会破坏整个链的完整性，从而被网络中的其他节点识别和拒绝。

（4）透明性。

区块链上的数据对参与网络的节点是透明的，即所有人都可以查看链上的交易记录和其他信息。这种透明性有助于建立信任，减少欺诈。

基于区块链的以上特征，它具有两个明显的优势。

（1）容灾能力。区块链的分布式计算让每个交易或记录都保存在任何一个计算的节点上。如果某个计算的节点出现故障，其他节点仍然保存有交易记录的完整备份。

（2）防篡改机制。由于区块链的每个交易记录都会完整备份到每个计算节点，如果要修改信息，必须同步修改所有节点的信息，因此信息不会被轻易篡改。

二、任务实现

（一）云计算在现实中的应用

（1）金融领域：云计算可为金融机构提供实时监控和分析交易数据和客户信息的工具，帮助金融机构迅速识别和评估风险，提高准确性和效率，同时确保其合规性和数据安全性。此外，云计算还可用于数据分析和挖掘，帮助金融机构迅速分析、解读市场趋势与投资机会。

（2）医疗领域：云计算在医疗领域的应用主要体现在医疗数据存储与共享、电子病历管理、远程医疗与远程监护、移动医疗应用、医学影像分析、人工智能辅助诊断等方面。云计算可以提供大规模、安全的数据存储服务，方便医疗团队之间进行合作和交流，提高医疗服务的效率和质量。

（3）教育领域：云计算可提供便捷的资源共享服务，支持学校整合内部资源，如教材、教案和试卷等，使老师和学生可以轻松获取，从而提高教学效率与质量。此外，云计算还支持远程教学与在线学习，为学生提供更多的学习机会和选择。

（4）企业运营：云计算技术可以帮助企业降低 IT 投资成本，实现资源共享，提高数据的可靠性和安全性。通过云计算平台，企业可以轻松地管理各种数据和资源，提高运营效率。

（5）城市管理：云计算技术也被广泛应用于城市管理中，如智能交通、智慧安防、环境监测等领域。通过云计算平台，可以实现对城市各种资源的集中管理和调度，从而提高城市管理的效率和质量。

（二）大数据的主要应用行业

（1）互联网和营销行业。

互联网行业是离消费者最近的行业之一，拥有大量实时产生的数据。业务数据化是互联网企业运营的基本要素，因此，互联网行业的大数据应用程度较高。与互联网行业相伴的营销行业，是围绕互联网用户行为分析，以为消费者提供个性化营销服务为主要目标的行业。在营销行业中，大数据也应用得非常广泛。

（2）金融、电信等行业。

金融、电信等行业较早开始进行信息化建设，其内部业务系统的信息化相对完善，内部积累了大量数据，并且有深层次的分析分类应用，目前正处于将内外部数据结合起来共同为业务服务的阶段。

（3）制造业、物流、医疗、农业等行业。

制造业、物流、医疗、农业等行业的大数据应用水平还较低，但未来消费者驱动的 C2B 模式可加快这些行业的大数据应用进程。

（三）人工智能对人们生活的积极影响

（1）金融领域。

银行可使用人工智能系统组织运作，包括金融投资和财产管理等，还可使用协助顾客服务系统帮助顾客核对账目、恢复密码等。

（2）医疗和医药领域。

随着技术的成熟，人工智能在医疗、医药领域的应用越来越广泛，如识别影像、读懂病历、出具诊断报告、给出治疗建议等。这些曾经在想象中的画面逐渐变成现实，对解决医疗资源供需失衡及地域分配不均等问题意义重大。此外，人工神经网络可以应用于临床诊断决策支持系统。

（3）顾客服务领域。

人工智能是自动上线的好助手，可减少手动操作，其应用主要包括自然语言加工系统、呼叫中心的回答机器等。

（4）运输领域。

汽车的变速箱已使用模糊逻辑控制器。

（5）传媒领域。

由科大讯飞研发的 AI 女主播精通汉语、英语、日语等多门语言，具有形象逼真、发音自然、口型精准等优点。未来，人工智能在传媒领域将发挥更大的作用。

（6）语音识别领域。

人工智能在语音识别领域也取得较多成果，如具有语音识别功能的科大讯飞输入法、云知声智能科技股份有限公司开发的智能医疗语音录入系统等。智能医疗语音录入系统采用面向医疗领域的智能语音识别技术，能实时、准确地将语音转换成文本。这项应用不但能增加病历输入的安全性，而且可以节省医生的时间。目前，一些医院已应用这一技术。

（7）金融智能投资领域。

智能投顾（投资顾问）可利用计算机的算法优化理财资产配置。目前，国内开展智能投顾业务的企业已经超过 20 家。

（四）物联网的应用案例

（1）物联网在农业中的应用。

农业标准化生产监测：实时采集农业生产中最关键的温度、湿度、二氧化碳含量、土壤温度、土壤含水率等数据，实时掌握农业生产中的各种数据。

动物标识溯源：实现各环节一体化全程监控，实现动物养殖、防疫、检疫、监督的有效结合，对动物疫情和动物产品的安全事件进行快速、准确的溯源和处理。

水文监测：将传统近岸污染监控、地面在线检测、卫星遥感和人工测量融为一体，为水质监控提供统一的数据采集、数据传输、数据分析、数据发布平台，为湖泊观测和成灾机理的研究提供实验数据与验证途径。

（2）物联网在工业中的应用。

电梯安防管理系统：通过安装在电梯外围的传感器采集电梯正常运行、冲顶、蹲底、停电、关人等数据，并经无线传输模块将数据传输到物联网的业务平台。

输配电设备监控、远程抄表：基于移动通信网络，实现所有供电点及受电点的电力电量信息、电流电压信息、供电质量信息及现场计量装置状态信息的实时采集，以及用电负荷远程控制。

一卡通系统：包括基于 RFID-SIM 卡的企事业单位的门禁、考勤及消费管理系统，校园一卡通及学生信息管理系统等。

（3）物联网在服务产业中的应用。

个人保健：通过传感器对人的身体状况进行监控，并将数据实时发送到相关的医疗保健中心。如果有异常，医疗保健中心可通过手机提醒用户。

智能家居：以计算机技术和网络技术为基础，包括各类电子产品、通信产品、信息家电等，实现家电控制和家庭安防功能。

智能物流：通过网络提供的数据传输通路，实现物流车载终端与物流公司调度中心的通信、远程车辆调度、自动化货仓管理等。

移动电子商务：实现手机支付、移动票务、自动售货等功能。

机场防入侵：通过铺设多个传感节点，进行地面、栅栏和低空探测，以防止人员翻越、偷渡、恐怖袭击等攻击性入侵。

（4）物联网在公共事业中的应用。

智能交通：通过传感器连续定位系统（Continuous Positioning System，CPS）、监控系统，可以查看车辆运行状态、车辆预计到达时间及车辆的拥挤状态等。

平安城市：利用监控探头，实现图像敏感性智能分析，并与 110、119、112 等交互，从而构建和谐安全的城市生活环境。

城市管理：运用地理编码技术，实现城市部件的分类、分项管理，以及对城市管理问题的精确定位。

环保监测：将传统传感器所采集的各种环境监测信息，通过无线传输设备传输到监控中心，实现实时监控和快速反应。

医疗卫生：物联网在医疗卫生领域的应用包括远程医疗、药品查询、卫生监督、急救及探视视频监控等。

（5）物联网在物流领域中的应用。

物流领域是物联网相关技术最具有现实意义的应用领域之一。物联网的建设会进一步提升物流智能化、信息化和自动化水平，推动物流功能整合，对物流服务各环节运作产生积极影响。物联网在物流领域的应用主要有以下几个方面。

生产环节：基于物联网的物流体系可以实现对生产线上的原材料、零部件、半成品和成品的全程识别与跟踪，降低人工识别成本和出错率。电子产品代码（Electronic Product Code，EPC）技术能通过识别电子标签来快速从种类繁多的库存中准确地找出所需的原材料和零部件，并能自动预先形成详细补货信息，从而实现流水线均衡、稳步生产。

运输环节：物联网能够使物品在运输过程中的管理更透明，可视化程度更高。通过给在途的货物和车辆贴上 EPC 标签，给运输线上的检查点安装 RFID 接收转发装置，企业能实时了解货物目前所处的位置和状态，实现运输货物、线路、时间的可视化跟踪管理。此外，物联网还能实现智能化调度，预测和安排最优的行车路线，从而缩短运输时间、提高运输效率。

仓储环节：将物联网技术（如 EPC 技术）应用于仓储管理，可实现仓库的存货、盘点、取货的自动化操作，从而提高作业效率，降低作业成本。入库储存的商品可以自由放置，提高了仓库的空间利用率。通过实时盘点，能快速、准确地掌握库存情况，以及时补货，提高库存管理能力。按指令准确、高效地拣取货物可减少出库作业时间。

配送环节：在配送环节，采用 EPC 技术能准确了解货物存放位置，从而大大缩短拣选时间，提高拣选效率，加快配送速度。读取 EPC 标签并与拣货单进行核对，提高了拣货的准确性。此外，通过 EPC 技术可以确切了解目前有多少货物处于转运途中、转运的始发地和目的地，以及预计的到达时间等信息。

销售环节：当贴有 EPC 标签的货物被客户提取时，智能货架会自动识别并向系统报告，物流企业据此做出反应，并通过历史记录预测物流需求和服务时机，从而更好地开展主动营销和提供主动式服务。

（五）区块链与数字货币的应用

区块链本质上是一种开源分布式账本，它是数字货币的核心技术，能高效记录买卖双方的交易过程并保证这些记录是可查证且永久保存的。

数字货币是一种基于数字计算技术实现的货币形式，它不依赖于特定的实体银行或政府机构来发行和管理。数字货币通常使用密码学来确保交易安全，并控制货币单位的创建和转移。数字货币具有以下特点。

（1）安全性：区块链技术通过分布式账本和共识机制确保数字货币交易的安全性和可信度。任何对区块链数据的篡改都会立即被网络中的其他节点检测到，并拒绝接受篡改后的数据。

（2）去中心化：数字货币基于区块链技术，具有去中心化的特性。

（3）透明性：区块链上的所有交易都是公开可见的，这增加了数字货币交易的透明性。然而，这并不意味着所有交易信息都是可识别的，因为许多数字货币都采用匿名或伪匿名的设计。

（4）智能合约：智能合约是区块链技术的一个重要应用，它允许在数字货币交易过程中自动执行预设的条款和条件。这降低了交易成本，提高了交易效率，并减少了人为错误，降低了欺诈的可能性。

总之，区块链技术为数字货币的发展提供了强大的支持，而数字货币则是区块链技术最成功和最广泛的应用之一。随着技术的不断进步和应用场景的不断拓展，区块链与数字货币的结合将会在未来发挥更加重要的作用。

课后自主练习

选择题

（1）IP 地址由（　　）位二进制数组成。

　A. 16　　　　　　　B. 8　　　　　　　C. 32　　　　　　　D. 64

（2）下列电子邮件地址中，（   ）是正确的。

    A．http:/hwww.sinA．com   B．good@@163.com

    C．abC．edu.com   D．www.baidu.com

（3）与传统的网络应用模式相比，云计算具有的优势和特点包括（   ）。

    A．虚拟化   B．动态可扩展   C．按需部署   D．操作简单

（4）下列不属于云计算特征的是（   ）。

    A．高可靠性   B．可扩展性   C．去中心化   D．虚拟化

（5）人工智能的研究领域包括（   ）等。

    A．语言识别   B．图像识别   C．专家系统   D．自然语言处理